高等学校"十三五"规划教材

制药工程专业实验

张　龚　张万举　主　编
叶发兵　蒋小春　副主编

化学工业出版社

·北京·

《制药工程专业实验》内容全面且具有代表性，涵盖有机实验基础、药物制剂、药物分析、药物合成、天然产物提取及药物综合性实验，使学生掌握药物制备的整个过程及质量控制要求，突出制药工程专业特色及药品生产的特殊性。

《制药工程专业实验》可作为制药工程及相关专业的本科生教材，也可供药学及相关专业参考。

图书在版编目（CIP）数据

制药工程专业实验/张龚，张万举主编 . —北京：
化学工业出版社，2016.12
高等学校"十三五"规划教材
ISBN 978-7-122-28339-9

Ⅰ.①制…　Ⅱ.①张…②张…　Ⅲ.①制药工业-化
学工程-实验-高等学校-教材　Ⅳ.①TQ46-33

中国版本图书馆 CIP 数据核字（2016）第 253514 号

责任编辑：褚红喜　宋林青　　　　　　　　　　　装帧设计：王晓宇
责任校对：宋　夏

出版发行：化学工业出版社（北京市东城区青年湖南街 13 号　邮政编码 100011）
印　　装：三河市延风印装有限公司
787mm×1092mm　1/16　印张 13¾　字数 322 千字　　2016 年 11 月北京第 1 版第 1 次印刷

购书咨询：010-64518888（传真：010-64519686）　售后服务：010-64518899
网　　址：http://www.cip.com.cn
凡购买本书，如有缺损质量问题，本社销售中心负责调换。

定　　价：28.00 元

《制药工程专业实验》 编写组

主　　编：张　龚　张万举

副 主 编：叶发兵　蒋小春

参编人员（以姓氏拼音为序）：

包倩倩　关莹荧　蒋小春　刘　超　肖　苗

肖文玲　肖文平　熊绪杰　项迎芬　叶发兵

张文浩　张万举　赵胜芳　周　贤　张　龚

前 言
FOREWORD

  制药工程专业以工程学、药学、化学和生物技术为基础，通过研究化学或生物反应、分离等单元操作，探索药物制备的基本原理及实现工业化生产的工程技术，包括新工艺、新设备、GMP 管理等方面研究、开发、放大、设计、质控与优化等，降低成本、提高效率，最终实现药品"安全、有效、稳定、可控"的规模化生产和过程的规范化管理。《制药工程专业实验》内容涉及制药工程专业基础课和专业课，包括药物化学、药物合成反应、天然药物化学、药物分析、工业药剂学、制药工艺学、制药分离工程、药品生产质量管理工程、制药设备及工程设计等课程内容。

  根据制药工程专业实验的基本要求，我们总结多年来在制药工程专业实验教学实践和改革的经验，吸收了其他制药工程专业实验教材的优秀内容，编写了此教材。

  本书内容较全面且具有代表性，涵盖有机实验基础、药剂学、药物分析、药物合成及药物综合实验，以使学生掌握药物制备的整个过程及质量控制，突出制药工程专业特色及药品生产的特殊性。同时，使学生学习并掌握各种检测技术的原理和定性、定量分析在制药过程质量监控中的广泛应用。本实验教材内容主要结合药品生产和科研技术的发展，以开设较高水平的综合性实验为主，运用综合的实验方法、实验手段对学生的知识、能力、素质形成综合的培养，为学生今后从事药品生产和科研开发做必要的准备。

  本书是黄冈师范学院化工学院制药工程系老师们多年来的经验积累和工作总结，在编写过程中得到了黄冈师范学院、教务处、化工学院和制药工程系全体同志的关心和支持，具体参加编写工作的有（以姓氏拼音为序）：包倩倩、关莹荧、蒋小春、刘超、肖苗、肖文玲、肖文平、熊绪杰、项迎芬、叶发兵、张文浩、张万举、赵胜芳、周贤、张龚等，刘超校对了初稿。

  由于水平有限和编写时间仓促，遗漏和不妥之处在所难免，期望读者不吝指正。

编 者

2016 年 7 月于黄冈师范学院

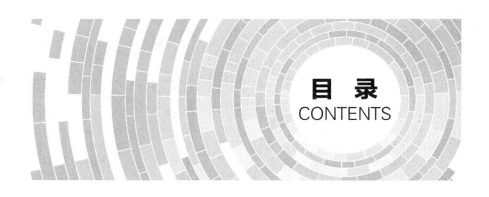

目 录
CONTENTS

附　录

绪 论

第一节　有机化学实验常用仪器和装置

了解有机化学实验中所用仪器的性能、选用适合的仪器并正确地使用所用仪器是对每一个实验者最起码的要求。

一、有机化学实验常用的玻璃仪器

玻璃仪器一般是由软质或硬质玻璃制作而成的。软质玻璃耐温、耐腐蚀性较差，但是价格便宜，因此，一般用它制作的仪器均不耐温，如普通漏斗、量筒、吸滤瓶、干燥器等。硬质玻璃具有较好的耐温和耐腐蚀性，制成的仪器可在温度变化较大的情况下使用，如烧瓶、烧杯、冷凝管等。

玻璃仪器一般分为普通玻璃仪器和标准磨口玻璃仪器两种。在实验室常用的普通玻璃仪器有非磨口锥形瓶、烧杯、布氏漏斗、吸滤瓶、量筒、普通漏斗等，见图 0-1（a）。常用标准磨口仪器有磨口锥形瓶、圆底烧瓶、三颈瓶、蒸馏头、冷凝管、接引管等，见图 0-1（b）。

标准磨口玻璃仪器是具有标准磨口或磨塞的玻璃仪器。由于口塞尺寸的标准化、系统化，磨砂密合，凡属于同类规格的接口，均可任意互换，各部件能组装成各种配套仪器。当

　　非磨口锥形瓶　　　　烧杯　　　　布氏漏斗　　　　吸滤瓶　　　　量筒　　　　普通漏斗

图 0-1（a）　常用普通玻璃仪器

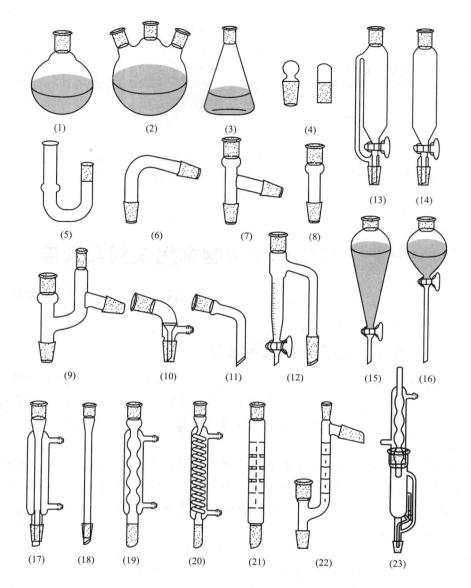

图 0-1(b)　常用标准磨口玻璃仪器

（1）圆底烧瓶；（2）三口烧瓶；（3）磨口锥形瓶；（4）磨口玻璃塞；（5）U型干燥管；

（6）弯头；（7）蒸馏头；（8）标准接头；（9）克氏蒸馏头；（10）真空接引管；

（11）弯形接引管；（12）分水器；（13）恒压滴液漏斗；（14）滴液漏斗；（15）梨形分液漏斗；

（16）球形分液漏斗；（17）直形冷凝管；（18）空气冷凝管；（19）球形冷凝管；（20）蛇形冷凝管；

（21）分馏柱；（22）刺形分馏头；（23）索氏（Soxhlet）提取器

不同类型规格的部件无法直接组装时，可使用变接头使之连接起来。使用标准磨口玻璃仪器既可免去配塞子的麻烦手续，又能避免反应物或产物被塞子玷污的危险；口塞磨砂性能良好，使密合性可达较高真空度，对蒸馏尤其减压蒸馏有利，对于毒物或挥发性液体的实验较为安全。

每一种仪器都有特定的性能和使用范围。

1. 烧瓶 ［图 0-1（c）］

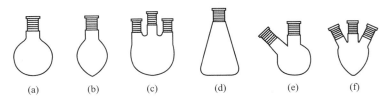

图 0-1（c） 烧瓶

（a）圆底烧瓶；（b）梨形烧瓶；（c）三口烧瓶；（d）锥形烧瓶；

（e）二口烧瓶；（f）梨形三口烧瓶

① 圆底烧瓶（a） 能耐热和承受反应物（或溶液）沸腾以后所发生的冲击震动。在有机化合物的合成和蒸馏实验中最常使用，也常用作减压蒸馏的接收器。

② 梨形烧瓶（b） 性能和用途与圆底烧瓶相似。它的特点是在合成少量有机化合物时在烧瓶内保持较高的液面，蒸馏时残留在烧瓶中的液体少。

③ 三口烧瓶（c） 最常用于需要进行搅拌的实验中。中间瓶口装搅拌器，两个侧口装回流冷凝管和滴液漏斗或温度计等。

④ 锥形烧瓶（简称锥形瓶）（d） 常用于有机溶剂进行重结晶的操作，或有固体产物生成的合成实验中，因为生成的固体物容易从锥形烧瓶中取出来。通常也用作常压蒸馏实验的接收器，但不能用作减压蒸馏实验的接收器。

⑤ 二口烧瓶（e） 常用于半微量、微量制备实验中作为反应瓶，中间口接回流冷凝管、微型蒸馏头、微型分馏头等，侧口接温度计、加料管等。

⑥ 梨形三口烧瓶（f） 用途似三口烧瓶，主要用于半微量、小量制备实验中，作为反应瓶。

2. 冷凝管 ［图 0-1（d）］

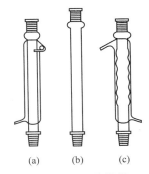

图 0-1（d） 冷凝管

（a）直形冷凝管；（b）空气冷凝管；（c）球形冷凝管

① 直形冷凝管（a） 蒸馏物质的沸点在 140℃ 以下时，要在夹套内通水冷却；但超过 140℃ 时，冷凝管可能会在内管和外管的接合处炸裂。微量合成实验中，用于加热回流装置上。

② 空气冷凝管（b）　当蒸馏物质的沸点高于140℃时，常用它代替通冷却水的直形冷凝管。

③ 球形冷凝管（c）　其内管的冷却面积较大，对蒸气的冷凝有较好的效果，适用于加热回流实验中。

3. 漏斗［图0-1（e）］

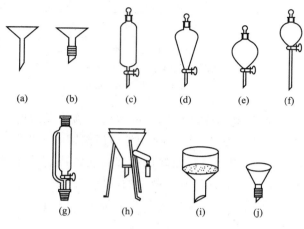

图0-1（e）　漏斗

（a）长颈漏斗；（b）带磨口漏斗；（c）筒形分液漏斗；（d）梨形分液漏斗；（e）圆形分液漏斗；
（f）滴液漏斗；（g）恒压滴液漏斗；（h）保温漏斗；（i）布氏漏斗；（j）小型多孔板漏斗

① 漏斗（a）和（b）　在普通过滤时使用。

② 分液漏斗（c）、（d）和（e）　用于液体的萃取、洗涤和分离；有时也可用于滴加试料。

③ 滴液漏斗（f）　能把液体一滴一滴地加入反应器中，即使漏斗的下端浸没在液面下，也能够明显地看到滴加的快慢。

④ 恒压滴液漏斗（g）　用于合成反应实验的液体加料操作，也可用于简单的连续萃取操作。

⑤ 保温漏斗（h）　也称热滤漏斗，用于需要保温的过滤。它是在普通漏斗的外面装上一个铜质的外壳，外壳中间装水，用煤气灯加热侧面的支管，以保持所需的温度。

⑥ 布氏漏斗（i）　是瓷质的多孔板漏斗，在减压过滤时使用。小型玻璃多孔板漏斗（j）用于减压过滤少量物质。

⑦ 还有一种类似（b）的小口径漏斗，附带玻璃钉，过滤时把玻璃钉插入漏斗中，在玻璃钉上放滤纸或直接过滤。

4. 常用的配件［图0-1（f）］

这些仪器多数用于各种仪器连接。

标准磨口玻璃仪器，均按国际通用的技术标准制造。当某个部件损坏时，可以选购。

标准磨口仪器的每个部件在其口、塞的上或下显著部位均具有烤印的白色标志，表明规格。常用的有10、12、14、16、19、24、29、34、40号等。

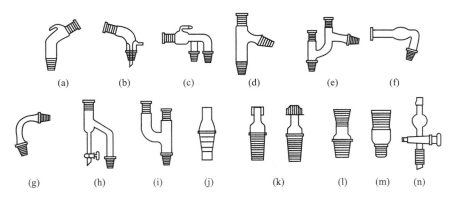

图 0-1(f)　常用的配件

（a）接引管；（b）真空接引管；（c）双头接引管；（d）蒸馏头；（e）克氏蒸馏头；

（f）弯形干燥管；（g）75°弯管；（h）分水器；（i）二口连接管；（j）搅拌套管；

（k）螺口接头；（l）大小接头；（m）小大接头；（n）二通旋塞

有的标准磨口玻璃仪器有两个数字，如 10/30，其中 10 表示磨口大端的直径为 10mm，30 表示磨口的高度为 30mm。

学生使用的常量仪器一般是 19 号的磨口仪器，半微量实验中采用的是 14 号的磨口仪器。

使用磨口仪器时应注意以下几点：

① 使用时，应轻拿轻放；

② 不能用明火直接加热玻璃仪器（试管除外），加热时应垫以石棉网；

③ 不能用高温加热不耐热的玻璃仪器，如吸滤瓶、普通漏斗、量筒；

④ 玻璃仪器使用完后应及时清洗，特别是标准磨口仪器放置时间太久，容易粘结在一起，很难拆开。如果发生此情况，可用热水煮粘结处或用电吹风吹母口处，使其膨胀而脱落，还可用木槌轻轻敲打粘结处；

⑤ 带旋塞或具塞的仪器清洗后，应在塞子和磨口的接触处夹放纸片或抹凡士林，以防粘结；

⑥ 标准磨口仪器磨口处要干净，不得粘有固体物质。清洗时，应避免用去污粉擦洗磨口，否则，会使磨口连接不紧密，甚至会损坏磨口；

⑦ 安装仪器时，应做到横平竖直，磨口连接处不应受歪斜的应力，以免仪器破裂；

⑧ 一般使用时，磨口处无需涂润滑剂，以免粘有反应物或产物；但是反应中使用强碱时，则要涂润滑剂，以免磨口连接处因碱腐蚀而粘结在一起，无法拆开；当减压蒸馏时，应在磨口连接处涂润滑剂，保证装置密封性好；

⑨ 使用温度计时，应注意不要用冷水冲洗热的温度计，以免炸裂，尤其是水银球部位，应冷却至室温后再冲洗；不能用温度计搅拌液体或固体物质，以免损坏后，因为有汞或其他有机液体而不好处理。

二、有机化学实验常用装置

有机化学实验中常见的实验装置如图 0-2～图 0-12 所示。

图 0-2　减压过滤装置

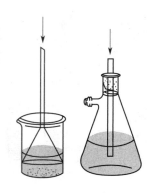

图 0-3　气体吸收装置

图 0-4　温度计及套管

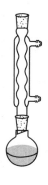

图 0-5　简单回流装置

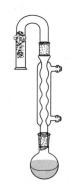

图 0-6　带干燥管的回流装置

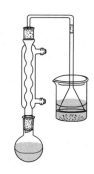

图 0-7　带气体吸收装置
的回流装置

图 0-8　带分水器的回流装置

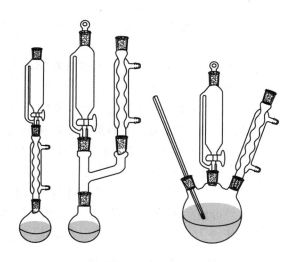

图 0-9　带有滴加装置的回流装置

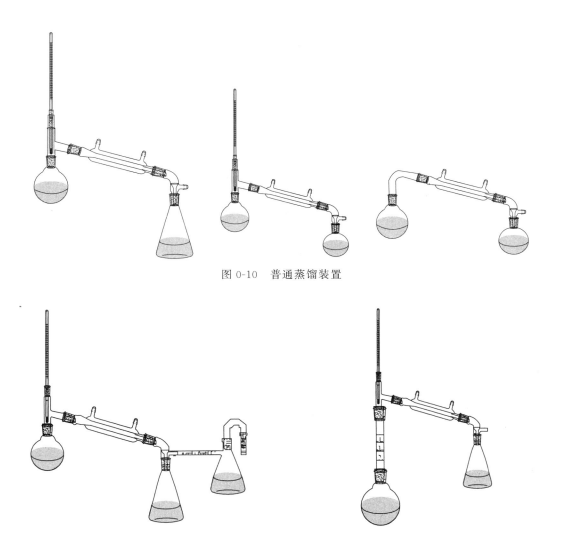

图 0-10　普通蒸馏装置

图 0-11　带干燥装置的蒸馏装置　　　　　图 0-12　简单分馏装置

其中常用的反应装置的性能和使用如下。

1. 回流冷凝装置

在室温下，有些反应的反应速率很小或难于进行。为了使反应尽快地进行，常需要使反应物较长时间保持沸腾。在这种情况下，就需要使用回流冷凝装置，使蒸气不断地在冷凝管内冷凝而返回反应器中，以防止反应瓶中的物质逃逸损失。图 0-13（a）是最简单的回流冷凝装置。将反应物质放在圆底烧瓶中，在适当的热源上或热浴中加热。直立的冷凝管夹套中由下至上通入冷水，使夹套充满水，水流速度不必很快，能保持蒸气充分冷凝即可。加热的程度也需控制，使蒸气上升的高度不超过冷凝管的 1/3。

如果反应物怕受潮，可在冷凝管上端口上装接氯化钙干燥管来防止空气中湿气侵入［见图 0-13（b）］。如果反应中会放出有害气体（如溴化氢），可加接气体吸收装置［见图 0-13（c）］。

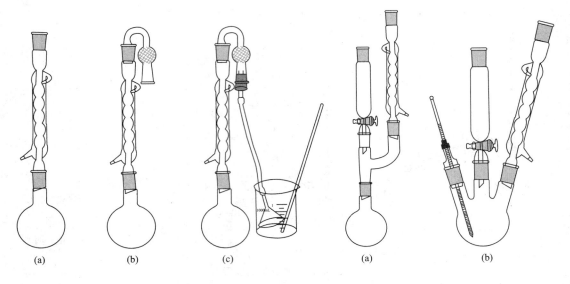

(a)   (b)   (c)   (a)   (b)

图 0-13   回流冷凝装置   图 0-14   滴加回流冷凝装置

2. 滴加回流冷凝装置

有些反应进行剧烈，放热量大，如将反应物一次加入，会使反应失去控制；有时为了控制反应物选择性，也不能将反应物一次加入。在这些情况下，可采用滴加回流冷凝装置（图 0-14），将一种试剂逐渐滴加进去。常用恒压滴液漏斗［图 0-14(a)、(b)］进行滴加。

3. 回流分水反应装置

在进行某些可逆平衡反应时，为了使正向反应进行到底，可将反应产物之一不断从反应混合物体系中除去，常采用回流分水装置除去生成的水。在图 0-15 的装置中，有一个分水器，回流下来的蒸气冷凝液进入分水器，分层后，有机层自动被送回烧瓶，而生成的水可从分水器中放出去。

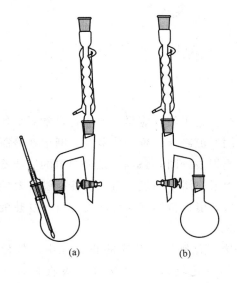

(a)   (b)

图 0-15   回流分水反应装置

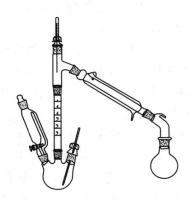

图 0-16   滴加蒸出反应装置

4. 滴加蒸出反应装置

有些有机反应需要一边滴加反应物一边将产物或产物之一蒸出反应体系，防止产物发生二次反应。例如，可逆平衡反应，蒸出产物能使反应进行到底。这时常用与图 0-16 类似的反应装置来进行这种操作。在图 0-16 的装置中，反应产物可单独或形成共沸混合物不断在反应过程中蒸馏出去，并可通过滴液漏斗将一种试剂逐渐滴加进去以控制反应速率或使这种试剂消耗完全。

必要时可在上述各种反应装置的反应烧瓶外面用冷水浴或冰水浴进行冷却，在某些情况下，也可用热浴加热。

5. 搅拌反应装置

用固体和液体或互不相溶的液体进行反应时，为了使反应混合物能充分接触，应该进行强烈的搅拌或振荡。在反应物量小、反应时间短，而且不需要加热或温度不太高的操作中，用手摇动容器就可达到充分混合的目的。用回流冷凝装置进行反应时，有时需做间歇的振荡。这时可将固定烧瓶和冷凝管的夹子暂时松开，一只手扶住冷凝管，另一只手拿住瓶颈做圆周运动；每次振荡后，应把仪器重新夹好。也可用振荡整个铁台的方法（这时夹子应夹牢）使容器内的反应物充分混合。

在需要较长时间搅拌的实验中，最好用电动搅拌器。电动搅拌的效率高，节省人力，还可以缩短反应时间。图 0-17 为适合不同需要的机械搅拌装置。搅拌棒是用电机带动的。在装配机械搅拌装置时，可采用简单的橡皮管密封［图 0-17（a）、（b）］或用液封管［图 0-17（c）］密封。搅拌棒与玻璃管或液封管应配合得当，不太松也不太紧，搅拌棒能在中间自由地转动。根据搅拌棒的长度（不宜太长）选定三口烧瓶和电机的位置。先将电机固定好，用短橡皮管（或连接器）把已插入封管中的搅拌棒连接到电机的轴上，然后小心地将三口烧瓶套上去，至搅拌棒的下端距瓶底约 5mm，将三口烧瓶夹紧。检查这几件仪器安装得是否正、直，电机的轴和搅拌棒应在同一直线上。用手试验搅拌棒转动是否灵活，再以低转速开动电机，试验运转情况。当搅拌棒与封管之间不发出摩擦声时才能认为仪器装配合格，否则需要进行调整。最后装上冷凝管、滴液漏斗（或温度计），用夹子夹紧。整套仪器应安装在同一个铁架台上。

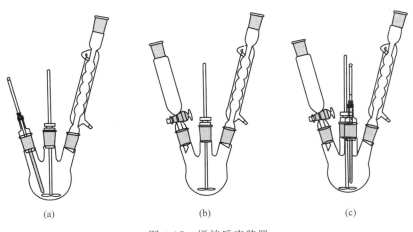

(a)   (b)   (c)

图 0-17　搅拌反应装置

在装配实验装置时，使用的玻璃仪器和配装件应该是洁净干燥的。圆底烧瓶或三口烧瓶的大小应使反应物大约占烧瓶容量的 1/3～1/2，最多不超过 2/3。首先将烧瓶固定在合适的高度（下面可以放置煤气灯、电炉、热浴或冷浴），然后逐一安装上冷凝管和其他配件。需要加热的仪器，应夹住仪器受热最少的部位，如圆底烧瓶靠近瓶口处。冷凝管则应夹住其中央部位。

三、仪器的选择、装配与拆卸

有机化学实验的各种反应装置都是由一件件玻璃仪器组装而成的，实验中应根据实验要求选择合适的仪器。一般选择仪器的原则如下。

① 烧瓶的选择根据液体的体积而定。一般液体的体积应占容器体积的 1/3～1/2，也就是说烧瓶容积的大小应是液体体积的 1.5 倍。进行水蒸气蒸馏和减压蒸馏时，液体体积不应超过烧瓶容积的 1/3。

② 冷凝管的选择。一般情况下回流用球形冷凝管，蒸馏用直形冷凝管。但是当蒸馏温度超过 140℃时应改用空气冷凝管，以防温差较大时，由于仪器受热不均匀而造成冷凝管断裂。

③ 温度计的选择。实验室一般备有 150℃和 300℃两种温度计，根据所测温度可选用不同的温度计。一般选用的温度计要高于被测温度 10～20℃。

有机化学实验中仪器装配得正确与否，对实验的成败很关键。有机化学实验中所用玻璃仪器间的连接一般采用两种形式：塞子连接和磨口连接。现大多使用磨口连接。

使用标准磨口仪器时还需要特别注意以下事项。

① 必须保持磨口表面清洁，特别是不能沾有固体杂质，否则磨口不能紧密连接。硬质沙粒还会给磨口表面造成永久性的损伤，破坏磨口的严密性。

② 标准磨口仪器使用完毕必须立即拆卸，洗净，各个部件分开存放，否则磨口的连接处会发生粘结，难于拆开。非标准磨口部件（如滴液漏斗的旋塞）不能分开存放，应在磨口间夹上纸条以免日久粘结。盐类或碱类溶液会渗入磨口连接处，蒸发后析出固体物质，易使磨口粘结，所以不宜用磨口仪器长期存放这些溶液。使用磨口装置处理这些溶液时，应在磨口涂润滑剂。

③ 在常压下使用时，磨口一般无须润滑以免玷污反应物或产物。为防止粘结，也可在磨口靠大端的部位涂敷很少量的润滑脂（凡士林、真空活塞脂或硅脂）。如果要处理盐类溶液或强碱性物质，则应将磨口的全部表面涂上一薄层润滑脂。

减压蒸馏使用的磨口仪器必须涂润滑脂（真空活塞脂或硅脂）。在涂润滑脂之前，应将仪器洗刷干净，磨口表面一定要干燥。

从内磨口涂有润滑脂的仪器中倾出物料前，应先将磨口表面的润滑脂用有机溶剂（用脱脂棉或滤纸蘸石油醚、乙醚、丙酮等易挥发的有机溶剂）擦拭干净，以免物料受到污染。

④ 只要正确遵循使用规则，磨口很少会打不开。

一旦发生粘结，可采取以下措施：

a. 将磨口竖立，往上面缝隙滴甘油。如果甘油能慢慢地渗入磨口，最终能使连接处松开；

b. 使用热吹风、热毛巾或在教师指导下小心用灯火焰磨口外部，仅使外部受热膨胀，内部还未热起来，再试验能否将磨口打开；

c. 将粘结的磨口仪器放在水中逐渐煮沸，常常也能使磨口打开；

d. 用木板沿磨口轴线方向轻轻地敲外磨口的边缘，振动磨口也会松开；如果磨口表面已被碱性物质腐蚀，粘结的磨口就很难打开了。

此外，在装配装置时，需要注意以下几点。

a. 所选用的玻璃仪器和配件都要干净，否则，往往会影响产物的产量和质量。

b. 所选用的器材要恰当。例如，在需要加热的实验中，如需选用圆底烧瓶时，应选用质量好的，其容积大小，应为所盛反应物占其容积的 1/2 左右为好，最多也不应超过 2/3。

c. 实验装置（特别是机械搅拌这样的动态操作装置）必须用铁夹固定在铁架台上，才能正常使用。因此要注意铁夹等的正确使用方法。安装仪器时，应选好主要仪器的位置，要以热源为准，先下后上，先左后右，逐个将仪器边固定边组装。拆卸的顺序则与组装相反。拆卸前，应先停止加热，移走加热源，待稍微冷却后，先取下产物，然后再逐个拆掉。拆冷凝管时注意不要将水洒到电热套上。

总之，仪器装配要求做到严密、正确、整齐和稳妥。在常压下进行反应的装置，应与大气相通密闭。铁夹的双钳内侧贴有橡皮或绒布，或缠上石棉绳、布条等。否则，容易将仪器损坏。

使用玻璃仪器时，最基本的原则是切忌对玻璃仪器的任何部分施加过度的压力或扭歪，实验装置的扭歪不仅看上去使人感觉不舒服，而且也潜在危险。因为扭歪的玻璃仪器在加热时会破裂，甚至在放置时也会崩裂。

四、常用玻璃器皿的洗涤和干燥

1. 玻璃器皿的洗涤

进行化学实验必须使用清洁的玻璃仪器。

实验用过的玻璃器皿必须立即洗涤，应该养成习惯。由于污垢的性质在当时是清楚的，用适当的方法进行洗涤是容易办到的。若时间久了，会增加洗涤的困难。

洗涤的一般方法是用水、洗衣粉、去污粉刷洗。刷子是特制的，如瓶刷、烧杯刷、冷凝管刷等，但用腐蚀性洗液时则不用刷子。洗涤玻璃器皿时不应该用砂子，它会擦伤玻璃乃至龟裂。若难于洗净时，则可根据污垢的性质选用适当的洗液进行洗涤。如果是酸性（或碱性）的污垢用碱性（或酸性）洗液洗涤；有机污垢用碱液或有机溶剂洗涤。

下面介绍几种常用洗液。

（1）铬酸洗液

这种洗液氧化性很强，对有机污垢破坏力很强。倾去器皿内的水，慢慢倒入洗液，转动器皿，使洗液充分浸润不干净的器壁，数分钟后把洗液倒回洗液瓶中，用自来水冲洗。若壁上粘有少量炭化残渣，可加入少量洗液，浸泡一段时间后小火加热，直至冒出气泡，炭化残渣可被除去。但当洗液颜色变绿，表示失效应该弃去不能倒回洗液瓶中。

（2）盐酸

用浓盐酸可以洗去附着在器壁上的二氧化锰或碳酸钙等残渣。

（3）碱液和合成洗涤剂

两者配成浓溶液即可，用以洗涤油脂和一些有机物（如有机酸）。

（4）有机溶剂洗涤液

当胶状或焦油状的有机污垢如用上述方法不能洗去时，可选用丙酮、乙醚、苯浸泡，要加盖避免溶剂挥发，亦可用 NaOH 的乙醇溶液。用有机溶剂作洗涤剂，使用后可回收重复使用。

若用于精制或有机分析用的器皿，除用上述方法处理外，还须用蒸馏水冲洗。

器皿是否清洁的标志：加水倒置，水顺着器壁流下，内壁被水均匀润湿有一层既薄又匀的水膜，不挂水珠。

2. 玻璃仪器的干燥

有机化学实验经常都要使用干燥的玻璃仪器，故要养成在每次实验后马上把玻璃仪器洗净和倒置使之干燥的习惯，以便下次实验时使用。

干燥玻璃仪器的方法有下列几种。

（1）自然风干

自然风干是指把已洗净的仪器放在干燥架上自然风干，这是常用和简单的方法。但必须注意，若玻璃仪器洗得不够干净时，水珠便不易流下，干燥就会较为缓慢。

（2）烘干

把玻璃器皿顺序从上层往下层放入烘箱烘干，放入烘箱中干燥的玻璃仪器，一般要求不带水珠。器皿口向上，带有磨砂口玻璃塞的仪器，必须取出活塞后，才能烘干，烘箱内的温度保持 $100\sim105\,^{\circ}\mathrm{C}$，约 0.5h，待烘箱内的温度降至室温时才能取出。切不可把很热的玻璃仪器取出，以免破裂。当烘箱已工作时，则不能往上层放入湿的器皿，以免水滴下落，使热的器皿骤冷而破裂。

（3）吹干

有时仪器洗涤后需立即使用，可使用吹干，即用气流干燥器或电吹风把仪器吹干。首先将水尽量沥干后，加入少量丙酮或乙醇摇洗并倾出，先通入冷风吹 $1\sim2\mathrm{min}$，待大部分溶剂挥发后，吹入热风至完全干燥为止，最后吹入冷风使仪器逐渐冷却。

五、常用仪器的保养

有机化学实验常用各种玻璃仪器的性能是不同的，必须掌握它们的性能、保养和洗涤方法，才能正确使用，提高实验效果，避免不必要的损失。下面介绍几种常用的玻璃仪器的保养和清洗方法。

（1）温度计

温度计水银球部位的玻璃很薄，容易破损，使用时要特别小心。注意：①不能用温度计当搅拌棒使用；②不能测定超过温度计的最高刻度的温度；③不能把温度计长时间放在高温的溶剂中。否则，会使水银球变形，读数不准。

温度计用后要让它慢慢冷却，特别在测量高温之后，切不可立即用水冲洗。否则，会破裂，或造成水银柱断裂。温度计应悬挂在铁架台上，待冷却后把它洗净抹干，放回温度计盒内，盒底要垫上一小块脱脂棉。如果是纸盒，放回温度计时要检查盒底是否完好。

（2）冷凝管

冷凝管通水后很重，所以安装冷凝管时应将夹子夹在冷凝管的重心的地方，以免翻倒。洗刷冷凝管时要用特制的长毛刷，如用洗涤液或有机溶液洗涤时，则用软木塞塞住一端，不用时，应直立放置，使之易干。

（3）分液漏斗

分液漏斗的活塞和盖子都是磨砂口的，若非原配的，就可能不严密，所以，使用时要注意保护它。各个分液漏斗之间也不要相互调换，用后一定要在活塞和盖子的磨砂口间垫上纸片，以免日久后难以打开。

（4）砂芯漏斗

砂芯漏斗在使用后应立即用水冲洗，不然，难以洗净。滤板不太稠密的漏斗可用强烈的水流冲洗；如果是较稠密的，则用抽滤的方法冲洗。必要时用有机溶剂洗涤。

第二节　实验室安全与注意事项

在实验室进行制药工程专业实验时，经常要使用易燃的溶剂，如乙醚、乙醇、丙酮、苯等；易燃易爆的气体，如氢气、乙炔、金属有机试剂；有毒试剂，如氰化钠、硝基苯、甲醇、某些有机磷、有机砷化合物；有的致癌物和可能引起癌症的化合物，如煤焦油、重氮甲烷、石棉及其制品、砷化合物、3,4-苯并芘，N,N-二甲基亚硝等；有腐蚀性的试剂，如氯磺酸、浓硫酸、浓硝酸、浓盐酸、烧碱、氯气、溴等。尤其引起注意的是，有些药品有较强的潜伏期。这些药品如果使用不当，则可能发生着火、爆炸、烧伤、中毒、致畸等事故。此外，玻璃器皿、煤气、化工设备、电气设备等使用不当或处理不当，也会产生事故。一旦发生事故，小则危及个人，大则损害人身安全及国家财产。

因此，进行制药专业实验时，要把安全放在第一位，如果发生严重事故，就将无法挽回。不过事实证明，在实验时只要思想上高度重视，具备必要的安全知识，严格执行操作规程，可使危险降至最低程度。即使发生事故，掌握一般的救护措施，就能及时妥善处理，不致酿成严重后果。反之，掉以轻心，马虎从事，违反操作规程，则随时都有可能发生事故。

一、实验室中常见剧毒、强腐蚀物品

（1）氰化物和氢氰酸

氰化物如氰化钾、氰化钠、丙烯腈等，系烈性毒品，进入人体 50mg 即可致死，甚至可与皮肤接触经伤口进入人体，即可引起严重中毒。这些氰化物遇酸产生氢氰酸气体，易被吸入人体而中毒。

在使用氰化物时，严禁用手直接接触，大量使用这类药品时，应戴上口罩和橡皮手套。含有氰化物的废液，严禁倒入酸缸。应先加入硫酸亚铁使之转变为毒性较小的亚铁氰化物，然后倒入水槽，再用大量水冲洗原贮放的器皿和水槽。

（2）汞和汞的化合物

汞的可溶性化合物如氯化汞、硝酸汞都是剧毒物品，实验中应特别注意金属汞（如使用温度计、压力计、汞电极等）。因金属汞易蒸发，其蒸气有剧毒，又无气味，吸入人体具有积累性，容易引起慢性中毒，所以切不可以麻痹大意。

汞的密度很大（约为水的 13.6 倍），作压力计时，应该用厚玻璃管，贮汞容器必须坚固，且应该用厚壁的，并且只应存放少量汞而不能盛满，以防容器破裂，或因脱底而流失。在装置汞的容器下面应放一搪瓷盘，以免不慎洒在地上。为减少室内的汞蒸气，贮汞容器应是紧闭密封，汞表面应加入水覆盖，以防蒸气逸出。

若不慎将汞洒在地上，它会散成许多小珠，钻入各处，成为表面积很大的蒸发面，此时应立即用滴管或毛笔尽可能将它捡起，然后用锌皮接触使其形成合金而消除之，最后撒上硫黄粉，使汞与硫反应生成不挥发的硫化汞。

废汞切不可以倒入水槽冲入下水管。因为它会积聚在水管弯头处，长期蒸发、毒化空气，误洒入水槽的汞也应及时捡起。使用和贮存汞的房间应经常通风。

（3）砷的化合物

砷和砷的化合物都有剧毒，常使用的是三氧化二砷（砒霜）和亚砷酸钠。这类物质中毒一般由于口服引起。当用盐酸和粗锌制备氢气时，也会产生一些剧毒的砷化氢气体，应加以注意。一般将产生的氢通过高锰酸钾溶液洗涤后再使用。砷的解毒剂是二巯基丙醇，肌肉注射即可解毒。

（4）硫化氢

硫化氢是极毒的气体，有臭鸡蛋味，它能麻痹人的嗅觉，以至逐渐不闻其臭，所以特别危险。使用硫化氢和用酸分解硫化物时，应在通风橱中进行。

（5）一氧化碳

煤气中含有一氧化碳，使用煤炉和煤气时一定要提高警惕，防止中毒。煤气中毒，轻者头痛、眼花、恶心，重者昏迷。对中毒的人应立即移出中毒房间，呼吸新鲜空气，进行人工呼吸，保暖，及时送医院治疗。

（6）溴

溴是一种棕红色液体，易蒸发成红色蒸气，对眼睛有强烈的刺激催泪作用，能损伤眼睛、气管、肺部，触及皮肤，轻者剧烈灼痛，重者溃烂，长久不愈。使用时应带橡皮手套。

（7）氢氟酸

氢氟酸和氟化氢皆具剧毒，强腐蚀性。灼伤肌体，轻者剧痛难忍，重者使肌肉腐烂，渗入组织，如不及时抢救，就会造成死亡。因此在使用氢氟酸时应特别注意，操作必须在通风橱中进行，并戴橡皮手套。

其他遇到的有毒、腐蚀性的无机物还很多，如磷、铍的化合物，铅盐，浓硝酸、碘蒸气等，使用时都应加以注意。

二、常见化学试剂中毒应急处理

（1）二硫化碳中毒的应急处理方法

吞食时，给患者洗胃或用催吐剂催吐。让患者躺下并保暖，保持通风良好。

（2）甲醛中毒的应急处理方法

吞食时，立刻饮食大量牛奶，接着用洗胃或催吐等方法，使吞食的甲醛排出体外，然后服下泻药。有可能的话，可服用 1% 的碳酸铵水溶液。

（3）有机磷中毒的应急处理方法

使患者确保呼吸道畅通，并进行人工呼吸。万一吞食，要用催吐剂催吐，或用自来水洗胃等方法将其除去。沾在皮肤、头发或指甲等地方的有机磷，要彻底把它洗去。

（4）三硝基甲苯中毒的应急处理方法

沾到皮肤时，用肥皂和水，尽量把它彻底洗去。若吞食，可进行洗胃或用催吐剂催吐，将其大部分排除之后，才可服泻药。

（5）苯胺中毒的应急处理方法

如果苯胺沾到皮肤，可用肥皂和水把其洗擦除净。若吞食，可用催吐剂、洗胃及服泻药等方法把它除去。

（6）氯代烃中毒的应急处理方法

把患者转移，远离药品处，并使其躺下、保暖。若吞食，可用自来水充分洗胃，将 30g 硫酸钠溶解于 200mL 水中制成溶液，然后饮服。不要喝咖啡之类兴奋剂。吸入氯仿时，把患者的头降低，使其伸出舌头，以确保呼吸道畅通。

（7）草酸中毒的应急处理方法

立刻饮服下列溶液，使其生成草酸钙沉淀：①在 200mL 水中，溶解 30g 丁酸钙或其他钙盐制成的溶液；②大量牛奶。可饮食用牛奶打溶的蛋白作镇痛剂。

（8）乙醛、丙酮中毒的应急处理方法

用洗胃或服催吐剂等方法，除去吞食的药品，随后服下泻药。呼吸困难时要输氧。丙酮不会引起严重中毒。

（9）乙二醇中毒的应急处理方法

用洗胃、服催吐剂或泻药等方法，除去吞食的乙二醇。然后，静脉注射 10mL 10% 葡萄糖酸钙，使其生成草酸钙沉淀。同时，对患者进行人工呼吸。聚乙二醇及丙二醇均为无害物质。

（10）酚类化合物中毒的应急处理方法

① 误吞后马上给患者饮自来水、牛奶或吞食活性炭，以减缓毒物被吸收的程度。接着反复洗胃或催吐。然后，再饮服 60mL 蓖麻油及于 200mL 水中溶解 30g 硫酸钠制成的溶液。不可饮服矿物油或用乙醇洗胃。②烧伤皮肤后，先用乙醇擦去酚类物质，然后用肥皂水及水洗涤。脱去沾有酚类物质的衣服。

（11）乙醇中毒的应急处理方法

用自来水洗胃，除去未吸收的乙醇。然后，一点点地吞服 4g 碳酸氢钠。

（12）甲醇中毒的应急处理方法

用 1%～2% 碳酸氢钠溶液充分洗胃。然后，把患者转移到暗房，以抑制二氧化碳的结合能力。为了防止酸中毒，每隔 2～3h，经口每次吞服 5～15g 碳酸氢钠。同时为了阻止甲醇的代谢，在 3～4 天内，每隔 2h，以平均每公斤体重 0.5mL 的量，饮服 50% 乙醇溶液。

（13）烃类化合物中毒的应急处理方法

把患者转移到空气新鲜的地方。因为呕吐物一旦进入呼吸道，则会发生严重的危险事故，所以，除非平均每公斤体重吞食超过 1mL 的烃类物质，否则，应尽量避免洗胃或用催吐剂催吐。

（14）硫酸铜中毒的应急处理方法

将 0.3～1.0g 亚铁氰化钾溶解于一酒杯水中，饮服。也可饮服适量肥皂水或碳酸钠溶液。

（15）硝酸银中毒的应急处理方法

将 3～4 药匙食盐溶解于一酒杯水中饮服。然后，服用催吐剂，或者进行洗胃或饮牛奶。接着用大量水吞服 30g 硫酸镁泻药。

（16）钡中毒的应急处理方法

将 30g 硫酸钠溶解于 200mL 水中，然后从口饮服，或通过洗胃导管加入胃中。

（17）铅中毒的应急处理方法

保持患者每分钟排尿量 0.5～1mL，至连续 1～2h 以上。饮服 10%右旋醣酐水溶液（按每公斤体重 10～20mL 计）。或者，以每分钟 1mL 的速度，静脉注射 20%甘露醇水溶液，至每公斤体重达 10mL 为止。

（18）汞中毒的应急处理方法

饮食打溶的蛋白，用水及脱脂奶粉作沉淀剂。立刻饮服二巯基丙醇溶液及于 200mL 水中溶解 30g 硫酸钠制成的溶液作泻剂。

（19）砷中毒的应急处理方法

吞食时，使患者立刻呕吐，然后饮食 500mL 牛奶。再用 2～4L 温水洗胃，每次用 200mL。

（20）二氧化硫中毒的应急处理方法

把患者移到空气新鲜的地方，保持安静。进入眼睛时，用大量水洗涤，并要洗漱咽喉。

（21）氰中毒的应急处理方法

立刻处理，每隔 2min，给患者吸入亚硝酸异戊酯 15～30s。这样氰基与高铁血红蛋白结合，生成无毒的氰络高铁血红蛋白。接着给其饮服硫代硫酸盐溶液，使其与氰络高铁血红蛋白解离的氰化物相结合，生成硫氰酸盐。

①吸入时把患者移到空气新鲜的地方，使其横卧，然后，脱去沾有氰化物的衣服，马上进行人工呼吸。②吞食时用手指摩擦患者的喉头，使之立刻呕吐。绝不要等待洗胃用具到来才处理。因为患者在数分钟内，即有死亡的危险。

（22）卤素气中毒的应急处理方法

把患者转移到空气新鲜的地方，保持安静。吸入氯气时，给患者嗅 1∶1 的乙醚与乙醇的混合蒸气；若吸入溴气时，则给其嗅稀氨水。

（23）氨气中毒的应急处理方法

立刻将患者转移到空气新鲜的地方，然后，给其输氧。进入眼睛时，将患者躺下，用水洗涤角膜至少 5min。其后，再用稀醋酸或稀硼酸溶液洗涤。

（24）强碱中毒的应急处理方法

① 吞食后，立刻用食道镜观察，直接用 1%醋酸水溶液将患部洗至中性。然后，迅速饮服 500mL 稀的食用醋（1 份食用醋加 4 份水）或鲜橘子汁将其稀释。②沾着皮肤时，立刻脱去衣服，尽快用水冲洗至皮肤不滑为止。接着用经水稀释的醋酸或柠檬汁等进行中和。但是，若沾着生石灰时，则用油之类东西，先除去生石灰。③进入眼睛时，撑开眼睑，用水连

续洗涤 15min。

（25）强酸中毒的应急处理方法

①吞服时，立刻饮服 200mL 氧化镁悬浮液，或者氢氧化铝凝胶、牛奶及水等东西，迅速把毒物稀释。然后，至少再食 10 多个打溶的蛋作缓和剂。因碳酸钠或碳酸氢钠会产生二氧化碳气体，故不要使用。②沾着皮肤时，用大量水冲洗 15min。如果立刻进行中和，因会产生中和热，而有进一步扩大伤害的危险。因此，经充分水洗后，再用碳酸氢钠之类稀碱液或肥皂液进行洗涤。但是，当沾着草酸时，若用碳酸氢钠中和，因为由碱而产生很强的刺激物，故不宜使用。此外，也可以用镁盐和钙盐中和。③进入眼睛时，撑开眼睑，用水洗涤 15min。

（26）镉（致命剂量 10mg）、锑（致命剂量 100mg）中毒的应急处理方法

吞食时，使患者呕吐。

（27）其他化学药品吞食时的常见应急处理方法

患者因吞食药品中毒而发生痉挛或昏迷时，非专业医务人员不可随便进行处理。除此以外的其他情形，则可采取下述方法处理。毫无疑问，进行应急处理的同时，要立刻找医生治疗，并告知其引起中毒的化学药品的种类、数量、中毒情况（包括吞食、吸入或沾到皮肤等）以及发生时间等有关情况。

①为了降低胃中药品的浓度，延缓毒物被人体吸收的速度并保护胃黏膜，可饮食下述任一种东西：牛奶；打溶的蛋；面粉；淀粉；或土豆泥的悬浮液以及水等。②如果一时弄不到上述东西，可于 500mL 蒸馏水中，加入约 50g 活性炭。用前再添加 400mL 蒸馏水，并把它充分摇动润湿，然后，给患者分次少量吞服。一般 10～15g 活性炭，大约可吸收 1g 毒物。③用手指或匙子的柄摩擦患者的喉头或舌根，使其呕吐。若用这个方法还不能催吐时，可于半酒杯水中，加入 15mL 吐根糖浆（催吐剂之一），或在 80mL 热水中溶解一茶匙食盐，给予饮服（但吞食酸、碱之类腐蚀性药品或烃类液体时，因有胃穿孔或胃中的食物一旦吐出而进入气管的危险，因而，遇到此类情况不可催吐）。绝大部分毒物于 4h 内，即从胃转移到肠。④用毛巾之类东西，盖上患者身体进行保温，避免从外部升温取暖（注：把 2 份活性炭、1 份氧化镁和 1 份丹宁酸混合均匀而成的东西，称为万能解毒剂。用时可将 2～3 药匙此药剂，加入一酒杯水做成糊状，即可服用）。

三、有机类实验废液的处理方法

1. 基本原则

① 尽量回收溶剂，在对实验没有影响的情况下，反复使用。

② 为了方便处理，其收集分类往往分为：（a）可燃性物质；（b）难燃性物质；（c）含水废液；（d）固体物质等。

③ 可溶于水的物质，容易成为水溶液流失。因此，回收时要加以注意。但是，对甲醇、乙醇及醋酸之类溶剂，能被细菌作用而易于分解。故对这类溶剂的稀溶液，经用大量水稀释后，即可排放。

④ 含重金属等的废液，将其有机质分解后，作无机类废液进行处理。

2. 通用处理方法

（1）焚烧法

① 将可燃性物质的废液，置于燃烧炉中燃烧。如果数量很少，可把它装入铁制或瓷制容器，选择室外安全的地方把它燃烧。点火时，取一长棒，在其一端扎上沾有油类的破布，或用木片等东西，站在上风方向进行点火燃烧。并且，必须监视至烧完为止。

② 对难于燃烧的物质，可把它与可燃性物质混合燃烧，或者把它喷入配备有助燃器的焚烧炉中燃烧。对多氯联苯之类难于燃烧的物质，往往会排出一部分还未焚烧的物质，要加以注意。对含水的高浓度有机类废液，此法亦能进行焚烧。

③ 对由于燃烧而产生 NO_2、SO_2 或 HCl 之类有害气体的废液，必须配备有洗涤器的焚烧炉燃烧。此时，必须用碱液洗涤燃烧废气，除去其中的有害气体。

④ 对固体物质，亦可将其溶解于可燃性溶剂中，然后使之燃烧。

（2）溶剂萃取法

① 对含水的低浓度废液，用与水不相混合的正己烷之类挥发性溶剂进行萃取，分离出溶剂层后，把它进行焚烧。再用吹入空气的方法，将水层中的溶剂吹出。

② 对形成乳浊液之类的废液，不能用此法处理。要用焚烧法处理。

（3）吸附法

用活性炭、硅藻土、矾土、层片状织物、聚丙烯、聚酯片、氨基甲酸乙酯泡沫塑料、稻草屑及锯末之类能良好吸附溶剂的物质，使其充分吸附后，与吸附剂一起焚烧。

（4）氧化分解法（参照含重金属有机类废液的处理方法）

在含水的低浓度有机类废液中，对其易氧化分解的废液，用 H_2O_2、$KMnO_4$、$NaOCl$、$H_2SO_4 + HNO_3$、$HNO_3 + HClO_4$、$H_2SO_4 + HClO_4$ 及废铬酸混合液等物质，将其氧化分解。然后，按上述无机类实验废液的处理方法加以处理。

（5）水解法

对有机酸或无机酸的酯类，以及一部分有机磷化合物等容易发生水解的物质，可加入 $NaOH$ 或 $Ca(OH)_2$，在室温或加热下进行水解。水解后，若废液无毒害时，把它中和、稀释后，即可排放。如果含有有害物质时，用吸附等适当的方法加以处理。

（6）生物化学处理法

用活性污泥之类东西并吹入空气进行处理。例如，对含有乙醇、乙酸、动植物性油脂、蛋白质及淀粉等的稀溶液，可用此法进行处理。

3. 常见废盐的处理方法

（1）含一般有机溶剂的废液

一般有机溶剂是指醇类、酯类、有机酸、酮及醚等由 C、H、O 元素构成的物质。对此类物质的废液中的可燃性物质，用焚烧法处理。对难于燃烧的物质及可燃性物质的低浓度废液，则用溶剂萃取法、吸附法及氧化分解法处理。再者，废液中含有重金属时，要保管好焚烧残渣。但是，对其易被生物分解的物质（即通过微生物的作用而容易分解的物质），其稀溶液经用水稀释后，即可排放。

（2）含石油、动植物性油脂的废液

此类废液包括苯、己烷、二甲苯、甲苯、煤油、轻油、重油、润滑油、切削油、机器油、动植物性油脂及液体和固体脂肪酸等物质的废液。对其可燃性物质，用焚烧法处理。对其难于燃烧的物质及低浓度的废液，则用溶剂萃取法或吸附法处理。对含机油之类的废液，含有重金属时，要保管好焚烧残渣。

（3）含 N、S 及卤素类的有机废液

此类废液包含的物质有吡啶、喹啉、甲基吡啶、氨基酸、酰胺、二硫化碳、硫醇、烷基硫、硫脲、硫酰胺、噻吩、二甲亚砜、氯仿、四氯化碳、氯乙烯类、氯苯类、酰卤化物和含 N、S、卤素的染料、农药、颜料及其中间体等。对其可燃性物质，用焚烧法处理。但必须采取措施除去由燃烧而产生的有害气体（如 SO_2、HCl、NO_2 等）。对多氯联苯之类物质，因难以燃烧而有一部分直接被排出，要加以注意。对难于燃烧的物质及低浓度的废液，用溶剂萃取法、吸附法及水解法进行处理。但对氨基酸等易被微生物分解的物质，经水稀释后，即可排放。

（4）含酚类物质的废液

此类废液包含的物质有苯酚、甲酚、萘酚等。对其浓度大的可燃性物质，可用焚烧法处理；而浓度低的废液，则用吸附法、溶剂萃取法或氧化分解法处理。

（5）含酸、碱、氧化剂、还原剂及无机盐类的有机类废液

此类废液包括：含有硫酸、盐酸、硝酸等酸类，氢氧化钠、碳酸钠、氨等碱类，以及过氧化氢、过氧化物等氧化剂与硫化物、联氨等还原剂的有机类废液。首先，按无机类废液的处理方法，把它分别加以中和。然后，若有机类物质浓度大时，用焚烧法处理（保管好残渣）。能分离出有机层和水层时，将有机层焚烧，对水层或其浓度低的废液，则用吸附法、溶剂萃取法或氧化分解法进行处理。但是，对其易被微生物分解的物质，用水稀释后，即可排放。

（6）含有机磷的废液

此类废液包括含磷酸、亚磷酸、硫代磷酸及磷酸酯类，磷化氢类以及磷系农药等物质的废液。对其浓度高的废液进行焚烧处理（因含难于燃烧的物质多，故可与可燃性物质混合进行焚烧）。对浓度低的废液，经水解或溶剂萃取后，用吸附法进行处理。

（7）含天然及合成高分子化合物的废液

此类废液包括含有聚乙烯、聚乙烯醇、聚苯乙烯、聚二醇等合成高分子化合物，以及蛋白质、木质素、纤维素、淀粉、橡胶等天然高分子化合物的废液。对其含有可燃性物质的废液，用焚烧法处理。而对难以焚烧的物质及含水的低浓度废液，经浓缩后，将其焚烧。但对蛋白质、淀粉等易被微生物分解的物质，其稀溶液可不经处理即可排放。

刚开始做实验时，由于老师强调，同学也特别注意实验室安全；但过一段时间后，有些同学自以为已经是行家里手，在进行实验操作的时候就图省事，不再穿白大褂，不再戴手套，甚至一边做实验一边喝茶吃点心，实验器材和药品随处放置，废弃物不论毒与不毒都当生活垃圾处理。这些现象要坚决杜绝、制止。一句老话就可以概况他们的未来：擅泳者溺！所有实验操作都在通风橱中进行，所有毒性试剂都按规则使用和处理，所有废弃物都有它应该的归宿，在做实验的时候知会周围同事/同学，让他们了解你的实验用品的危害性……你不但要保护自己，也要保护周围的人。一旦养成良好的实验室习惯，就会让自己、朋友、同事共同受益！

附

 学生实验守则

1. 实验前充分做好预习，明确本次实验的目的和操作要点。

2. 进入实验室必须穿好实验服，准备好实验仪器药品，并保持实验室的整洁安静，以利实验进行。

3. 严格遵守操作规程，特别是称取或量取药品，在拿取、称量、放回时应进行三次认真核对，以免发生差错。称量任何药品，在操作完毕后应立即盖好瓶塞，放回原处，凡已取出的药品不能任意倒回原瓶。

4. 要以严肃认真的科学态度进行操作，如实验失败时，先要找出失败的原因，考虑如何改正，再征询指导老师意见，是否重做。

5. 实验中要认真观察，联系所学理论，对实验中出现的问题进行分析讨论，如实记录实验结果，写好实验报告。

6. 严格遵守实验室的规章制度，包括：报损制度、赔偿制度、清洁卫生制度、安全操作规则以及课堂纪律等。

7. 要重视制品质量，实验成品须按规定检查合格后，再由指导老师验收。

8. 注意节约，爱护公物，尽力避免破损。实验室的药品、器材、用具以及实验成品，一律不准擅自携出室外。

9. 实验结束后，须将所用器材洗涤清洁，妥善安放保存。值日生负责实验室的清洁、卫生、安全检查工作，将水、电、门、窗关好，经指导老师允许后，方可离开实验室。

第一部分
有机化学基础实验

有机化学基础实验

实验 ❶ 液态有机化合物折射率的测定

一、实验目的与要求

1. 学习有机化合物折射率的测定。
2. 学习 Abbe 折光仪的使用方法。
3. 掌握液态有机物折射率的测定方法。

二、实验原理

光在两个不同介质中的传播速度是不同的，所以当光线从一个介质进入另一个介质时，它的传播方向与两个介质的界面不垂直，则在界面处的传播方向发生改变，这种现象称为光的折射现象。

折射率是有机化合物最重要的物理常数之一。根据折射定律，波长一定的单色光，在确定的外界条件下，从一个介质 A 进入另一个介质 B 时，入射角 α 的正弦与折射角 β 的正弦之比和这两个介质的折射率成反比：

$$n = \frac{\sin\alpha}{\sin\beta} \tag{1-1}$$

若介质为真空，则其折射率为 1。

化合物折射率随入射光线的波长不同而变，也随温度不同而变。温度每上升 1℃，折射率下降 $(3.5\sim5.5)\times10^{-4}$，常用 n_D^t 来表示（t 表示测定条件下温度，D 表示钠光）。由于液体物质具有特定的折射率，因此也可以用折射率来鉴别化合物。

三、试剂及产物的物理常数

名称	分子量	性状	相对密度	n_D^{20}	m.p./℃	b.p./℃	溶解性		
							水	乙醇	乙醚
丙酮	58	无色易挥发液体	1.359	1.3588	−94	56	易溶	互溶	互溶
无水乙醇	46	无色液体	0.7893	1.3614	−117.3	78.5	混溶	混溶	混溶
乙酸乙酯	88	无色透明黏稠液体	0.902	1.3719	−83	77	微溶	互溶	互溶
水	18	无色液体	1.000	1.3330	0	100	—	混溶	微溶

四、实验仪器与试剂

1. 仪器

Abbe 折光仪等。

2. 试剂

丙酮，无水乙醇，乙酸乙酯，水，1-溴代萘。

五、实验装置图

Abbe 折光仪的结构如图 1-1 所示。

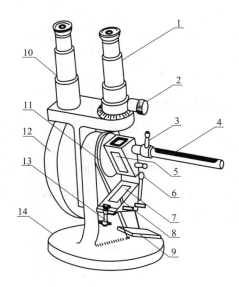

图 1-1　Abbe 折光仪的结构

1—测量镜筒；2—阿米西棱镜手轮；3—恒温器接头；

4—温度计；5—测量棱镜；6—铰链；7—辅助棱镜；

8—加样品孔；9—反射镜；10—读数镜筒；11—转轴；

12—刻度盘罩；13—棱镜锁紧扳手；14—底座

六、实验内容

1. 仪器的安装

将折光仪置于靠窗的桌子或白炽灯前，或打开其自带光源。但勿使仪器置于直照的日光中，以避免液体试样迅速蒸发。将折光仪调节手轮逆时针旋转至限位，然后顺时针旋转至限位，往复数次操作，按 B/－键消除 BX。

2. 校正仪器

(1) 松开锁钮，开启辅助棱镜，使其磨砂的斜面处于水平位置，用胶头滴管加少量丙酮清洗镜面，促使难挥发的玷污物逸走，用滴定管时注意勿使管尖碰撞镜面。闭合棱镜后再开启棱镜，用专用擦镜纸轻轻吸干[1]上棱镜镜面和下棱镜镜面。待镜面干燥后，滴加[2]数滴配置好的 1-溴代萘（$n = 1.66$）于下棱镜镜面，将洁净的标准玻璃块的光面朝着下棱镜，放平，轻轻推动以除去空气，闭合辅助棱镜，旋紧锁钮。

(2) 调节反射镜，使入射光进入棱镜组，同时从测量望远镜中观察，使视场最亮。调节目镜，使视场最清晰。转动棱镜调节旋钮，直至目镜中观察到明暗分界线或彩色光带[3]，转动细准焦螺旋调节旋钮，使明暗界线恰好通过"十"字交叉点上。按下测定键，进行校正测定。

3. 测定

实验准备工作做好后，打开棱镜，按照校正步骤重新用丙酮清洗镜面。用滴管把待测液体 2～3 滴均匀地滴加在磨砂面镜面上，要求液体无气泡并充满现场，关闭棱镜。按照校正步骤中调节方法调节好仪器，按下测定键测定，记录读数和此时温度[4]。

4. 仪器的维护

实验完毕，取少量丙酮清洗上下镜面，整理好折光仪及实验台。

[1] 不能用擦镜纸摩擦棱镜面，避免划伤镜面影响测定。

[2] 滴加时，胶头滴管不能接触镜面。

[3] 目镜中观察到明暗分界线或彩色光带现象如下图(c)所示。

未调节右边旋扭前
在右边目镜看到的图像
此时颜色是散的

(a)

调节右边旋扭直到出现
有明显的分界线为止

(b)

调节左边旋扭使分界线
经过交叉点为止并在左
边目镜中读数

(c)

[4] 计算公式

$$n_D^{20} = n_D^t + 0.00045 \times (t - 20℃)$$

七、思考题

1. 简明阐述折射率 n_D^t 中 D、t 所代表的含义，并说明折射率是否与温度有关？

2. 每次测定样品折射率后为什么要重新擦洗镜面?

实验 **2** 熔点的测定

一、实验目的与要求

1. 了解熔点测定的原理和意义。
2. 掌握毛细管法测定熔点的操作。

二、实验原理

固体化合物受热达到一定的温度时,由固态转变为液态,这时的温度就是该化合物的熔点(melting point,m. p.)。熔点的严格定义为:物质的固液两态在大气压力下达到平衡状态时的温度。因此,可以从分析物质的蒸气压和温度的关系曲线图入手。如图 1-2,曲线 SM 表示一种物质固相的蒸气压与温度的关系,曲线 ML 表示液相的蒸气压与温度的关系,且 SM 的变化率大于 ML。两条曲线相交于 M,在交叉点 M 处,固液两相蒸气压一致,固液两相平衡共存,这时的温度(T)即为该物质的熔点。图 1-3 为化合物熔化过程中相态随着时间和温度的变化。当固液两相共存时,温度是一定的。当最后一点固体熔化后,继续加热会使温度继续上升,说明每一个纯有机化合物晶体都具有固定的和敏锐的熔点,其开始熔化(始熔)至完全熔化(全熔)的温度范围称为熔点距(也称熔点范围或熔程),一般不超过 $0.5\sim1$℃。当含有杂质时,根据拉乌尔(Raoult)定律,在一定温度和压力下,往溶剂中增加溶质,将导致溶液的蒸气压下降。如图 1-4 的 M_1、L_1 固液两相交叉点 M_1 即代表含有杂质化合物达到熔点时的固液相平衡共存点,T_{M_1} 为含杂质时的熔点。所以当含有杂质时,对其熔点有显著的影响,即熔点降低,熔程拉长。

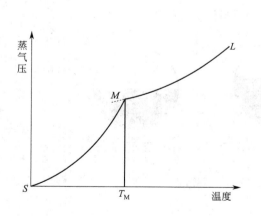

图 1-2 纯物质的温度与蒸气压曲线图

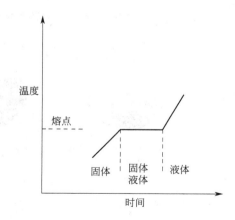

图 1-3 纯物质加热时温度随时间的变化曲线

综上所述,因含有杂质时,对熔点有显著的影响,故可借助熔点的测定来定性地判断固体样品的纯度。

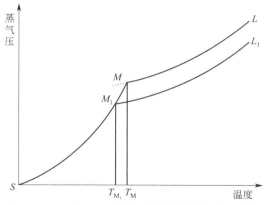

图 1-4　含杂质化合物的蒸气压随温度的变化曲线

三、试剂及产物物理常数

名称	分子量	性状	相对密度	折射率	m. p. /℃	b. p. /℃	溶解性		
							水	乙醇	乙醚
萘	128	光亮的片状晶体	1.162	1.58212	80.5	217.9	不溶	易溶	易溶
乙酰苯胺	135	白色有光泽片状结晶或白色结晶粉末	1.2190	1.5860	114.3	304	微溶	易溶	易溶
肉桂酸	148	白色至淡黄色粉末	1.245	1.555	133	300	不溶	混溶	混溶

四、实验仪器与试剂

1. 仪器

b 形管，温度计，玻璃毛细管，酒精灯等。

2. 试剂

萘，乙酰苯胺，肉桂酸，硅油等。

五、实验装置图

b 形管图 1-5 所示，熔点管如图 1-6 所示。

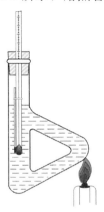

图 1-5　b 形管

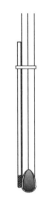

图 1-6　熔点管的安置

六、实验内容

1. 熔点管的制备

取一根两端开口、内径约 1mm、长约 60～70mm、干净的毛细管，把此毛细管的一端在小火上加热，使其熔化闭合[1]，作为熔点管。

2. 样品的填装

取 0.1～0.2g 样品，放在研钵上研成细粉末，聚成小堆，将熔点管的开口端插入样品堆中，使样品挤入管内。将熔点管开口端向上，通过一根长约 40cm 垂直于桌面的玻璃管，自由地落下，重复 10 多次，直至样品的高度为 2～3mm 时为止。一个样品最好同时装 3 根毛细管，以备测定时用。操作要迅速，装样要结实[2]。

3. 装置的固定

装硅油[3]于 b 形管[4]中至高出上侧管即可，并固定在铁架台上，瓶口配一温度计套管。然后用橡胶圈将毛细管紧固在温度计上，使样品部分靠在温度计水银球的中部。并将温度计插入温度计套管中，插入深度以水银球在 b 形管的两侧管的中部。加热时，火焰与 b 形管的倾斜部分接触[5]。

4. 熔点的测定[6]

（1）粗测

快速加热，加热速度以 5℃·min⁻¹，测定化合物的大概熔点，测毕，记录粗略熔点。待热浴的温度下降大约 30℃，舍弃第一次的实验样品，换一根新样品管，进行第二次测定。

（2）精测

慢加热，以 5℃·min⁻¹ 的速度升温；当温度达到粗测熔点下约 15℃时，应即刻减缓加热速度[7]，以 1～2℃·min⁻¹ 的速度升温；当接近熔点时，以 0.2～0.3℃·min⁻¹ 的速度升温，此时，应特别注意温度的上升和毛细管中样品的情况。当毛细管中样品开始塌落和有湿润现象，并出现小滴液体时，表示样品已开始熔化（为始熔），记下温度。继续微热至微量固体样品消失成为透明液体时，为全熔。始熔到全熔的过程即为该化合物的熔程。例如某一化合物在 112℃时开始萎缩塌落，113℃时有液滴出现，在 114℃时全部成为透明液体，应记录为：熔点 113～114℃，112℃塌落（或萎缩），以及该化合物的颜色变化[8]。

5. 实验结束

实验完毕，将温度计洗净擦拭干净，硅油回收，收拾桌面。

[1] 烧制毛细管时，倾斜一定角度插入外焰中加热，并不断地转动毛细管，使其熔化均匀。

[2] 操作迅速可防止样品吸潮，装样结实，样品受热才均匀，如果有空隙，不易传热，影响结果。

[3] 硅油在此实验中称为浴液，通常的浴液有水、浓硫酸、甘油、液状石蜡和硅油等。当温度<100℃时，可用水；当温度<140℃时，最好选用液状石蜡和甘油；若温度>140℃，可选用浓硫酸。热的浓硫酸具有极强的腐蚀性，要特别小心，以免溅出伤人。使用浓硫酸作浴液，有时由于有机物掉入酸内而变黑，妨碍对样品熔融过程的观察，在此情况下，可以加入一些 KNO₃ 晶体，共热后使其脱色。硅油可以加热到 250℃，且比较稳定，透明度高。故本实验采用硅油。

[4] b 形管又叫 Thiele 管，也叫熔点测定管。

[5] 该装置的好处：受热浴液沿管做上升运动促使整个 b 形管内浴液循环对流，使温度均匀

而不需要搅拌。

[6] 实验关键之一：控制加热速度。

[7] 若此时停止加热，温度亦停止上升，则说明加热速度是合适的。

[8] 若是未知样品的熔点，则需进行粗测，并至少精测两次；若是已知样品的熔点，则可免去粗测实验手续，每一次测定都必须用新的熔点管重新装样品。

七、实验结果

将实验数据记录于下表。

编号	萘			乙酰苯胺			肉桂酸		
	始熔/℃	全熔/℃	理论值/℃	始熔/℃	全熔/℃	理论值/℃	始熔/℃	全熔/℃	理论值/℃
1(粗)									
2(精)									
3(精)									
平均值									

八、思考题

1. 若样品研磨得不细，对装样有什么影响？所测定的有机物熔点数据是否可靠？

2. 是否可以使用第一次测定熔点时已经熔化了的有机物再做第二次测定呢？为什么？

3. 测定熔点时，若遇到下列情况会产生什么结果？

(1) 熔点管壁太厚；

(2) 熔点管壁不洁净；

(3) 加热升热太快；

(4) 样品填装过多；

(5) 样品填装过少；

(6) 样品填装不结实。

附

 熔点测定的其他方法及特点

1. 升华物质的熔点测定

升华物质的熔点测定要用两端封闭的毛细管浸入热浴液内测定。

特点：适用于易升华的物质熔点的测定，如碘。

2. 显微熔点测定法

用显微熔点测定仪或精密显微熔点测定仪测定熔点，其实质是在显微镜下观察熔化过程。例如熔点测定仪（如图1-7所示），样品的最小测试量≤0.1mg，测量熔点温度范围20～320℃，测量误差为：20～120℃不大于1℃；120～220℃不大于2℃；220～320℃不大于3℃。

特点：样品用量少，能精确观测物质受热过程。

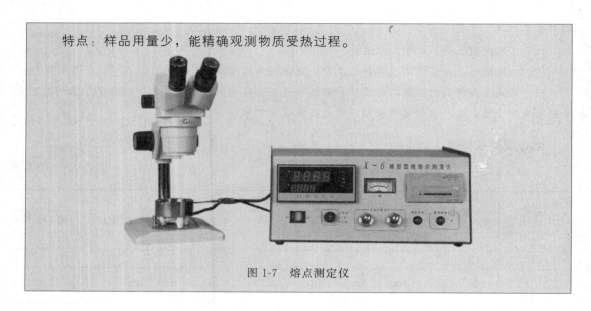

图 1-7　熔点测定仪

实验 3　旋光度的测定

一、实验目的与要求

1. 学习旋光度的测定原理和方法。
2. 了解旋光仪的构造。
3. 学习比旋光度的计算。

二、实验原理

某些有机物因是手性分子，能使偏振光的振动平面旋转而显旋光性。

旋光度 α 是指光学活性物质使偏振光的振动平面旋转的角度；比旋光度 $[\alpha]_\lambda^t$ 是物质特性常数之一。测定旋光度，可以检定旋光性物质的纯度和含量。测定旋光度的仪器叫旋光仪，其基本结构如图 1-8 所示。

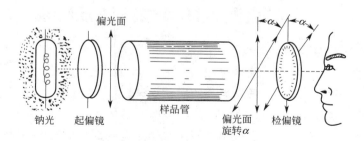

钠光　起偏镜　　　　样品管　　偏光面　检偏镜
　　　　　　　　　　　　　　　旋转α

图 1-8　旋光仪示意图

目测的旋光仪主要是由光源、起偏镜、样品管（也叫旋光管）和检偏镜等四部分组成。光线从光源经过起偏镜形成偏振光，此光经过盛有旋光性物质的旋光管时，因物质的旋光性致使偏振光不能通过第二个棱镜（检偏镜），必须将检偏镜扭转一定角度后才能通过，因此要调节检偏镜进行配光，由装在检偏镜上的标尺盘上转动的角度，可指示出检偏镜转动的角度，该角度即为待测物质的旋光度。使偏振光平面顺时针方向旋转的旋光性物质为右旋体，逆时针方向旋转的为左旋体。

物质的旋光度与测定时所用溶液的浓度、样品管的长度、温度、所用光源的波长及溶剂的性质等因素有关。因此，常用比旋光度来表示物质的旋光性。

$$纯液体的比旋光度 = [\alpha]_\lambda^t = \alpha/(L \cdot \rho) \tag{1-2}$$

$$溶液的比旋光度 = [\alpha]_\lambda^t = \alpha/(L \cdot \rho_{样品}) \tag{1-3}$$

式中，$[\alpha]_\lambda^t$ 表示旋光性物质在温度为 t、光源波长为 λ 时的比旋光度，$° \cdot m^2 \cdot kg^{-1}$ 或 $° \cdot cm^2 \cdot g^{-1}$；$t$ 为测定时的温度，$℃$；λ 为光源的波长；α 为标尺盘转动角度的读数（即旋光度）；ρ 为纯液体的密度，$g \cdot mL^{-1}$；L 为旋光管的长度，dm；$\rho_{样品}$ 为样品的质量浓度（即 100mL 溶液中所含样品的质量），$g \cdot mL^{-1}$。计算时注意对各物理单位进行换算。

三、试剂及产物的物理常数

名称	分子量	性状	相对密度	n_D^{20}	m.p./℃	b.p./℃	溶解性		
							水	乙醇	乙醚
蔗糖	342.3	无色晶体	1.5805	—	190	—	易溶	易溶	易溶

四、实验仪器与试剂

1. 仪器

旋光仪。

2. 试剂

蔗糖溶液。

五、实验装置图

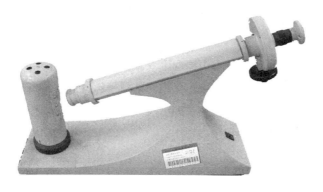

图 1-9　圆盘旋光仪

六、实验内容

1. 旋光仪（图 1-9）**零点的校正**

按下"电源"按键，电源电源指示灯亮，预热 15min，待钠灯发光稳定后，按下"光源"按键，光源指示灯亮。样品管用蒸馏水冲洗，左手拿住管子把它竖立，然后盛满蒸馏水，使液面凸出管口，将玻璃盖沿管口边缘轻轻平推盖好，不能带入气泡，然后旋上螺帽[1]，不漏水，不要过紧。将样品管擦干，放入旋光仪内，盖上样品室盖。转动调零手轮，将刻度调至零刻度左右，旋转粗动、微动手轮，使视场内 Ⅰ 和 Ⅱ 部分亮度均匀，记下读数[2]，测 3 次值取平均值计为零点值。

2. 旋光度的测定

准确称取样品放在 10mL 容量瓶中配成溶液。用配制好试液冲洗样品管 2 次，然后将试液注入样品管至满，盖好玻璃盖，旋紧螺帽，擦干，按相同的位置与方向置于样品室旋光槽内，合上箱盖按照上法测定其旋光度。这时所得到的读数与零点之间的差值即为该物质的旋光度 $\alpha_{实际}$[3]。

3. 计算比旋光度

因偏振光的波长和测定时的温度对比旋光度也有影响，故表示比旋光度时，还要把温度及光源的波长标出，将温度写在 $[\alpha]$ 的右上角，波长写在右下角，即 $[\alpha]_\lambda^t$。

[1] 样品管螺帽与玻璃盖片之间都附有橡皮垫圈，装卸时要注意，切勿丢失。螺帽以旋到溶液流不出来为宜，不宜旋得太紧，以免玻璃盖片产生张力，使管内产生空隙，影响测定结果。

[2] 为了准确判断旋光度大小，通常在视野中分出三分视界（如下图）。（a）表示视场左、右的偏振光可以通过，而中间的不能透过；（b）表示视场左、右的偏振光不能通过，而中间的可以透过。调节检偏镜，必然存在一种介于上述两种情况中间的位置，在三分视场中能看到左、中、右明暗度相同而分界线消失，如图（c）所示。因此，把比较中间与左、右明暗度相同作为调节的标准，使测定的准确性提高。

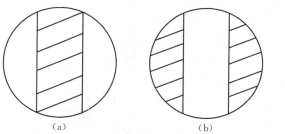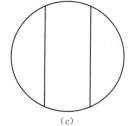

　　（a）　　　　　　　　（b）　　　　　　　　（c）

[3] 对观察者来说偏振面顺时针的旋转为向右（＋），这样测得的＋α，既符合右旋 α，也可以代表 $\alpha \pm n \times 180°$（n 为整数，下同）的所有值，因为偏振面在旋光仪中旋转 α 度后，它所在这个角度可以是 $\alpha \pm n \times 180°$。例如读数为 ＋38°，实际读数可能是 218°、398° 或 －142° 等。因此，在测定一个未知物时，至少要做改变浓度或样品管长度的测定。如观察值为 38°，在稀释 5 倍后，读数为 ＋7.6°，则此未知物的 α 应为 7.6°×5＝38°。

七、实验结果

将实验数据记录于下表。

浓度/g·mL^{-1}	管长/dm	$\Delta\alpha_{仪器}$	$\alpha_{实际}$	$[\alpha]_\lambda^t$	计算浓度
10%蔗糖	1.0	0.00			—
10%蔗糖	2.2				—
未知浓度	2.0				

八、思考题

1. 测定手性化合物的旋光性有何意义？
2. 旋光度 α 和比旋光度有何不同？
3. 使用旋光仪有哪些注意事项？

实验 ④ 蒸馏和分馏

一、实验目的与要求

1. 掌握普通蒸馏、分馏的原理和操作方法，了解蒸馏和分馏的意义。
2. 学习安装仪器的基本方法。
3. 学会用常量法测定液态物质的沸点。

二、实验原理

1. 蒸馏

每种纯液态有机物在一定的压力下都具有固定的沸点。当液态有机物受热时，蒸气压增大，待蒸气压达到大气压或所给定的压力时，即 $p_蒸 = p_外$，液体沸腾，这时的温度称为液体的沸点。而蒸馏就是将液态物质加热到沸腾变为蒸气，又将蒸气冷凝为液体这两个过程的联合操作。如果将某液体混合物（内含两种以上的物质，这几种物质沸点相差较大，一般大于30℃）进行蒸馏，那么沸点较低者先蒸出，沸点较高者后蒸出，不挥发的组分留在蒸馏瓶内，这样就可以达到分离和提纯的目的。

2. 分馏

普通蒸馏只能分离和提纯沸点相差较大的物质，一般至少相差30℃以上才能得到较好的分离效果。对沸点较接近的混合物用普通蒸馏法就难以分开。虽然多次蒸馏可达到较好的分离效果，但操作比较麻烦，损失量也很大。在这种情况下，应采取分馏法来提纯该混合物。

分馏的基本原理与蒸馏相类似，所不同的是在装置上多一个分馏柱，使汽化、冷凝的过程由一次变为多次。简单地说，分馏就是多次蒸馏。

分馏就是利用分馏柱来实现"多次重复"的蒸馏过程。当混合物的蒸气进入分馏柱时，由于柱外空气的冷却，蒸气中高沸点的组分易被冷凝，所以冷凝液中就含有较多高沸点物质，而蒸气中低沸点的成分就相对地增多。冷凝液向下流动时又与上升的蒸气接触，二者之间进行热量交换，使上升蒸气中高沸点的物质被冷凝下来，低沸点的物质仍呈蒸气上升；而在冷凝液中低沸点的物质则受热汽化，高沸点的物质仍呈液态。如此经多次的液相与气相的热交换，使得低沸点的物质不断上升最后被蒸馏出来，高沸点的物质则不断流回烧瓶中，从而将沸点不同的物质分离。分馏是分离提纯沸点接近的液体混合物的一种重要的方法。

3. 用途

蒸馏操作是有机化学实验中常用的实验技术，一般用于以下几方面：

（1）分离液体混合物，仅对混合物中各成分的沸点差别较大时才能达到有效的分离；

（2）测定化合物的沸点；

（3）提纯，除去不挥发的杂质；

（4）回收溶剂，或蒸出部分溶剂以浓缩溶液。

分馏则主要用于液体混合物的各组分沸点相差不太大、用蒸馏难以精确分离的液体混合物组分。

三、试剂及产物的物理常数

名称	分子量	性状	相对密度	n_D^{20}	m. p. /℃	b. p. /℃	溶解性		
							水	乙醇	乙醚
丙酮	58.08	无色透明液体	0.788	1.3588	−94.9	56.53	混溶	混溶	混溶
水	18.02	无色透明液体	1	1.33299	0	99.975	—	互溶	微溶

四、实验仪器与试剂

1. 仪器

50mL 圆底烧瓶，刺形分馏柱蒸馏头，直形冷凝管，接引管，锥形瓶，温度计套管，温度计，电热套等。

2. 试剂

丙酮，沸石，水等。

五、实验装置图

蒸馏装置见图 1-10，分馏装置见图 1-11，温度计水银球位置见图 1-12，同类型的分馏柱见图 1-13。

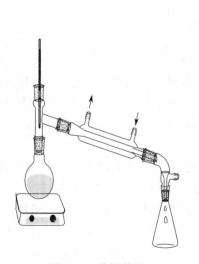

图 1-10　蒸馏装置

图 1-11　分馏装置

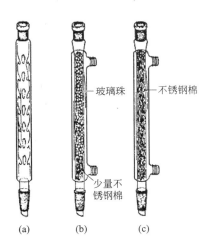

图 1-12　温度计水银球位置　　　　　　　　图 1-13　不同类型的分馏柱

六、实验内容

1. 丙酮-水混合物的蒸馏

量取 10mL 丙酮和 10mL 水，分别倒入 50mL 圆底烧瓶[1]中，并加入 2 粒沸石[2]。以热源为基准，根据自下而上，先左后右的原则，首先将装有待蒸馏物质的圆底烧瓶固定在铁架台上，然后插入蒸馏头，顺次连接冷凝管[3]、接引管[4]、锥形瓶[5]，最后插入温度计套管和温度计[6]，按图 1-10 安装好蒸馏装置图[7]。

缓慢打开冷凝水[8]，打开电热套加热，加热速度先快后慢，当液体开始沸腾时，可以看到蒸气慢慢上升，同时液体回流。当蒸气的顶端到达水银球部位时，温度急剧上升，这时更应注意控制加热温度，使温度计水银球上总是保持有液珠，此时，液体和蒸气保持平衡，温度计所显示的温度才是真正的液体沸点。因此，必须严格控制加热，调节蒸馏速度，蒸馏时以从冷凝管流出液滴的速度约 1～2 滴/秒为宜。

准备干燥的量筒收集馏分[9]，记录量筒中出现第一滴馏出液时的温度。继续蒸馏，记录量筒中每增加 1mL 馏出液时的温度及馏出液总体积。直至馏出液达到 12mL 或者温度计温度上升到 100℃以上，即可停止蒸馏[10]。

蒸馏结束后，先停止加热，待蒸馏瓶稍冷且不再有馏出物继续流出时，再停止通水，拆下仪器（拆除仪器的顺序与装配仪器顺序相反）并加以清洗。回收馏分，倒掉蒸馏瓶中剩余的液体，沸石扔入垃圾桶。

2. 丙酮-水混合物的分馏

量取 10mL 丙酮和 10mL 水，分别倒入 50mL 圆底烧瓶中，并加入 2 粒沸石。以热源为基准，根据自下而上，先左后右的原则，首先将装有待分馏物质的圆底烧瓶固定在铁架台上，然后插入分馏柱、蒸馏头，顺次连接冷凝管、接引管、锥形瓶，最后插入温度计套管和温度计，按图 1-11 安装好分馏装置图[11]。

缓慢打开冷凝水，打开电热套加热，加热速度先快后慢，当液体开始沸腾时，可以看到蒸气慢慢上升，同时液体回流。当蒸气的顶端达到水银球部位时，温度急剧上升，这时更应注意控制加热温度，使温度计水银球上总是保持有液珠，此时，液体和蒸气保持平衡，温度计所显示的温度才是真正的液体沸点。因此，必须严格控制加热，调节分馏速度，分馏时以从冷凝管流出液滴的速度约 1 滴/2～3 秒为宜[12]。

准备干燥的量筒收集馏分，记录量筒中出现第一滴馏出液时的温度。继续蒸馏，记录量筒中每增加 1mL 馏出液时的温度及馏出液总体积。直至馏出液达到 12mL 或者温度计温度上升到 100℃ 以上，即可停止分馏。

分馏结束后，先停止加热，待蒸馏瓶稍冷且不再有馏出物继续流出时，再停止通水，拆下仪器（拆除仪器的顺序与装配仪器顺序相反）并加以清洗。回收馏分，倒掉蒸馏瓶中剩余的液体，沸石扔入垃圾桶。

3. 作图

以温度（℃）为纵坐标，馏出液体积（mL）为横坐标，在同一坐标系内作出蒸馏和分馏的温度-体积曲线，讨论分离效率[13]。

[1] 蒸馏瓶的选择原则：一般使蒸馏物的体积为瓶体积的 1/3～2/3。

[2] 加沸石是为了防止液体暴沸。沸石为多孔性物质，刚加入液体中，小孔内有许多气泡，它可以将液体内部的气体导入液体表面，形成汽化中心。在一次持续蒸馏中，沸石一直有效，一旦中途停止沸腾或蒸馏，原有沸石即失效，再次加热蒸馏时，应补加新沸石，因原来沸石上的小孔已被液体充满，不能再起汽化中心的作用。

[3] 冷凝管的选择原则：蒸（分）馏用的冷凝管主要有直形冷凝管及空气冷凝管。若被蒸馏物质的沸点低于 140℃，使用直形冷凝管，在夹套内通冷凝水；若被蒸馏物质的沸点高于 140℃，直形冷凝管的内管及外管接合处易发生爆裂，故应改用空气冷凝管。

[4] 常压蒸馏必须与大气相通，不能把整个体系密闭起来，所以接引管的支管口不能堵塞。使用不带支管的接引管时，接引管与接收瓶之间不能用塞子塞住。

[5] 接收瓶可以用锥形瓶、梨形瓶或圆底烧瓶，但不能用烧杯等敞口的器皿来接收。

[6] 温度计水银球的正确位置：水银球的上端与蒸馏头侧管口的下限在同一水平线上（图 1-12），使水银球能完全被蒸气所包围。

[7] 仪器安装完成后，检查各个磨口是否紧密相连，防止漏气。整个装置安装要求做到：由下至上，从左到右；稳（稳固牢靠）、妥（妥善安装）、端（垂直平行）、正（正确使用）。

[8] 冷凝管通冷凝水的方向应从冷凝管的下端进水，上端出水，并且上端的出水口应朝上，以保证冷凝管的夹层中充满水。冷凝水不必开得太大，以免冲水并浪费水。

[9] 接收器一般不用敞口的器皿来接收，但本实验是为比较蒸馏和分馏的分离效果，需记录馏出液的体积与温度的关系，故用量筒代替。

[10] 一般蒸馏时，即使杂质含量极少，也应防止蒸干，以避免蒸馏瓶破裂及发生其他意外事故。

[11] 分馏装置与蒸馏装置相似，只是在蒸馏瓶与蒸馏头之间加一根分馏柱（分馏柱要垂直台面），其他步骤相同于蒸馏。

[12] 注意分馏馏速不宜过快，会导致混合物分离不彻底。

[13] 通过分析图中曲线的斜率，比较出蒸馏及分馏的分离效果。

七、实验结果

分别记录蒸馏、分馏实验过程中出现第 1 滴馏出液及量筒中每增加 1mL 馏出液时的温度（℃）。

方法	第一滴	1mL	2mL	3mL	4mL	5mL	6mL	7mL	8mL	9mL	10mL	11mL	12mL
蒸馏													
分馏													

八、思考题

1. 什么是沸点？测量沸点有何意义？如果液体具有恒定的沸点，那么能否认为它是单纯物质？

2. 球形冷凝管和蛇形冷凝管的作用以及使用情况？

3. 在蒸馏装置中，把温度计水银球插至液面上或者在蒸馏头支管口上，是否正确？为什么？

4. 什么是蒸馏、分馏？两者在原理、装置、操作方面有何异同？蒸馏的意义是什么？

5. 蒸馏速度太快或太慢，对实验结果有何影响？

6. 分馏柱的分馏效率的高低取决于哪些因素？

7. 如果加热后，忘记加入沸石，该怎么操作？

实验 5 水蒸气蒸馏

一、实验目的与要求

1. 学习水蒸气蒸馏的原理及其应用。
2. 掌握水蒸气蒸馏的装置及其操作方法。

二、实验原理

当水和不溶或难溶于水的有机物共热时，整个体系的蒸气压根据道尔顿（Dalton）分压定律，应为各组分蒸气压之和，即

$$p = p_{H_2O} + p_A \tag{1-4}$$

式中，p 为体系的总蒸气压；p_{H_2O} 为水的蒸气压；p_A 为不溶或难溶于水的有机物的蒸气压。

当总蒸气压（p）等于外界大气压时，则混合物开始沸腾，这时的温度即为它们的沸点。显然，混合物的沸点低于任何一个单独组分的沸点，即有机物可在比其沸点低得多的温度下，而且在低于 100℃ 的温度下随水蒸气一起蒸馏出来，这样的操作叫水蒸气蒸馏。例如在制备苯胺时（苯胺的沸点为 184.4℃），将水蒸气通入含苯胺的反应混

合物中，当温度达到 98.4℃时，苯胺的蒸气压为 5652.5Pa，水的蒸气压为 95427.5Pa，两者总和接近大气压力，于是，混合物沸腾，苯胺就随水蒸气一起被蒸馏出来。

伴随水蒸气蒸馏出的有机物和水，两者的质量比 $[m_A/m_{H_2O}]$ 等于两者的分压 $[p_A$ 和 $p_{H_2O}]$ 分别和两者的分子量 $[M_A$ 和 $M_{H_2O}]$ 的乘积之比，因此在馏出液中有机物与水的质量比可按式(1-5)计算：

$$\frac{m_A}{m_{H_2O}} = \frac{M_A \times p_A}{18 \times p_{H_2O}} \tag{1-5}$$

例如：

$$p_{H_2O} = 95427.5\text{Pa}, p_{C_6H_5NH_2} = 5652.5\text{Pa}, M_{H_2O} = 18, M_{C_6H_5NH_2} = 93 \text{ 代入式(1-5)得}$$

$$\frac{m_{C_6H_5NH_2}}{m_{H_2O}} = \frac{5652.5 \times 93}{95427.5 \times 18} \approx 0.31$$

即每蒸出 0.31g 苯胺，便伴随蒸出 1g 水。所以馏出液中苯胺的质量分数为

$$\frac{0.31}{1+0.31} \times 100\% \approx 23.7\%$$

这个数值为理论值，因为实验时有相当一部分水蒸气来不及与被蒸馏物作充分接触便离开蒸馏烧瓶，同时，由于苯胺微溶于水，所以实验蒸出的水量往往超过计算值，故计算值仅为近似值。

水蒸气蒸馏是用来分离和提纯液态或固态有机化合物的一种方法，常用在下列几种情况：

(1) 某些沸点高的有机化合物，在常压蒸馏虽可与副产品分离，但易将其破坏；

(2) 混合物中含有大量树脂状杂质或不挥发性杂质，采用蒸馏、萃取等方法都难于分离的；

(3) 从较多固体反应物中分离出被吸附的液体。

被提纯的有机化合物必须具备以下几个条件：

(1) 不溶或难溶于水；

(2) 共沸下与水不发生化学反应；

(3) 在 100℃左右时，必须具有一定的蒸气压（至少 666.5~1333Pa）。

三、试剂及产物的物理常数

名称	分子量	性状	相对密度	n_D^{20}	m.p./℃	b.p./℃	溶解性		
							水	乙醇	乙醚
环己酮	98.14	无色或浅黄色油状透明液体，有强烈的刺激性臭味	0.95	1.4507	−45	155.6	微溶	混溶	混溶
水	18.02	常温下无色透明液体	1(4℃时)	1.3329	0	99.98	—	互溶	微溶

四、实验仪器与试剂

1．仪器

烧瓶，玻璃导管，T字管，止水夹，直形冷凝管，接引管，锥形瓶，电热套等。

2．试剂

环己酮，沸石，水等。

五、实验装置及流程图

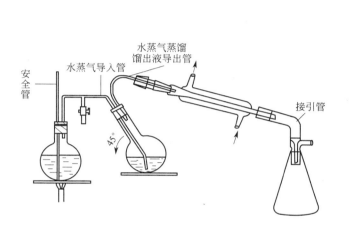

图 1-14　水蒸气蒸馏装置　　　　图 1-15　金属制的水蒸气发生器

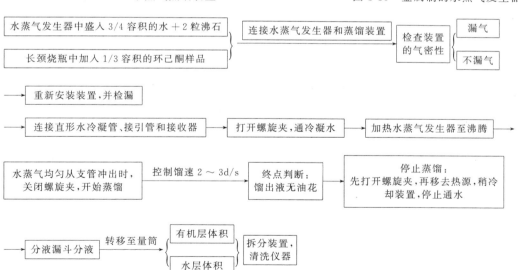

实验室常用的水蒸气蒸馏装置，包括水蒸气发生器、蒸馏部分、冷凝部分和接收器四个部分。

（1）水蒸气发生器　一般是用金属制成（图 1-15），实验室常用容积较大的短颈圆底烧瓶代替，器内盛水约占其容积的 1/2～3/4。瓶口配一双孔软木塞，一孔插入长 1m、直径约

5mm 的玻璃管作为安全管（其下端应接近瓶底），另一孔插入内径约 8mm 的水蒸气导出管。导出管与一个 T 形管相连，T 形管的支管套上一短橡胶管，橡胶管上端用螺旋夹夹住，T 形管的另一端与蒸馏部分的导入管相连。

（2）蒸馏部分　通常是采用长颈圆底烧瓶，被蒸馏的液体体积不能超过其容积的 1/3，烧瓶向水蒸气发生器方向倾斜 45°，这样可避免由于蒸馏时液体溅跳十分剧烈而引起液体从导出管冲出，以至沾污馏出液。在长颈圆底烧瓶上配双孔软木塞。一孔插入内径约 1cm 的水蒸气导入管，它的末端应弯成 135°，使它正对烧瓶底中央，距瓶底约 1cm，另一孔则插入弯管使与冷凝管相连，弯管的弯曲角度约为 30°，两端以露出胶塞约 1cm 为宜。

（3）冷凝部分　由于水蒸气蒸馏时，混合蒸气的温度大多在 90～100℃ 之间，所以总是用直形冷凝管。但如果随水蒸气挥发馏出的物质熔点较高，在冷凝管中易凝成固体堵塞冷凝管，可考虑改用空气冷凝管。

（4）接收器　可用锥形瓶或圆底烧瓶。

六、实验内容

（1）在水蒸气发生器中盛水为其容积的 3/4，并加入 2 粒沸石，置于热源上。在长颈圆底烧瓶中加入约 1/3 体积的待蒸馏液体（如环己酮）。如图 1-14 所示，安装水蒸气蒸馏装置，检查整个装置密闭不漏气[1]，打开 T 形管上的螺旋夹，通冷凝水。（水蒸气蒸馏的半微量装置：用两颈烧瓶作为水蒸气发生器，在其中盛水为其容积的 1/2，并加入 2 粒沸石，两颈烧瓶置于热源上。在半微量管中加入 4mL 环己酮样品，依次安装半微量装置、冷凝管、接收器。检查整个装置密闭不漏气，打开 T 形管上的螺旋夹，通冷凝水。）

（2）加热水蒸气发生器至水沸腾，当有大量水蒸气均匀从 T 形管[2]的支管冲出时，立即旋紧螺旋夹，使水蒸气均匀进入长颈圆底烧瓶中，开始蒸馏[3]。调节蒸馏速度为每秒 2～3 滴[4]。

（3）当馏出液无明显油珠时[5]，即可停止蒸馏。此时，打开螺旋夹，使与大气相通，然后停止水蒸气发生器的加热，稍冷却后，停止通冷凝水。

（4）将锥形瓶中的馏出液转移到分液漏斗中静置分层，分别用量筒量取水层和有机层体积，记录数据，计算产率。

[1] 检查气密性装置的操作：安装好水蒸气发生器和蒸馏部分，关闭 T 形管的螺旋夹，对水蒸气发生器进行加热，若长颈圆底烧瓶中的水蒸气导入管口冒出气泡则证明密封良好，反之漏气。

[2] T 形管的作用：除去水蒸气中冷凝下来的水，有时当操作发生不正常的情况时，可使水蒸气发生器与大气相通。

[3] 在蒸馏过程中，必须经常检查安全管中的水位是否正常，有无倒吸现象，蒸馏部分混合物溅飞是否厉害。一旦发生不正常，应立即旋开螺旋夹，移去热源，找原因排故障，待故障排除后，方可继续蒸馏。

[4] 在蒸馏过程中，如由于水蒸气的冷凝而使蒸馏烧瓶内液体量增加，以至超过烧瓶容积的 2/3 时，或者水蒸气蒸馏速度不快时，则将蒸馏部分进行加热保温，要注意瓶内崩跳现象，如

果崩跳剧烈，则不应加热，以免发生意外。

[5] 具体操作是：用干燥洁净的表面皿接一滴馏出液，对着光观察是否有油花，若没有油花，即可停止蒸馏，否则，继续蒸馏。

七、思考题

1. 进行水蒸气蒸馏时，水蒸气导入管的末端为什么要插入到接近于容器的底部？

2. 在水蒸气蒸馏过程中，经常要检查什么事项？若安全管中水位上升很高时，说明什么问题，如何处理才能解决呢？

实验 6 减压蒸馏

一、实验目的与要求

1. 了解减压蒸馏的原理和应用范围。
2. 认识减压蒸馏的主要仪器设备。
3. 掌握减压蒸馏仪器的安装和操作方法。

二、实验原理

液体的沸点是指它的蒸气压等于外界压力时的温度，因此液体的沸点是随外界压力的变化而变化的。如果借助于真空泵降低系统内压力，就可以降低液体的沸点，这便是减压蒸馏操作的理论依据。

某些液体有机化合物沸点较高，在常压下进行蒸馏时，加热还未达到其沸点时往往会发生分解、氧化、聚合，所以，不能在常压下蒸馏。对于这些有机化合物可以采用减压蒸馏，即在低于大气压力条件下进行蒸馏。因为液体有机化合物的沸点与外界施加于液体表面的压力有关，随着外界压力的降低，液体的沸点下降。许多有机化合物当压力降到 1.3～2.0kPa（10～15mmHg）时，沸点可以比其常压下的沸点下降至 80～100℃。压力每降低 1mmHg，沸点降低 1℃。因此，减压蒸馏对于分离和提纯沸点较高或性质不稳定的液体有机化合物具有特别重要的意义。所以，减压蒸馏也是分离和提纯有机化合物的常用方法。

在减压蒸馏前，应先从文献中查阅该化合物在所选择的压力下的相应沸点，如果文献中缺乏此数据，可用下述经验规律大致推算，以供参考。

（1）当蒸馏在 1333～1999Pa（10～15mmHg）进行时，压力每相差 133.3Pa（1mmHg），沸点相差约 1℃。

（2）也可以用图 1-16 压力-温度关系图来查找，即从某一压力下的沸点值可以近似地推算出另一压力下的沸点。可在（b）线上找到常压下的沸点，再在（c）线上找到减压后体系的压力点，然后通过两点连直线，该直线与（a）的交点为减压后的沸点。

（3）沸点与压力的关系可近似地用式(1-6)求出：

$$\lg p = A + \frac{B}{T} \tag{1-6}$$

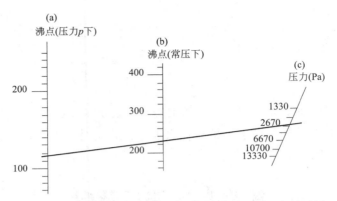

图 1-16 液体在常压下的沸点与减压下的沸点的近似关系图

式中，p 为蒸气压；T 为沸点（热力学温度 K）；A，B 为常数。如以 $\lg p$ 为纵坐标，$1/T$ 为横坐标，可以近似地得到一直线。从两组已知的压力和温度算出 A 和 B 的数值，再将所选择的压力代入式(1-6)即可算出液体的沸点。但实际上许多化合物沸点的变化并不是如此，主要是化合物分子在液体中缔合程度不同。

三、试剂及产物的物理常数

名称	分子量	性状	相对密度	折射率	m. p. /℃	b. p. /℃	溶解性		
							水	乙醇	乙醚
环己酮	98.15	浅色油状	0.9748	1.449	−45	155.65	微溶	混溶	混溶

四、实验仪器与试剂

1. 仪器

烧瓶，蒸馏头，温度计套管，温度计，直形冷凝管，接引管，减压装置，电热套等。

2. 试剂

环己酮，水。

五、实验装置图

常用的减压蒸馏装置如图 1-17 所示。主要包括蒸馏、量压、保护和减压四部分。

（1）蒸馏部分　主要仪器有热浴锅、双颈蒸馏烧瓶 A（又称 Claisen 克氏蒸馏烧瓶）、毛细管 C、冷凝管、多头尾接管、接液瓶 B 等。

通常根据馏出液沸点的不同选择合适的浴液，不能直接用火加热。减压蒸馏过程中，一般控制浴液温度比液体的沸点高 20～30℃。双颈蒸馏烧瓶 A 的设计目的是防止由于暴沸或者泡沫的发生而使混合液溅入蒸馏烧瓶支管。毛细管 C（其实是一端拉成毛细管的玻璃管）插入到距瓶底约 1～2mm 处，可以防止暴沸，又可以用来平衡气压。毛细管 C 的粗口端套上一段橡皮管，用螺旋夹 D 夹住，用来调节进入瓶中的空气量。否则，将会引入大量空气，达不到减压蒸馏的目的！

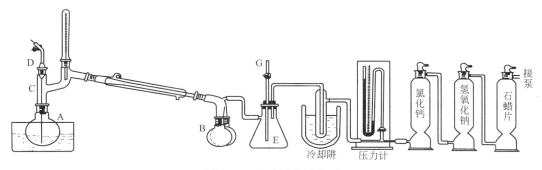

图 1-17　接油泵减压装置

蒸馏 150℃ 以上物质时，可用蒸馏烧瓶作为接液瓶（切勿使用三口烧瓶）；蒸馏 150℃ 以下物质时，接收器前应连接合适的冷凝管。如果蒸馏不能中断或要分温度段接收馏出液，则要采用多头尾接管。通过转动多头尾接管使不同馏分收集到不同接液瓶中。

（2）保护部分　主要包括安全瓶、冷却阱和几个气体吸收塔，其作用是吸收对真空泵有损害的各种气体或者蒸气，借以保护减压设备。

一般用吸滤瓶作安全瓶 E，因为它壁厚耐压。安全瓶的连接位置与方法如图 1-17 所示，活塞 G 用来调节压力及放气。冷却阱（又叫捕集管）用来冷凝水蒸气和一些低沸点物质，捕集管外用冰-盐或冰-水混合物冷却。无水氯化钙（或用硅胶）干燥塔，用来吸收经捕集管后还未除净的残余水

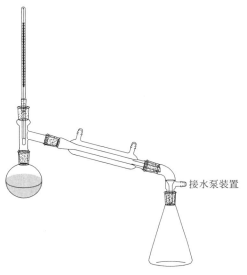

图 1-18　简易减压蒸馏装置

蒸气。氢氧化钠吸收塔，用来吸收酸性蒸气。最后装上石蜡片干燥塔，用来吸收烃类气体。

（3）减压部分　主要装置是真空泵。采用不同的减压泵，可以获得不同的真空度。用水泵可获得 1.333～100kPa（10～760mmHg）的真空，常称为"粗"真空；用油泵可获得 0.133～133.3Pa（0.001～1mmHg）的"次高"真空；用扩散泵可获得＜0.133Pa（＜0.001mmHg）的"高"真空。在有机化学实验室中，通常根据需要选择水泵或油泵即可达到目的。

水泵在室温下其抽空效率可以达到 8～25mmHg，此效率取决于水泵的结构、水压、水温等因素。如用水泵抽气，则减压蒸馏装置可简化如图 1-18 所示。用水泵抽气时，应在水泵前装上安全瓶，它可以防止水压下降时水流倒吸。停止蒸馏时要先放气，后关泵。

若要较低的压力，可采用油泵。好的油泵能抽到 1mmHg 以下。但是由于油泵的成本较高，所以，如果能用水泵抽气的，则尽量使用水泵。一定要用油泵时，蒸馏前，必须先用水泵彻底抽去系统中的有机溶剂的蒸气，然后改用油泵，并且在蒸馏部分和减压部分之间，必须装有气体吸收浆置。

减压系统必须保持管道畅通，密封不漏气，橡皮管要用厚壁的橡皮管，磨口玻璃塞涂上真空脂。另外，整套装置中的所有仪器必须是耐压的。

六、实验内容

1. 安装、检漏

依据图 1-17 所示，将仪器按顺序安装好后，先检查系统能否达到所要求的压力[1]。检查方法为：先旋紧双颈蒸馏烧瓶 A 上毛细管的螺旋夹 D，再关闭安全瓶上的活塞 G。用泵抽气，观察测压计能否达到所要求的压力。若达到要求，就慢慢旋开安全瓶上的活塞，放入空气，直到内外压力相等。如果漏气则需在漏气部位涂上凡士林或真空脂[2]。

2. 加料、抽气

在双颈蒸馏烧瓶 A 中加入 10mL 环己酮混合物[3]和磁子，旋紧安全瓶上的活塞，开动抽气泵，调节安全瓶上的活塞 G，观察测压计能否达到所要求的压力（粗调）。如果还有微小差距，可调节毛细管上的螺旋夹来控制导入的空气量（微调），以能冒出一连串的小气泡为宜。

3. 加热、蒸馏

一段时间后，系统内压力达到所要求的低压时，便开始加热，热浴的温度一般较液体的沸点高出 20~30℃。蒸馏过程中，要经常注意测压计上所指示的压力和温度计读数。控制蒸馏速度以 1~2 滴/秒为宜。待达到所需馏分的沸点时，移开热源，更换接收器，收集馏分直至蒸馏结束。

4. 后处理

蒸馏完毕，要停止加热，再慢慢旋开夹在毛细管上的橡皮管的螺旋夹，并慢慢打开安全瓶上的活塞 G 放入空气（若放开得太快，水银柱很快上升，有冲破测压计的可能），平衡内外压力，使测压计的水银柱慢慢地恢复原状，然后才可以关闭抽气泵，以免抽气泵中的油倒吸入干燥塔。最后拆除仪器。

[1] 实验过程中戴护目镜。

[2] 涂凡士林或真空脂后，将尾接管与冷凝管顺时针旋转几圈，使其均匀。

[3] 用漏斗加环己酮，否则直接加入会使部分液体流入冷凝管中。

七、思考题

1. 在什么情况下才要使用减压蒸馏的方法？
2. 在减压蒸馏装置中，为什么要有吸收装置？
3. 使用油泵时要注意哪些事项？
4. 在减压蒸馏过程中，为什么不能直接用火加热？

天然产物提取实验

实验 7 薄层色谱分离法

一、实验目的与要求

1. 掌握薄层色谱分离法的原理、操作方法。
2. 利用薄层色谱分离法对菠菜叶色素进行分离。
3. 通过绿色植物色素的提取和分离，了解天然物质分离提纯方法。

二、实验原理

1. 叶绿素提取

高等植物体内的叶绿体色素有叶绿素和类胡萝卜素两类（图 1-19），主要包括叶绿素 a（$C_{55}H_{72}O_5N_4Mg$）、叶绿素 b（$C_{55}H_{70}O_6N_4Mg$）、β-胡萝卜素（$C_{40}H_{56}$）和叶黄素（$C_{40}H_{56}O_2$）等。

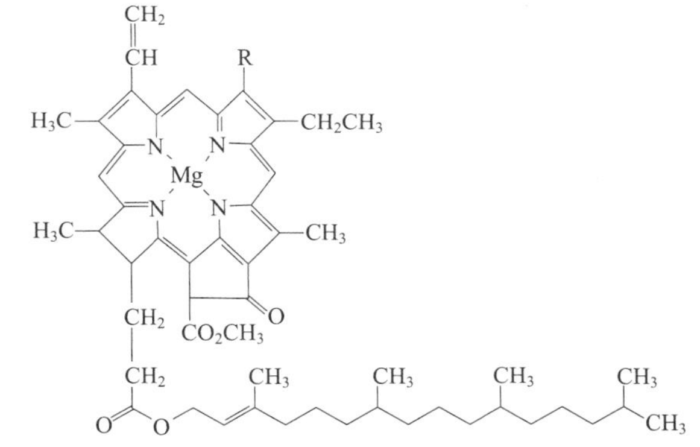

叶绿素a($R = CH_3$)
叶绿素b($R = CHO$)

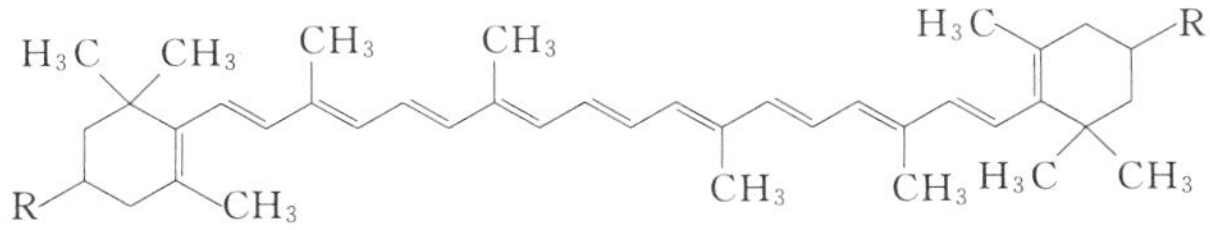

β-胡萝卜素($R=H$)

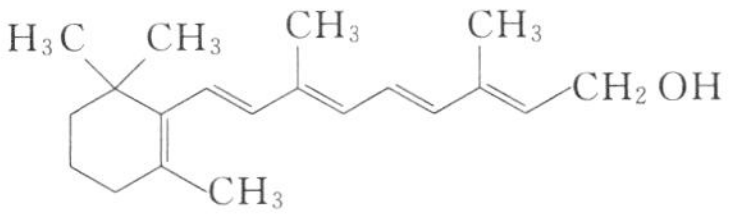

维生素 A

图 1-19　叶绿素和类胡萝卜素的结构

叶绿素 a 和叶绿素 b 为吡咯衍生物与金属镁的配合物，是植物进行光合作用所必需的催化剂。叶绿素存在两种结构相似的形式——叶绿素 a（$C_{55}H_{72}O_5N_4Mg$）以及叶绿素 b

（$C_{55}H_{70}O_6N_4Mg$），其差别仅是叶绿素 a 中一个甲基被叶绿素 b 中的甲酰基所取代。植物中叶绿素 a 的含量通常是叶绿素 b 的 3 倍（表 1-1）。尽管叶绿素分子中含有一些极性基团，但大的烃基结构使它易溶于醚、石油醚等一些非极性溶剂。

表 1-1　高等植物体内叶绿体色素的种类、颜色及含量比例

项目	叶绿素		类胡萝卜素	
	叶绿素 a	叶绿素 b	β-胡萝卜素	叶黄素
颜色	蓝绿色	黄绿色	橙黄色	黄
叶绿体内各色素的含量/%	56	19	17	8

胡萝卜素（$C_{40}H_{56}$）是具有长链结构的共轭多烯。它有三种异构体，即 α-、β- 和 γ-胡萝卜素，其中 β-异构体含量最多（表 1-1），也最重要。在生物体内，β-胡萝卜素受酶催化氧化即形成维生素 A。目前 β-胡萝卜素已进行工业生产，可作为维生素 A 使用，也可作为食品工业中的色素。

叶黄素（$C_{40}H_{56}O_2$）是胡萝卜素的羟基衍生物，它在绿叶中的含量通常是胡萝卜素的两倍。与胡萝卜素相比，叶黄素较易溶于醇而在石油醚中溶解度较小。

根据它们的化学特性，通过萃取、沉淀和色谱等方法可将其从植物叶片中提取并分离开来。

2. 薄层色谱

薄层色谱法（thin layer chromatography，缩写为 TLC）是一种吸附薄层色谱分离法，它利用同一吸附剂对各成分吸附能力不同，使其在流动相（溶剂）流过固定相（吸附剂）的过程中，连续地产生吸附、解吸附、再吸附、再解吸附的过程，不同物质在薄层板上移动的距离不一样而形成相互分离的斑点（有时需要在不同波长的光或显色剂下才会显现），从而达到各成分互相分离的目的。薄层吸附色谱和柱色谱一样，化合物吸附能力与其极性成正比，具有较大极性的化合物吸附较强，则利用极性差异可将一些结构相近或顺、反异构体分开。

本实验是在洁净干燥的玻璃板（基板）上均匀地铺上一薄层吸附剂，制成薄层板，把此薄层板烘干活化，用毛细管将样品溶液点在起点处，置于盛有展开剂的容器中，待溶液到达薄层板前沿后取出，晾干，显色，测定色斑的位置。

通常用比移值（R_f）表示物质移动的相对距离。根据 R_f 值可判断各成分的分离情况。

$$R_f = \frac{溶质最高浓度中心至原点中心的距离}{溶剂前沿至原点中心的距离} \tag{1-7}$$

各种物质的 R_f 随要分离化合物的结构、滤纸或薄层板的种类、溶剂、温度等不同而不同，但在本实验条件固定的情况下，R_f 对每一种化合物来说是一个特定数值。故在相同条件下分别测定已知和未知化合物的比移值。再经对照，即可对未知化合物进行鉴别。

薄层色谱主要组成：

（1）基板

玻璃、塑料、金属箔，常用玻璃板。

（2）吸附剂

吸附剂要有合适的吸附力，并且必须与展开剂和被吸附物质均不起化学反应。可用作吸附剂的物质很多，常用的有硅胶和氧化铝。由于其吸附性好，适用于各类化合物的分离，应用最广。选择吸附剂时主要根据样品的溶解度、酸碱性及极性。氧化铝一般是微碱性吸附剂，适用于碱性物质及中性物质的分离；而硅胶是微酸性吸附剂，适用于酸性物质及中性物质的分离。

"硅胶 H"不含黏合剂；"硅胶 G"含煅烧过的石膏黏合剂。

硅胶 G 颗粒大小一般为 260 目以上。颗粒太大，展开剂移动速度快，分离效果不好；反之，颗粒太小，展开剂移动太慢，斑点不集中，效果也不理想。

化合物的吸附能力与它们的极性成正比，具有较大极性的化合物吸附较强，因而 R_f 值较小。

本实验选择的吸附剂为薄层色谱用硅胶 G。

（3）展开剂

在样品组分、吸附剂、展开剂三个因素中，对一确定组分，样品的结构和性质可看作是一不变因素，吸附剂和展开剂是可变因素。而吸附剂的种类有限，因此选择合适的展开剂就成为解决问题的关键。

展开剂的选择有以下要求：

（a）对待测组分有很好的溶解度；

（b）能使待测组分与杂质分开，与基线分离；

（c）使展开后的组分斑点圆而集中，不应有拖尾现象；

（d）使待测组分的 R_f 值最好在 0.4～0.5，若样品中待测组分较多，R_f 值则可在 0.2～0.8 范围内，组分间的 R_f 值最好相差 0.1 以上。由于薄层色谱法用途非常广泛，国内外均有现成的铺有吸附剂的薄层板出售，实验室中也可自己制备；

（e）不与组分发生化学反应，或在某些吸附剂存在下发生聚合；

（f）具有适中的沸点和较低的黏滞度。

展开剂的极性是指与样品组分相互作用时，展开剂分子与吸附剂分子的色散作用、偶极作用、氢键作用及介电作用的总和。展开剂要根据样品的极性及溶解度、吸附剂活性等因素进行选择，总的原则是展开剂的极性能使组分的 R_f 值在 0.5 左右。常用溶剂极性次序是：

石油醚＜环己烷＜苯＜乙醚＜氯仿＜乙酸丁酯＜正丁醇＜丙酮＜乙醇＜甲醇

若一种溶剂不能充分展开，可选用二元或多元溶剂系统。

（4）显色

如果化合物本身有颜色，就可直接观察它的斑点。如果本身无色，可先在紫外灯光下观察有无荧光斑点（有苯环的物质都有），用铅笔在薄层板上划出斑点的位置；对于在紫外灯光下不显色的，可放在含少量碘蒸气的容器中显色来检查色点（因为许多化合物都能和碘成黄棕色斑点），显色后，立即用铅笔标出斑点的位置。

常用普适性显色剂有浓硫酸、碘蒸气、荧光素，而专用显色剂有茚三酮、三氯化铁溶液等。

3. 用途

（1）定性鉴别化合物

采用合适的展开剂和显色剂在薄层板上做分离和鉴别，根据样品中组分的 R_f 值和显色情况，同时用标准作对照，一般即能确证为某一化合物。用薄层色谱法定性，样品用量小，分离方便，分离时间短，检出灵敏度高。

（2）药品的质量控制和杂质检查

药品的纯度，通常用熔点、吸光度等物理常数作为鉴定指标。但是薄层检查也是药品质量控制和杂质检查的一种有效方法。该方法是把一定量的样品溶液点在薄层板上，用展开剂展开并显色，同时用纯品作对照，如果样品不只显示出与纯品位置一致的一个斑点，则表示含有杂质。进一步可用薄层色谱法做杂质的限量检查。如果已经知道显色剂对杂质的最小检出量为 0.1%，在薄层板上点样后，不显出杂质斑点，则杂质的量低于 0.1%，或低于限度，也就是样品的纯度不低于 99.9%。

（3）化学反应进程的控制、反应副产物的检出以及中间体的分析

在化学反应进行到一定时间或反应终了时，把反应液取出做薄层分析，可以了解反应进程。该方法是把反应液或其有机溶剂提取液点在薄层板上，同时点原料作参比对照，看薄层板上是否出现原料斑点。还可以用薄层色谱法检查反应副产物。如果化学反应分步进行，则每一步反应的中间体的质量和产率也都可用薄层色谱法进行定性和定量。

（4）柱色谱法分离条件的探索

选用什么吸附剂和洗脱剂较好，各个组分按什么顺序从色谱柱中洗脱出来，每一份洗脱液中是含单一组分或含几种没有分开的组分等，都可以在薄层板上进行探索和检验。薄层上所有的展开剂虽不能完全照搬到柱色谱法上，但仍有参考价值。

三、试剂及产物的物理常数

名称	分子量	性状	相对密度	折射率	m. p. /℃	b. p. /℃	溶解性		
							水	乙醇	乙醚
乙醇	46.07	无色液体	0.7893	1.3614	−117.3	78.5	混溶	混溶	混溶
丙酮	58.08	无色油状液体	0.7899	1.3588	−95.45	56.2	微溶	混溶	混溶
苯	78.11	无色液体	0.8736	1.5465	5.5	80.1	不溶	混溶	混溶
石油醚	—	无色液体	0.713	1.3524	−177	35	不溶	易溶	混溶

四、实验仪器与试剂

1. 仪器

载玻片，玻璃毛细管，烧杯，层析缸，镊子，直尺，铅笔等。

2. 试剂

菠菜叶，石油醚，乙醇，饱和 NaCl 溶液，无水 Na_2SO_4，硅胶 G，5％羧甲基纤维素钠水溶液，苯，丙酮等。

五、实验装置图

薄层色谱法示意如图 1-20 所示。

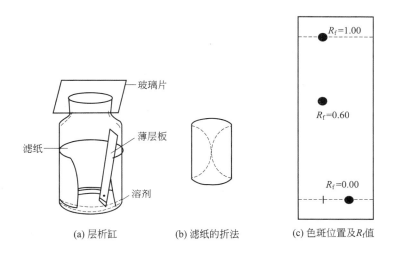

(a) 层析缸　　　(b) 滤纸的折法　　　(c) 色斑位置及 R_f 值

图 1-20　薄层色谱法

六、实验内容

1. 叶绿素的提取

在研钵中放入几片（约 5g）菠菜叶（新鲜的或冷冻的都可以，如果是冷冻的，解冻后包在纸中轻压吸干水分）。加入 10mL 2：1（V/V）石油醚和乙醇混合液，适当研磨。将提取液清液用胶头滴管转移至分液漏斗中，加入等体积的饱和 NaCl 溶液（防止生成乳浊液）除去水溶性物质，分去水层，再用蒸馏水洗涤两次。将有机层转入干燥的小锥形瓶中，加 2g 无水 Na_2SO_4 干燥。干燥后的液体倾至另一干燥的锥形瓶中（如溶液颜色太浅，可在通风橱中适当蒸发浓缩[1]）。

2. 薄层板制备与活化

薄层板制备的好坏直接影响色谱的结果。薄层应尽量均匀且厚度要固定。否则，在展开时前沿不齐，色谱结果也不易重复。在烧杯中放入 3g 硅胶 G 和 7mL 水，逐渐加入 5～6mL 0.5％羧甲基纤维素钠水溶液，调成糊状[2]。将配制好的浆料倾注到清洁干燥的载玻片上，拿在手中轻轻左右摇晃，使其表面均匀平滑[3]，在室温下晾干后再放入烘箱中，缓慢升温至 110℃烘干进行活化。本实验用此法制备薄层板 3 片备用。

3. 点样

先用铅笔在距薄层板一端 1cm 处轻轻划一横线作为起始线，然后用一根内径 1mm 的毛细管吸取样品，在起始线上小心点样，斑点直径一般不超过 2mm。若因样品溶液太稀，可重复点样，但应待前次点样的溶剂挥发后方可重新点样，以防样点过大，造成拖尾、扩散等现象，从而影响分离效果。若在同一板上点几个样，样点间距离应为 1cm，样点与载玻片边沿间隔至少 1cm，为防止边沿效应，可将薄层板两边刮去 1～2cm，再进行点样。点样要轻，不可刺破薄层。

4. 展开

薄层色谱的展开，需要在密闭容器中进行。为使溶剂蒸气迅速达到平衡，可在层析缸内衬一滤纸。在层析缸中加入配好的展开溶剂[4]，使其高度不超过 1cm，盖好瓶盖，等待 5min 使蒸气饱和。将点好的薄层板小心放入层析缸中，点样一端朝下，浸入展开剂中，盖好瓶盖。由于毛细作用，展开溶剂在薄层板上缓慢前进，观察展开剂前沿上升至离上端 1.5cm 时取出[5]，尽快用铅笔在板上标上展开剂前沿位置和样点的位置。晾干，测定展开剂和样点移动的距离，计算 R_f 值[6]。

[1] 蒸发时温度不能高，防止高温破坏其组分，也可采用常温挥发。

[2] 一般 1g 硅胶 G 需要 0.5% 羧甲基纤维素钠清液 3～4mL。

[3] 载玻片应干燥且干净，吸附剂在载玻片上应均匀平整。取用时应用手指接触载玻片边缘，因为手指印沾污载玻片的表面，将使吸附剂难于铺在载玻片上。

[4] 本实验用展开剂用量比例（mL）为：

苯∶丙酮∶石油醚＝2∶1∶2

[5] 展开时，不要让展开剂前沿上升至底线。否则，无法确定展开剂上升高度，即无法求得 R_f 值和准确判断粗产物中各组分在薄层板上的相对位置。

[6] 展开后的薄层板经过干燥后，对于无色组分，常用紫外灯照射或用显色剂显色检出斑点。在用显色剂时，显色剂喷洒要均匀，量要适度。紫外灯的功率越大，暗室越暗，检出效果越好。

七、实验结果

（1）薄层法提取菠菜叶绿素实验预期结果如下。

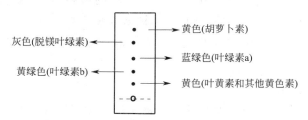

（2）计算各组分 R_f 值。

八、思考题

1. 为什么可以用 R_f 值来鉴定化合物？

2. 在混合物的薄层色谱中，如何判定各组分在薄层板上的位置？比较叶绿素、叶黄素和胡萝卜素三种色素的极性，为什么胡萝卜素在薄层板上移动得最快？

3. 展开剂的高度若超过点样线，对薄层色谱结果有何影响？

附

 色谱分离的其他方法及特点

1. 柱色谱法

柱色谱是化合物在液相和固相之间的分配，属于固-液吸附色谱。在吸附柱色谱中，吸附剂是固定相，洗脱剂是流动相，相当于薄层色谱中的展开剂。吸附剂的基本原理与吸附薄层色谱相同，也是基于各组分与吸附剂间存在的吸附作用强弱差异，通过使之在柱色谱上反复进行吸附、解吸、再吸附、再解吸的过程而完成的。所不同的是，在进行柱色谱的过程中，混合样品一般是加在色谱柱的顶端，流动相从色谱柱顶端流经色谱柱并不断地从柱中流出。由于混合样中的各组分与吸附剂的吸附作用强弱不同，因此各组分随流动相在柱中的移动速度也不同，最终导致各组分按顺序从色谱柱中流出。如果分步接收流出的洗脱液，便可达到混合物分离的目的。一般与吸附剂作用较弱的成分先流出，与吸附剂作用较强的成分后流出。

特点：这种方法可以用来分离大多数有机化合物，尤其适合于复杂天然产物的分离。分离容量从几毫克到百毫克级，所以，适用于分离和精制较大量的样品。

2. 纸色谱法

纸色谱法的原理比较复杂，主要是分配过程。纸色谱的溶剂是由有机溶剂和水组成的，当有机溶剂和水部分溶解时，即有两种可能，一相是以水饱和的有机溶剂相，一相是以有机溶剂饱和的水相。纸色谱法用滤纸作为载体，因为纤维和水有较大的亲和力，对有机溶剂则较差。滤纸上的水相为固定相，有机相（被水饱和）为流动相，称为展开剂。在滤纸的一定部位点上样品，当有机相沿滤纸流动经过原点时，即在滤纸上的水与流动相间连续发生多次分配，结果在流动相中具有较大溶解度的物质随展开剂移动的速度较快，而在水中溶解度较大的物质随展开剂移动的速度较慢，这样便能把混合物分开。

特点：这种方法具有微量、快速、高效和敏捷度高等特点。主要用于多官能团或高极性的亲水化合物如醇类、羟基酸、氨基酸、糖类和黄酮类等化合物的分离检验。

3. 气相色谱法

气相色谱系统由盛在色谱柱内的吸附剂或惰性固体上涂着液体的固定相和不断通过色谱柱的气体流动相组成。将欲分离、分析的样品从色谱柱一端加入后，由于固定相对样品中各组分吸附或溶解能力不同，即各组分在固定相和流动相之间的分配系数有差别，当组分在两相中反复多次进行分配并随流动相向前移动时，各组分沿色谱柱运动的速度就不同，分配系数小的组分被固定相滞留的时间短，能较快地从色谱柱末端流出。

优点：①分离效率高、分析速度快、样品用量少和检测灵敏度高；②选择性好，可分离分析恒沸混合物，沸点相近的物质，某些同位素，顺式与反式异构体，邻、间、对位异构体，旋光异构体等；③应用范围广，虽然主要用于分析各种气体和易挥发性有机物质，但在一定条件下，也可以分析高沸点物质和固体样品。

缺点：在对组分直接进行定性分析时，必须用已知物或已知数据与相应的色谱峰进行对比，或与其他方法（如质谱、光谱）联用，才能获得直接肯定的结果；在定量分析时，常需要用已知物纯样品对检测后输出的信号进行校正。

4. 高效液相色谱

高效液相色谱是利用试样中各组分在色谱柱中的流动相和固定相间的分配系数不同而达到分离分析的分析方法。当试样随着流动相进入色谱柱中后，组分就在其中的两相间进行反复多次的分配（吸附-脱附-放出）由于固定相对各种组分的吸附能力不同（即保留时间不同），因此各组分在色谱柱中的运行速度就不同，经过一定的柱长后，便彼此分离。离开色谱柱进入检测器，产生的离子流信号经放大后，在记录器上描绘出各组分的色谱峰。

特点：高压，高速，高效，高灵敏度，应用范围广，柱子可反复使用，样品量少、容易回收。

有机化学综合实验

实验 8 乙酸乙酯的制备

一、实验目的与要求

1. 了解从有机酸合成酯的一般原理及方法。
2. 掌握蒸馏、分流漏斗的使用等操作。

二、实验原理

醇和有机酸在酸性条件下可发生酯化反应生成酯：

$$CH_3COOH + CH_3CH_2OH \underset{回流}{\overset{H_2SO_4}{\rightleftharpoons}} CH_3COOCH_2CH_3 + H_2O$$

可能发生的副反应：

$$CH_3CH_2OH \xrightarrow[170℃]{H_2SO_4} CH_2\!=\!\!CH_2 + H_2O$$

$$2CH_3CH_2OH \xrightarrow[170℃]{H_2SO_4} CH_3CH_2OCH_2CH_3 + H_2O$$

本实验采用无水乙醇、冰乙酸在浓硫酸作催化剂条件下制备乙酸乙酯。乙酸乙酯用途广泛，如：

（1）可做食用香精，用于着香、柿子脱涩、制作香辛料的颗粒或片剂、酿醋配料；

（2）乙酸乙酯是应用最广泛的脂肪酸之一，是一种快干性溶剂，可作黏结剂的溶剂、喷漆的稀释剂，在食品工业中可作为特殊改性酒精的香味萃取剂，还用作制药过程和有机酸的萃取剂；

（3）用作分析试剂，如溶剂、色谱分析标准物质。

三、试剂及产物的物理常数

化合物	分子量	m.p./℃	b.p./℃	n_D^{20}	相对密度
无水乙醇	46.07	−114.1	78.4	1.538	0.7893
冰乙酸	60.05	16.6	118	1.535	1.050
浓硫酸	98.07	10.36	330	—	1.841
乙酸乙酯	88.11	−83.6	77.06	1.3723	0.894

四、实验仪器与试剂

1. 仪器

50mL 圆底烧瓶，球形冷凝管，温度计，直形冷凝管，锥形瓶，分液漏斗等。

2. 试剂

无水乙醇，冰乙酸，浓硫酸，沸石，饱和 Na_2CO_3 溶液，饱和食盐水，饱和 $CaCl_2$ 溶液，无水硫酸镁等。

五、实验装置及流程图

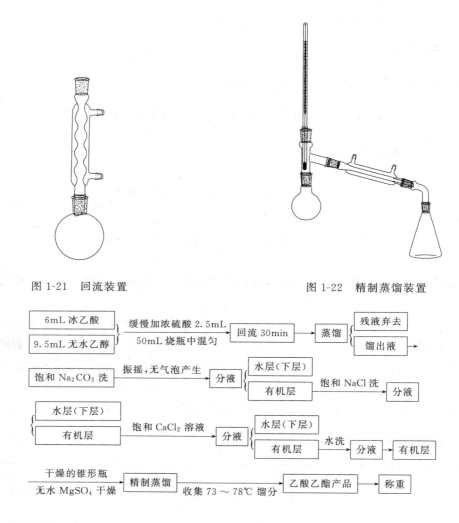

图 1-21　回流装置　　　　　　　　　　　图 1-22　精制蒸馏装置

六、实验内容

1. 加原料与组装装置

在 50mL 圆底烧瓶中加入 9.5mL（0.2mol）无水乙醇和 6mL（0.1mol）冰乙酸，再小心加入 2.5mL 浓硫酸，混匀后[1]，加入沸石，然后装上球形冷凝管（图 1-21）。

2. 制备乙酸乙酯过程

小火加热反应瓶，保持缓慢回流 30min[2]，待瓶内反应物冷却后，将回流装置改为蒸馏装置（图 1-22），接收瓶用冷水冷却。加热蒸出生成的乙酸乙酯，直到馏出液体积约为反应物总体积的 1/2 为止。

在馏出液中缓慢加入饱和 Na_2CO_3 溶液[3]，并不断振荡，直到不再有二氧化碳气体产生（或调节 pH 至不再显酸性），然后将混合液转入分液漏斗中，分去下层水溶液，有机层用 5mL 饱和食盐水洗涤，再用 5mL 饱和 $CaCl_2$ 洗涤[4]，最后用水洗一次，分去下层液体。有机层倒入干燥并称重的锥形瓶中，用无水硫酸镁干燥[5]，粗产品约 6.8g（产率约 77%）。将干燥后的有机层进行精蒸馏，收集 73～78℃ 的馏分[6]，称重，产量约 4.2g（产率约 48%）。

3. 测定产品的折射率

[1] 缓慢加入浓硫酸，一边加入一边缓慢振摇，达到混合均匀的目的。

[2] 小火回流，当发现球形冷凝管中开始有液滴回流时开始计时。

[3] 在馏出液中除了酯和水外，还含有少量未反应的乙醇和乙酸，也含有副产物乙醚。故必须用碱除去其中的酸，并用饱和 $CaCl_2$ 除去未反应的醇。否则会影响到酯的产率。

[4] 当有机层用碳酸钠洗涤过后，若紧接着用氯化钙溶液洗涤，有可能产生絮状碳酸钙沉淀，使进一步分离困难，故在两步操作间必须用水洗一下。由于乙酸乙酯在水中有一定的溶解度，为了尽可能减少由此造成的损失，所以实际上用饱和食盐水来水洗。

[5] 乙酸乙酯与水或乙醇可分别形成共沸混合物，若三者共存则生成三元共沸混合物。因此，有机层中的乙醇不除尽或干燥不够时，由于形成低沸点共沸混合物，从而影响酯的产率。

无水硫酸镁要分批加入并时常振荡，直至粉末能随液体一起运动且不结块时停止加入。

[6] 用已经干燥并称重的锥形瓶收集馏分。

七、思考题

1. 酯化反应有什么特点？在实验中，如何创造条件促使酯化反应尽量向生成物方向进行？

2. 本实验若采用冰乙酸过量的做法是否合适？为什么？

3. 蒸出的粗乙酸乙酯中主要有哪些杂质？如何除去？

附

 乙酸乙酯的其他制法

乙醛缩合法

乙醛在乙醇铝催化下生成乙酸乙酯。

$$2CH_3CHO \xrightarrow{\text{催化剂}} CH_3COOCH_2CH_3$$

特点：收率高，而且工业比较经济。

实验 ⑨ 苯甲酸乙酯的合成

一、实验目的与要求

1. 学习苯甲酸乙酯的制备方法。
2. 学习分水器的原理及安装操作方法。

二、实验原理

苯甲酸乙酯常用于较重花香型中，尤其是在依兰型中，其他如香石竹、晚香玉等香型香精。亦适用于配制新刈草、香薇等非花香精中。可与岩蔷薇制品共用于革香型香精。也用作食用香料，在鲜果、浆果、坚果香精中均可使用，如香蕉、樱桃、梅子、葡萄等香精以及烟用和酒用香精中。此外，它用作纤维素酯、纤维素醚、树脂等的溶剂。

本实验采用苯甲酸和醇在 H^+ 存在下，以环己烷带水，发生酯化反应可生成苯甲酸乙酯。

$$\text{C}_6\text{H}_5-\text{COOH} +\text{C}_2\text{H}_5\text{OH} \xrightarrow[\sim 60℃]{\text{H}_2\text{SO}_4} \text{C}_6\text{H}_5-\text{COOC}_2\text{H}_5 +\text{H}_2\text{O}$$

三、试剂及产物的物理常数

名称	分子量	性状	相对密度	折射率	m.p./℃	b.p./℃	溶解性 水	溶解性 乙醇	溶解性 乙醚
苯甲酸	122.12	具有苯或甲醛的臭味,鳞片状或针状结晶	1.2659	1.266	122.13	249	微溶	溶	溶
乙醇	46.07	无色透明液体	0.789	1.3614	−114.1	78.3	混溶	—	混溶
环己烷	84.16	无色有刺激性气味的液体	0.78	1.42662	6.5	80.7	不溶	溶	溶
浓硫酸	98.04	无色油状液体	1.84	—	10.4	338	易溶	—	—
苯甲酸乙酯	150.17	无色透明液体,稍有水果气味	1.05	1.5001	−34.6	212.6	不溶	混溶	混溶

四、实验仪器与试剂

1. 仪器

圆底烧瓶，分水器，球形冷凝管，温度计，直形冷凝管，真空接引管，锥形瓶，分液漏斗，pH 试纸等。

2. 试剂

苯甲酸，95%乙醇，环己烷，浓硫酸，沸石，碳酸钠粉末，乙醚等。

五、实验装置及流程图

主反应装置图见图 1-23，乙醚蒸馏装置图见图 1-24，苯甲酸乙酯的蒸馏装置图见图 1-25。

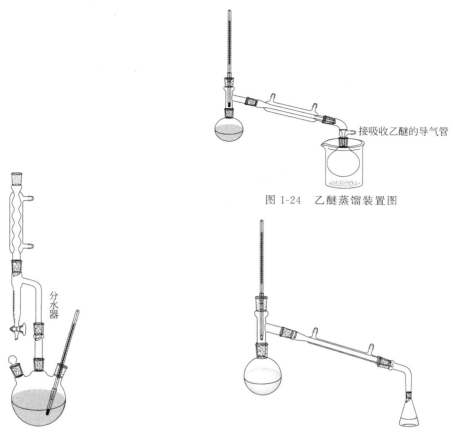

接吸收乙醚的导气管

图 1-24　乙醚蒸馏装置图

分水器

图 1-23　主反应装置图

图 1-25　苯甲酸乙酯的蒸馏装置图

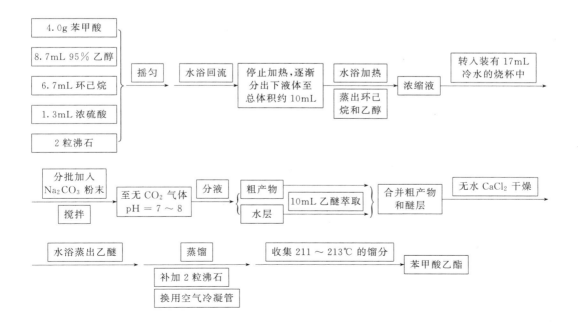

4.0g 苯甲酸				
8.7mL 95％ 乙醇		摇匀	水浴回流	停止加热,逐渐分出下液体至总体积约 10mL
6.7mL 环己烷				
1.3mL 浓硫酸				
2 粒沸石				

水浴加热
蒸出环己烷和乙醇

浓缩液

转入装有 17mL 冷水的烧杯中

分批加入 Na₂CO₃ 粉末
搅拌

至无 CO₂ 气体 pH＝7～8

分液

粗产物
水层

10mL 乙醚萃取

合并粗产物和醚层

无水 CaCl₂ 干燥

水浴蒸出乙醚

蒸馏
补加 2 粒沸石
换用空气冷凝管

收集 211～213℃ 的馏分

苯甲酸乙酯

六、实验内容

（1）在 100mL 圆底烧瓶中，加入 4.0g（0.05mol）苯甲酸、8.7mL（0.22mol）95％乙醇、6.7mL 环己烷及 1.3mL 浓硫酸，摇匀后加入沸石，再装上分水器。从分水器上端小心地加环己烷至分水器支管处[1]，在分水器上端安装一支回流冷凝管。

（2）用水浴加热至回流，开始时回流速度要慢[2]，随着回流的进行，分水器中分为两层。逐渐分出下层液体至总体积约 10mL[3]，即可停止加热。继续用水浴加热，使多余的环己烷和乙醇蒸至分水器中[4]。

（3）将瓶中残液倒入盛有 17mL 冷水的烧杯中，在搅拌下分批加入碳酸钠粉末[5]，中和至无二氧化碳气体产生，用 pH 试纸检验呈中性（pH＝7～8）。

（4）用分液漏斗分出粗产物[6]。用 10mL 乙醚萃取水层。将醚层和粗产物合并，用无水氯化钙干燥。先用水浴蒸去乙醚，再在石棉网上加热，收集 211～213℃的馏分，或改用减压蒸馏，收集 95～100℃/1.995kPa 的馏分。产量约 2.6 g[7]（产率约 53％）。

[1] 为了便于观察水层的分出，本实验在油水分离器中加入带水溶剂环己烷，加至支管口。

[2] 如回流速度过快，易形成液泛。

[3] 水-乙醇-环己烷三元共沸物的共沸点为 62.6℃，其中含水 4.8％、乙醇 19.7％、环己烷 75.5％。根据理论计算，生成的水（包括 95％乙醇的含水量）约 0.6g（分出的 10mL 液体经较长时间静置可得约 1mL 水）。

[4] 当多余的环己烷和乙醇充满分水器时，可由旋塞放出，注意放出液体时要移去火源。

[5] 加碳酸钠是为了除去硫酸和未作用的苯甲酸，要研细后分批加入。否则，反应过于剧烈，会产生大量的泡沫而使液体溢出。

[6] 若粗产物中含有絮状物难以分层，可直接用适量乙醚萃取。苯甲酸乙酯的相对密度（d_4^{20}）为 1.0458，与碳酸钠水溶液的密度非常接近，也可能导致分层很不明显。

[7] 本实验也可按以下步骤进行：将 6g 苯甲酸、18mL 95％乙醇、2mL 浓硫酸混匀，加热回流 1.5 h，改成蒸馏装置，蒸去乙醇后处理方法同上。若用 99.5％乙醇，可提高产率。

七、思考题

1. 本实验可采用什么原理和措施来提高该平衡反应中酯的产率？

2. 在开始反应时，回流速度要慢，为什么不能加热太快？

3. 在本实验中，你是如何运用三元共沸数据分析现象和指导操作的？

实验 ⑩ 乙酰苯胺的制备

一、实验目的与要求

1. 掌握苯胺乙酰化反应的原理和实验操作。

2. 进一步熟悉固体有机物提纯的方法——重结晶。

二、实验原理

乙酰苯胺可用作分析试剂，用于有机元素（C、H、N）定量分析的标样，铈、铬、铅、硝酸盐、亚硝酸盐的检定及过氧化氢的稳定剂。

它是磺胺类药物的原料，可用作止痛剂、退热剂和防腐剂，也用来制造染料中间体对硝基乙酰苯胺、对硝基苯胺和对苯二胺。在第二次世界大战的时候，被大量用于制造对乙酰氨基苯磺酰氯（acetylsulfanilylchloride），也用于制硫代乙酰胺。在工业上可作橡胶硫化促进剂、纤维脂涂料的稳定剂、过氧化氢的稳定剂以及用于合成樟脑等。

乙酰苯胺可通过苯胺与冰醋酸、醋酸酐或乙酰氯等作用制得，其中苯胺与乙酰氯反应最为激烈，醋酸酐次之，冰醋酸最慢，但用冰醋酸作乙酰化试剂价格便宜，操作方便。本实验是用冰醋酸作乙酰化试剂的。

$$H_2N\text{—}\underset{}{\bigcirc}\ +CH_3COOH\longrightarrow\underset{}{\bigcirc}\text{—NHCOCH}_3\ +H_2O$$

三、试剂及产物的物理常数

名称	分子量	性状	相对密度	折射率	m.p./℃	b.p./℃	溶解性		
							水	乙醇	乙醚
冰醋酸	60.05	无色液体	1.0492	1.3716	16.5	117.9	混溶	混溶	混溶
苯胺	93.13	无色油状	1.022	1.5863	−6.1	184.4	4(15℃)	易溶	易溶
乙酰苯胺	135.17	片状结晶	1.2190	—	113	305	0.53(6℃)	21(20℃)	—

四、实验仪器与试剂

1.仪器

圆底烧瓶，蒸馏头，温度计，温度计套管，刺形分馏柱，接引管，锥形瓶，电热套，吸滤瓶，布氏漏斗等。

2.试剂

苯胺，冰醋酸，锌粉，活性炭等。

五、实验装置及流程图

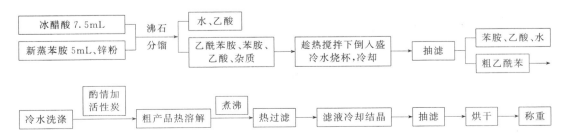

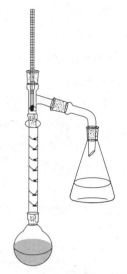

图 1-26　乙酰苯胺的制备装置

六、实验内容

在 50mL 圆底烧瓶中放置 5mL 新蒸馏过的苯胺[1]（5.1g，0.055mol）、7.5mL 冰醋酸（7.85g，0.13mol）及少许锌粉[2]，装上一分馏柱，插上温度计，用一支试管收集蒸出的水和乙酸[3]。圆底烧瓶放在石棉网上用小火加热回流，保持温度计的读数 100～105℃[4]之间，约 40min 以上，反应生成的水及少量乙酸被蒸出。当温度下降则表示反应完成[5]，在搅拌下趁热将反应物倒入盛有 50mL 冷水的烧杯中[6]，冷却后抽滤，用冷水洗涤粗产品[7]。将粗产品移至 250mL 烧杯中加入 100mL 热水溶解，置烧杯于石棉网上加热使粗产品溶解[8]，稍冷加入 0.2g 活性炭，再煮沸 5min，过滤[9]，滤液冷却，乙酰苯胺结晶析出，抽滤，烘干[10]。产量约 5g，产率 61%～68%。

纯乙酰苯胺为无色有光泽鳞片状结晶。

[1] 新蒸的苯胺近无色，新蒸是防止久置苯胺中有氧化物，从而影响产率。

[2] 锌粉粒加入要适量，近似绿豆大小。加锌粉的目的是防止苯胺在反应中被氧化。

[3] 大约蒸出 4mL。

[4] 这样只有水能被蒸出，而原料乙酸及苯胺不能被蒸出。

[5] 当烧瓶中有白雾时也说明反应完成。

[6] 若让反应混合物冷却，则固体析出粘在瓶上不易处理。

[7] 需压碎上层固体物，并用少量冰水洗涤以减少产品损失。

[8] 溶解水的量尽可能要少，在近沸时，刚好溶解产品为宜；

[9] 抽滤时布氏漏斗要提前预热。

[10] 在 90℃左右温度下烘干。

七、思考题

1. 从苯胺制备乙酰苯胺时可采用哪些化合物作酰化剂？各有什么优缺点？

2. 合成乙酰苯胺时，锌粉起什么作用？加多少合适？

3. 合成乙酰苯胺时，为什么选用分馏装置？如何控制温度计温度？

实验 ⑪ 对氨基苯磺酸的合成

一、实验目的与要求

1. 学习苯胺磺化反应的原理和方法。

2. 巩固回流、重结晶等操作。

二、实验原理

对氨基苯磺酸主要用于制造染料、印染助剂和防治麦类锈病，可用作香料、食用色素、医药、增白剂、农药等中间体。此外，它也可作基准试剂，用于测定铝、镁、钾、钠、碘、碘化物和亚硝酸盐。如可与1-萘胺同用测定亚硝酸盐；检验铱及钌；通过亚硝酸钾可间接测定钾；测定血清胆红素，进行土壤分析。

本实验采用苯胺与浓硫酸在 170～180℃ 条件下制备对氨基苯磺酸。

该反应过程可能产生的副反应有以下 2 种。

（1）温度较高时，苯胺硫酸炭化以及发生氧化聚合生成黑色焦油状物质。

（2）温度较低时，苯胺和硫酸间发生间位磺化反应。

三、试剂及产物的物理常数

名称	分子量	性状	相对密度	折射率	m.p./℃	b.p./℃	溶解性		
							水	乙醇	乙醚
苯胺	93.13	无色或微黄色油状液体	1.5863	1.02	−6.2	184.4	微溶	混溶	混溶
浓硫酸	98.07	无色油状液体		1.84	10.36	338	混溶	—	—
对氨基苯磺酸	173.20	灰白色粉末	—	1.5	288	—	溶于热水	微溶	微溶
水	18	无色液体	1.000	1.0	0	100	—	混溶	不溶

四、实验仪器与试剂

1. 仪器

100mL 三颈烧瓶，球形冷凝管，温度计，温度计套管，锥形瓶，烧杯，电热套，吸滤瓶，布氏漏斗等。

2. 试剂

苯胺，浓硫酸等。

五、实验装置及流程图

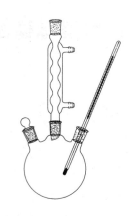

图 1-27　对氨基苯磺酸的制备装置

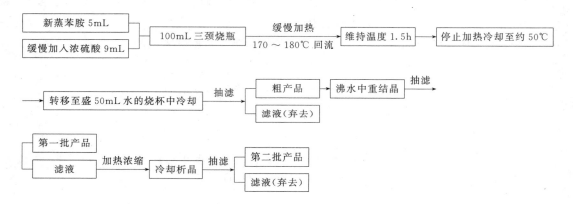

六、实验内容

1. 加料、安装装置

向 100mL 三颈烧瓶中加入新蒸馏苯胺 5mL[1]，缓慢加入 9mL 浓硫酸[2]。如图 1-27 组装好仪器。

2. 加热回流

缓慢升温至 170～180℃[3]，维持温度 1.5h。停止加热，冷却装置至约 50℃[4]，在搅拌下转移至盛有 50mL 水的烧杯中进行冷却结晶，再进行抽滤，得到粗产品。

3. 重结晶

将粗产品与水混合后煮沸，冷却抽滤得第一批产品。将重结晶后的母液浓缩到原体积的 1/3，冷却结晶，再进行抽滤得第二批产品。合并两批产品并干燥，产品为白色粉状晶体，称量。产率约为 42％。

〔1〕苯胺存放时间过长时，会被氧化，从而其颜色会变深，因此，为了提高产率，使用重蒸的苯胺。

〔2〕苯胺与浓硫酸混合时要进行振摇，且在冰浴条件下冷却。

[3] 注意要缓慢升温，反应温度控制在 170～180℃。温度太高时产品易炭化，温度太低反应不易进行。

[4] 反应后的粗产品稍冷即可倒出，若太冷则液体变稠或凝固，不易倒出，此时可以将烧瓶微热。

七、思考题

1. 试解释磺化苯胺的碱性比苯胺小的原因。
2. 为什么对氨基苯磺酸在水中溶解度相当大，而在苯和乙醚中的溶解度却很小？
3. 对氨基苯磺酸是一种两性有机化合物，为什么它能溶于碱而不溶于酸？

实验 12 正丁醚的制备

一、实验目的与要求

1. 掌握醇分子间脱水制备醚的反应原理和实验方法。
2. 学习共沸脱水的原理和分水器的实验操作。

二、实验原理

正丁醚的溶解力强，对许多天然及合成油脂、树脂、橡胶、有机酸酯、生物碱等都有很强的溶解力。由于正丁醚是惰性溶剂，还可用作格氏试剂、橡胶、农药等的有机合成反应溶剂。

本实验采用正丁醇以浓 H_2SO_4 为催化剂经分子间脱水制备正丁醚。

主反应：

$$2C_4H_9OH \underset{135℃}{\overset{H_2SO_4}{\rightleftharpoons}} C_4H_9OC_4H_9 + H_2O$$

副反应：

$$\diagup\!\!\!\diagdown\!\!\!\diagup OH \xrightarrow[>140℃]{H_2SO_4} \diagup\!\!\!\diagdown\!\!\diagup + H_2O$$

本实验的主反应为可逆反应，为了提高产率，利用正丁醇能与生成的正丁醚、水形成共沸物且不溶于水的特性，借助分水器可把生成的水从反应体系中分离出来，从而使平衡向右移动，浓硫酸为催化剂。实验中所使用的分水装置是共沸脱水的常用装置。

三、试剂及产物的物理常数

名称	分子量	性状	相对密度	折射率	m.p./℃	b.p./℃	溶解性		
							水	乙醇	乙醚
正丁醇	74.12	无色液体	0.8098	1.3993	−89.8	117.7	微溶	混溶	混溶
正丁醚	130.23	无色液体	0.7689	1.3992	−98	142	不溶	混溶	混溶
浓硫酸	98	无色黏稠液体	1.84	—	10.35	—	易溶	混溶	混溶
正丁烯	56.11	无色透明液体	0.5951	1.3962	−185.3	−6.3	不溶	不溶	易溶

四、实验仪器与试剂

1. 仪器

100mL 三颈烧瓶，分水器，球形冷凝管，温度计，温度计套管，蒸馏烧瓶，直形冷凝管，接引管，吸滤瓶，分液漏斗等。

2. 试剂

正丁醇，浓硫酸，沸石，50％硫酸溶液，无水氯化钙等。

五、实验装置及流程图

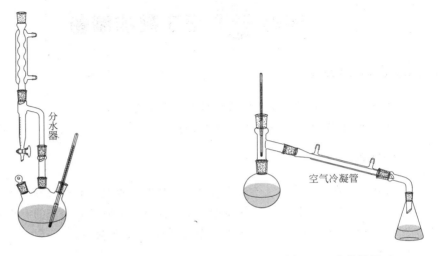

图 1-28 反应装置图   图 1-29 蒸馏装置

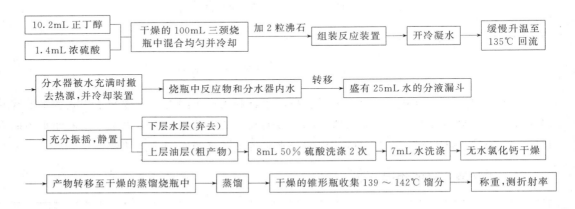

六、实验内容

1. 正丁醚粗产品的制备

在 100mL 三颈烧瓶中，先加入 10.2mL 正丁醇，再缓慢加入 1.4mL 浓硫酸并补加 2 粒沸石[1]。摇匀后，按图 1-28 组装各仪器，温度计插入液面以下，一口装上分水器，分水器的上端接一球形冷水凝管[2]，另一口用塞子塞紧。先在分水器内放置（$V-1.3$）mL 水[3]，然后将三颈瓶放在石棉网上小火加热至微沸，进行分水。反应中产生的水经冷凝后收集在分水器的下层，上层有机相积至分水器支管时，即可返回烧瓶。继续加热，大约经 1.5h 后，三口瓶中反应液温度可达 130～135℃。当分水器全部被水充满时停止反应。若继续加热，则反应液变黑并有较多副产物丁烯生成。

2. 正丁醚的精制

将反应液冷却到室温后连同分水器中的水一并倒入盛有 25mL 水的分液漏斗中，充分振摇，静置后弃去下层液体，分出上层正丁醚粗产品[4]。粗产物依次用 16mL 50％硫酸溶液分 2 次洗涤、7mL 水洗涤[5]，用 1～2g 无水氯化钙干燥[6]。干燥后的产物倾入至干燥的蒸馏烧瓶[7]中进行蒸馏（图 1-29），锥形瓶[8]收集 139～142℃馏分，称重，产量 5～6g。产率约为 45％～54％。

3. 测定产品的折射率

纯正丁醚的沸点 142.4℃，$n_D^{20} = 1.3992$。

[1] 混合时要边振摇均匀边冷却，防止炭化。

[2] 装置一定要放正，否则分水器留空体积会有误差，反应终止时分水器中还有有机相。

[3] 如果从醇转变为醚的反应是定量进行的话，本实验是用 8.23g 正丁醇脱水制取正丁醚，应该脱水的量约为 1.0g。所以，在实验以前预先在分水器里加 $(V-1.3)$ mL 水，V 为分水器的体积，加上反应以后生成的水一起正好充满分水器，而使汽化冷凝后的反应物正丁醇、正丁醚等正好溢流返回反应瓶中，从而达到自动分离的目的。

[4] 由于分水器内的水已为正丁醇的饱和液，用清水洗去硫酸分解镁盐。

[5] 用 50％硫酸处理是因为丁醇能溶解在 50％硫酸中，而产物丁醚则很少溶解，可洗去丁醇，再用水洗去残留的硫酸。

[6] 干燥剂的加入量以干燥剂能随溶液一起流动为宜。

[7] 蒸馏装置必须洁净干燥。

[8] 锥形瓶提前干燥并称重。

七、思考题

1. 分析制备乙醚和正丁醚反应原理和实验操作有什么不同？

2. 反应结束后，为什么要将混合物倒入 25mL 水中？各步的洗涤目的是什么？

实验 ⑬ 1-溴丁烷的制备

一、实验目的与要求

1. 学习以溴化钠、浓硫酸和正丁醇制备 1-溴丁烷。

2. 掌握 1-溴丁烷制备的原理。

3. 学习带有吸收有害气体装置的回流等基本原理和操作。

二、实验原理

1-溴丁烷使用十分广泛。它可用作稀有元素萃取溶剂、有机合成的中间体及烷基化试剂；可用于生产塑料紫外线吸收剂及增塑剂的原料；可做制药原料，用于肠、胃炎、十二指肠炎、胆石症等；用作合成染料、香料合成原料，可制备功能性色素的原料；可用于制备半导体中间原料。

1-溴丁烷是由正丁醇与溴化钠、浓硫酸共热而制得的。

$$NaBr + H_2SO_4 \rightleftharpoons HBr + NaHSO_4$$

$$n\text{-}C_4H_9OH + HBr \rightleftharpoons n\text{-}C_4H_9Br + H_2O$$

可能产生的副反应：

$$CH_3CH_2CH_2CH_2OH \xrightarrow[\text{加热}]{\text{浓 } H_2SO_4} CH_3CH_2CH{=\!=}CH_2 + CH_3CH{=\!=}CHCH_3 + H_2O$$

$$2CH_3CH_2CH_2CH_2OH \xrightarrow[\text{加热}]{\text{浓 } H_2SO_4} CH_3CH_2CH_2CH_2OCH_2CH_2CH_2CH_3 + H_2O$$

三、试剂及产物的物理常数

化合物	分子量	m. p. /℃	b. p. /℃	n_D^{20}	相对密度	溶解度/（g/100mL 溶剂） 水	有机溶剂
正丁醇	74.12	−89.5	1.72	1.3993	0.8098	稍溶	醇、醚
浓硫酸	98.07	10.36	330		1841	溶	—
溴化钠	102.98	747	1390	—		溶	—
1-溴丁烷	137.02	−112.4	101.6	1.4401	1.2758	不溶	—
正丁醚	130.23	−95.3	142	1.3992	0.7689	不溶	—
丁烯	56.11	−185.3	-6.3	1.3962	0.5951	不溶	醇、醚

四、实验仪器与试剂

1. 仪器

50mL 圆底烧瓶，球形冷凝管，温度计，接引管，气体吸收装置，锥形瓶等。

2. 试剂

正丁醇，浓硫酸，溴化钠，沸石，5%氢氧化钠溶液，饱和亚硫酸氢钠溶液，饱和碳酸氢钠溶液，无水氯化钙等。

五、实验装置及流程图

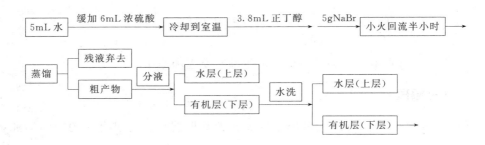

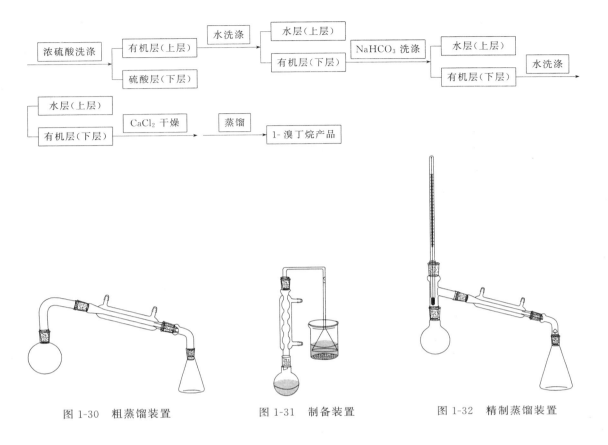

图 1-30　粗蒸馏装置　　　　图 1-31　制备装置　　　　图 1-32　精制蒸馏装置

六、实验内容

1. 实验准备

在 50mL 圆底烧瓶中先加入 5mL 水，慢慢地再加入 6mL 浓硫酸，混合均匀并冷却至室温。加入正丁醇 3.8mL，混合后加入 5g 研细的溴化钠，充分振摇[1]，再加入几粒沸石，装上回流冷凝管，在冷凝管上端装一吸收溴化氢气体的装置[2]，用 5% 氢氧化钠溶液作吸收剂[3]（图 1-31）。

2. 制备并蒸馏 1-溴丁烷

在石棉网上加热回流 30min 左右[4]，冷却后改为粗蒸馏装置（图 1-30），在石棉网上蒸馏出 1-溴丁烷[5]。

3. 分离并干燥

将馏出液转入洁净的分液漏斗中，用 5mL 蒸馏水洗涤，小心地将下层粗品立即转入到另一个干燥的分液漏斗中，用 3mL 浓硫酸洗涤，静置后分去下层保留上层有机层，有机层依次用水、饱和碳酸氢钠溶液和水各 5mL 洗涤。产物移入干燥的小锥形瓶中，用无水氯化钙干燥至液体透明[6]。

4. 精制蒸馏

产物转入蒸馏烧瓶中[7]（图 1-32），小火加热用小锥形瓶收集 99～103℃ 的馏分于已知质量的锥形瓶中，并称重，产物约为 3～4g（产率 55%～64%）。

5. 测定产品的折射率。

[1] 加料前后要充分振摇，以便药品混合均匀。

[2] 装置要稳，冷凝管和烧瓶各用一个铁夹夹住。连接吸收装置用的橡皮管要固定，否则蒸馏振摇时会使气管导出口发生倒吸。此装置主要针对气体水溶性很大的情况（如氨气、氯化氢气体等）。

[3] 气管导出口要接近吸收液面但不能插入液面以下。

[4] 在此过程中要经常振摇，否则会影响产率。

[5] 当无油滴蒸出时（用盛少量清水的表面皿接收馏分，表面无油珠，说明粗产品蒸馏较完全），停止加热并趁热将废液倒入废液桶。

[6] 干燥剂的加入量以加入干燥剂后不结块为宜，否则加入量就足够。若蒸馏液有红色，是因为含有少量溴的缘故，可以加入 6mL 左右饱和亚硫酸氢钠溶液洗涤除去：

$$2NaBr + 3H_2SO_4 \xrightarrow{} Br_2 + SO_2 + 2H_2O + 2NaHSO_4$$

$$Br_2 + 3NaHSO_4 \xrightarrow{} 2NaBr + NaHSO_4 + 2SO_2 + H_2O$$

[7] 蒸馏烧瓶和锥形瓶必须预先烘干，否则含水会影响产物的纯度。接产物的锥形瓶要提前称重。

七、思考题

1. 本实验中浓硫酸起何作用？其用量及浓度对实验结果有何影响？

2. 反应后粗产品中含有哪些杂质？它们是如何被除去？

3. 为什么用饱和碳酸氢钠水溶液洗酸之前要用水洗涤？

实验 ⑭ 肉桂酸的制备

一、实验目的与要求

1. 熟悉 Perkin 反应的原理，了解肉桂酸的制备原理。

2. 掌握回流装置的安装及回流操作的控制方法。

3. 学习从复杂体系中分离出产物的操作方法。

二、实验原理

1. 肉桂酸的制备原理

Perkin 反应，又称普尔金反应，是由英国有机化学 William Henry Perkin 发展的，由不含有 α-H 的芳香醛（如苯甲醛）在强碱弱酸盐（如碳酸钾、醋酸钾等）的催化下，与含有 α-H 的酸酐（如乙酸酐、丙酸酐等）所发生的缩合反应，并生成 α,β-不饱和羧酸盐，后者经酸性水解即可得到 α,β-不饱和羧酸。例如，肉桂酸 $[PhCH \!=\! CHCO_2H]$ 的合成就利用该原理。

需要注意的是本反应要求无水，所有溶剂均经过处理。

羧酸盐的负离子作为质子接受体，与酸酐作用，产生羧酸，同时生成一个羧酸酐的α-负离子，该负离子与醛发生亲核加成产生烷氧负离子，然后向分子内的羰基进攻，得到羧酸根负离子，与酸酐反应产生混酐，这个混酐发生 E2 消除，失去质子及酰氧基，产生一个不饱和的酸酐，它受亲核试剂进攻发生加成-消除，再经酸化，最后得到芳基不饱和羧酸，主要是反式羧酸。其反应机理如下所示：

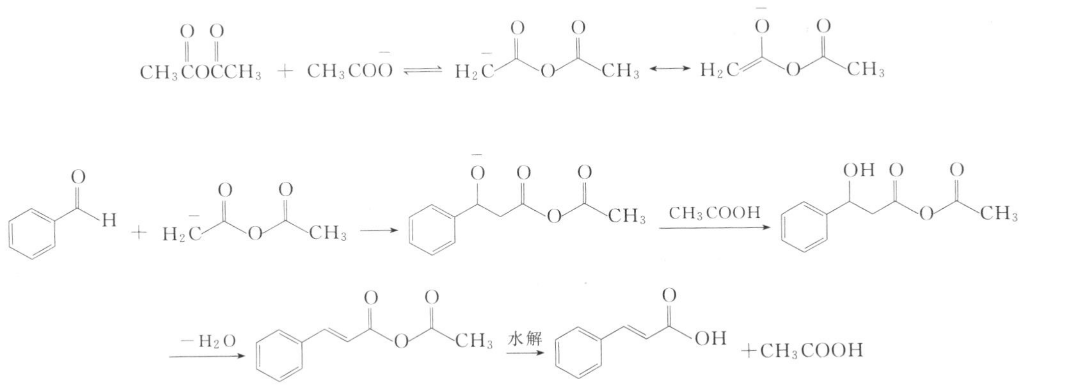

2. 肉桂酸的用途

（1）医药工业

① 用于合成治疗冠心病的重要药物乳酸可心定和心痛平，用来制造"心可安"、局部麻醉剂、杀菌剂、止血药等。

② 用于合成氯苯氨丁酸和肉桂苯哌嗪，用作脊锥骨骼松弛剂和镇痉剂，主要用于脑血栓、脑动脉硬化、冠状动脉硬化等病症。

③ 肉桂酸是肺腺癌细胞的有效抑制剂，在抗癌方面具有极大的应用价值。

（2）有机合成化工

① 可作为镀锌板的缓释剂、聚氯乙烯的热稳定剂、多氨基甲酸脂的交联剂、己内酰胺和聚己内酰胺的阻燃剂，也是测定铀、钒分离的试剂。

② 是负片型感光树脂的最主要合成原料，主要合成肉桂酸酯、聚乙烯醇肉桂酸酯、聚乙烯氧肉桂酸乙酯和侧基为肉桂酸酯的环氧树脂等。

③ 在塑料方面，可用作 PVC 的热稳定剂，杀菌防霉除臭剂，还可添加在橡胶、泡沫塑料中制成防臭鞋和鞋垫，也可用于棉布和各种合成纤维、皮革、涂料、鞋油、草席等制品中防止霉变。

（3）食品添加剂

① 用微生物酶法以肉桂酸为原料合成 L-苯丙氨酸。L-苯丙氨酸是重要的食品添加剂——甜味阿斯巴甜的主要原料。

② 肉桂酸是辣椒素合成酶的一个组成部分——肉桂酸水解酶，可利用转基因培育高产辣椒素含量的辣椒优良品种，必将大大提高辣椒品质，从而有力推动辣椒产业化发展。

③ 肉桂酸的防霉防腐杀菌作用可应用于粮食、蔬菜、水果中的保鲜、防腐。

④ 可用在葡萄酒中，使其色泽光鲜。

⑤ 肉桂酸具有很强的兴奋作用，可广泛直接添加于一切食品中。

（4）美容方面

① 酪氨基酸酶是黑色素合成的关键酶，它启动由酪氨酸转化为黑色素生物聚合体的级链反应，而肉桂酸有抑制形成黑色酪氨酸酶的作用，对紫外线有一定的隔绝作用，能使褐斑变浅，甚至消失，是高级防晒霜中必不可少的成分之一。

② 肉桂酸显著的抗氧化功效对于减慢皱纹的出现有很好的疗效。

三、试剂及产物的物理常数

名称	分子量	性状	相对密度	折射率	m.p./℃	b.p./℃	溶解性		
							水	乙醇	乙醚
苯甲醛	106	无色液体	1.044	1.5455	−26	178.9	混溶	混溶	混溶
乙酸酐	102	无色液体	1.080	1.3904	−73	140	混溶	混溶	混溶
肉桂酸	148	无色针状晶体	1.245		133	300	不溶	混溶	混溶

四、实验仪器与试剂

1. 仪器

100mL 圆底烧瓶，球形水冷凝管，温度计，温度计套管，电热套，蒸馏烧瓶，直形冷凝管，接引管，锥形瓶，吸滤装置等。

2. 试剂

苯甲醛，乙酸酐，无水碳酸钾，固体碳酸钠，活性炭，浓盐酸等。

五、实验装置及流程图

反应装置见图 1-33，简易水蒸气蒸馏装置见图 1-34。

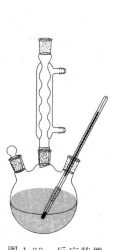

图 1-33　反应装置

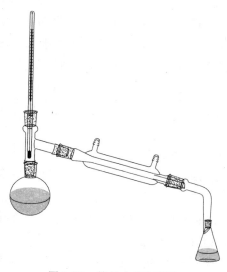

图 1-34　简易水蒸气蒸馏

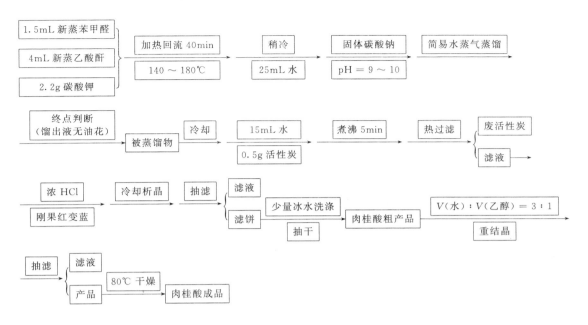

六、实验内容

（1）分别量取 1.5mL 新蒸馏过的苯甲醛和 4mL 新蒸馏过的乙酸酐于 100mL 干燥的圆底烧瓶中，加 2 粒沸石摇匀，再加入 2.2g 研碎的无水碳酸钾[1]。按图 1-33 连接反应装置。

（2）将烧瓶置于电热套中，使反应物保持微微沸腾[2]，回流 40min，反应液温度保持在 140～180℃ 之间。

（3）反应结束，稍冷，在反应瓶中加入 25mL 热水，加入固体碳酸钠，调节溶液 pH 值到 9～10[3]，用图 1-34 装置进行简易水蒸气蒸馏[4]，至无油状物蒸出为止[5]。

（4）将烧瓶中的剩余物冷却，加入 15mL 水和 0.5g 活性炭，加热回流 5min，热过滤[6]。

（5）滤液冷却后，用浓盐酸酸化至刚果红试纸变蓝，冷却，待晶体全部析出后抽滤，用 10mL 冷水分两次洗涤沉淀，抽干后。粗产品在 80℃ 烘箱中烘干。质量约 1.7g[7]。可用 3∶1（体积比）的水-乙醇溶液进行重结晶。

[1] 碳酸钾使用前需炒制焙干，这样利于反应的进行。

[2] 烧瓶与电热套之间保持 1～2cm 距离，利于加热均匀。由于加热开始时，会有二氧化碳放出，因此，初始加热速度要小，防止暴沸。整个反应过程保持微沸，防止加热过于剧烈，产生树脂状物质。

[3] 调 pH 值的目的是使生成的肉桂酸形成钠盐而溶解。注：加热前需补加沸石。

[4] 下列情况需要采用水蒸气蒸馏：

① 混合物中含有大量的固体，通常的蒸馏、过滤、萃取等方法都不适用；

② 混合物中含有焦油状物质，采用通常的蒸馏、萃取等方法都不适用；

③ 在常压下蒸馏会发生分解的高沸点有机物质。

此处必须用水蒸气蒸馏，因为混合物中含有大量的焦油状物质，通常的蒸馏、过滤、萃取等方法都不适用。

[5] 目的除去未反应完的苯甲醛，可以采用表面皿接馏出液滴，在光照下观察液滴中是否

有油花，判断终点。

[6] 需对布氏漏斗进行预热。

[7] 粗产品为白色粉末状固体。

七、思考题

1. 苯甲醛和丙酸酐在无水碳酸钾的存在下相互作用会得到什么产物？
2. 用酸酸化时，能否用浓硫酸？
3. 具有何种结构的醛能够进行 Perkin 反应？
4. 实验中用水蒸气蒸馏是为了除去什么？

附

 肉桂酸的其他制法及特点

1. 苯甲醛-酮缩合法

$$\text{PhCHO} + H_3C\text{—CO—}CH_3 \xrightarrow{\text{NaOH}} \text{Ph—CH=CH—CO—}CH_3 \xrightarrow{\text{NaOCl}} \text{Ph—CH=CH—CO—}ONa \xrightarrow{H_2SO_4} \text{Ph—CH=CH—COOH}$$

特点：流程长，操作复杂，能耗大，因转化率和产率低等问题而被淘汰。

2. 苯甲醛-乙烯酮法

$$\text{PhCHO} + H_2C\text{=}C\text{=}O \xrightarrow[180\sim200℃]{\triangle} \text{Ph—CH=CH—COOH}$$

特点：乙烯酮不仅有剧毒而且化学性质活泼，又易聚合，反应条件难以控制，副产物多，不适于工业生产。

3. 肉桂醛氧化法

$$\text{PhCHO} + O_2 \xrightarrow[30℃]{Ag_2O\text{-}CuO} \text{Ph—CH=CH—COOH}$$

特点：这种方法的选择性和转化率都比较高，但是由于成本太高、催化剂寿命短、经济效益低等问题，不适合工业生产。

4. 二氯化苄-无水醋酸钠法

$$\text{PhCHCl}_2 + 2CH_3COONa \xrightarrow[\text{四氢化萘}]{\text{吡啶，}190℃} \text{Ph—CH=CH—COOH} + 2NaCl + CH_3COOH$$

特点：此法副产物多，产率不高，且产品中易含有氯离子而影响它的作用，现已趋淘汰。

5. 苯乙烯-四氯化碳法

$$\text{Ph—CH=CH}_2 + CCl_4 \xrightarrow{\text{催化剂}} \text{Ph—CH(Cl)—CH}_2\text{—CCl}_3 \xrightarrow{\text{水解}} \text{Ph—CH=CH—COOH} + HCl$$

特点：该法具有原料廉价易得、反应条件温和、收率高、三废少的特点，是生产肉桂酸极有前途的方法，很具有工业化前景。

实验 ⑮ 甲基橙的制备

一、实验目的与要求

1. 通过甲基橙的制备学习重氮化反应和偶合反应的实验操作。
2. 巩固盐析和重结晶的原理和操作。

二、实验原理

1. 甲基橙的制备

甲基橙是一种指示剂，它是由对氨基苯磺酸重氮盐与 N,N-二甲基苯胺的醋酸盐，在弱酸性介质中偶合得到的。偶合首先得到的是嫩红色的酸式甲基橙，称为酸性黄，在碱性条件下酸性黄转变为橙黄色的钠盐，即甲基橙。

反应式：

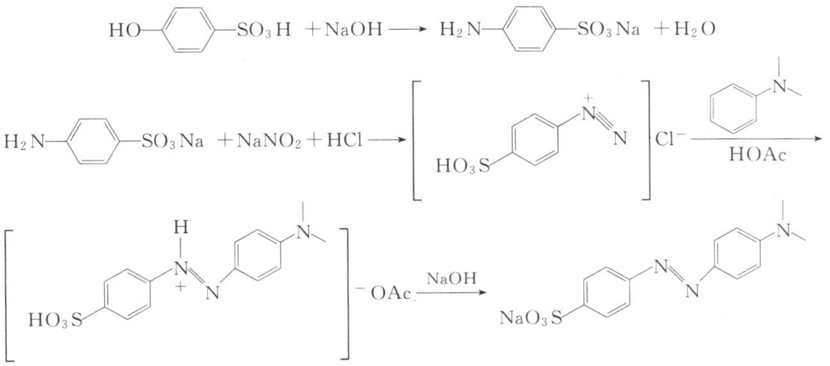

2. 甲基橙的用途

(1) 甲基橙在分析化学中是一种常用的酸碱滴定指示剂，不适用于作有机酸类化合物滴定的指示剂。其浓度为 0.1% 的水溶液的 pH 为 3.1（红）～4.4（黄），适用于强酸与强碱、弱碱间的滴定。

(2) 甲基橙用于分光光度法测定氯、溴和溴离子，并用于生物染色等。

(3) 甲基橙曾在实验室和工农业生产中用作化学反应的酸碱度控制，以及化工产品和中间体的酸碱滴定分析。甲基橙指示剂的缺点是黄红色泽较难辨认，已被广泛指示剂所代替。

(4) 甲基橙也是一种偶氮染料，可用于印染纺织品。

三、试剂及产物的物理常数

名称	分子量	性状	相对密度	折射率	m.p./℃	b.p./℃	溶解性 水	乙醇	乙醚
对氨基苯磺酸	173.20	白色至灰白色粉末	1.5	—	280	—	微溶	不溶	不溶
氢氧化钠	40	白色半透明片状或颗粒	2.130	—	318.4	1390	易溶	易溶	不溶

续表

名称	分子量	性状	相对密度	折射率	m. p. /℃	b. p. /℃	溶解性		
							水	乙醇	乙醚
亚硝酸钠	69	白色或微带淡黄色斜方晶系结晶或粉末	2.2	—	270	—	易溶	微溶	微溶
浓盐酸	36.46	无色透明液体	1.18	—	−35	5.8	混溶	混溶	—
冰醋酸	60.05	无色液体	1.050	—	16.6	117.9	能溶	能溶	能溶
N,N-二甲基苯胺	121.187	无色至淡黄色油状液体	0.96	1.5582	2	193.5	不溶	溶	溶
甲基橙	327.33	橙黄色粉末或鳞片状结晶	1.28	—	300	—	微溶	不溶	—

四、实验仪器与试剂

1. 仪器

100mL 烧杯，热水浴，冰浴，抽滤装置，电热套等。

2. 试剂

对氨基苯磺酸，5%氢氧化钠溶液，亚硝酸钠，浓盐酸，冰醋酸，N,N-二甲基苯胺，10%氢氧化钠溶液，饱和氯化钠水溶液等。

五、实验流程图

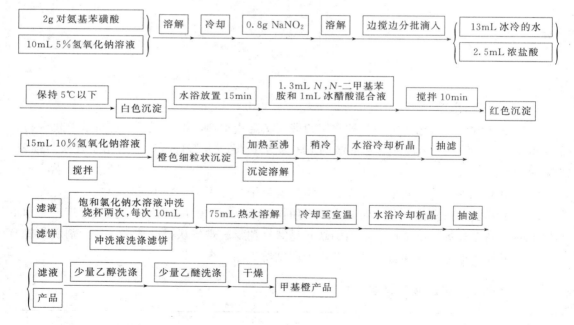

六、实验内容

1. 对氨基苯磺酸重氮盐的制备

在 100mL 烧杯中，放入 2g 对氨基苯磺酸晶体，加 10mL 5%氢氧化钠溶液在热水浴中温热使之溶解[1]。冷至室温后，加 0.8g 亚硝酸钠，溶解后，在搅拌下将该混合物溶液分批滴入装有 13mL 冰冷的水和 2.5mL 浓盐酸的烧杯中[2]，使温度保持在 5℃以下[3]。很快就有对氨基苯磺酸重氮盐的细粒状白色沉淀[4]，为了保证反应完全，继续在冰浴中放置 15min。

2. 偶合

（1）在一支试管中加入 1.3mL N,N-二甲基苯胺和 1mL 冰醋酸，振荡使之混合。在搅拌下将此溶液慢慢加到上述冷却的对氨基苯磺酸重氮盐溶液中，加完后，继续搅拌 10min，此时有红色的酸性沉淀，然后在冷却下搅拌，慢慢加入 15mL 10%氢氧化钠溶液。反应物变为橙色，粗的甲基橙细粒状沉淀析出。

（2）将反应物加热至沸腾，使粗的甲基橙溶解后，稍冷，置于冰浴中冷却，待甲基橙全部重新结晶析出后，抽滤收集结晶。用饱和氯化钠水溶液冲洗烧杯两次，每次用 10mL，并用这些冲洗液洗涤产品[5]。

（3）若要得到较纯的产品，可将滤饼连同滤纸移到装有 75mL 热水的烧瓶中，微微加热并且不断搅拌，滤饼几乎全熔后，取出滤纸让溶液冷却至室温，然后在冰浴中再冷却，待甲基橙结晶全析出后，抽滤。依次用少量乙醇、乙醚洗涤产品[6]。产品干燥后，称量，产品质量为 2.5g（产率 75%）。

所得产品为一种钠盐，没有明确的熔点，因此不必测定其熔点。

（4）溶解少许产品于水中，加几滴稀盐酸，然后用稀氢氧化钠溶液中和，观察溶液的颜色有何变化[7]。

[1] 对氨基苯磺酸是一种有机两性化合物，其酸性比碱性强，能形成酸性的内盐。它能与碱作用生成盐，难与酸作用成盐，所以不溶于酸。但是重氮化反应又要在酸性溶液中完成，因此，进行重氮化反应时，首先将对氨基苯磺酸与碱作用，变成水溶性较大的对氨基苯磺酸钠。

[2] 在重氮化反应中，溶液酸化时生成亚硝酸：

$$NaNO_2 + HCl \Longrightarrow HNO_2 + NaCl$$

同时，对氨基苯磺酸钠亦变为对氨基苯磺酸从溶液中以细粒状沉淀析出，并立即与亚硝酸作用，发生重氮化反应，生成粉末状的重氮盐：

为了使对氨基苯磺酸完全重氮化，反应过程必须不断搅拌。

[3] 重氮反应过程中，控制温度很重要，反应温度若高于 5℃，则生成的重氮盐易水解成酚类，降低了产率。

[4] 用淀粉-碘化钾试纸检验，若试纸显蓝色表明亚硝酸过量。析出的碘遇淀粉就显蓝色。

$$2HNO_2 + 2KI + 2HCl \Longrightarrow I_2 + 2NO + 2H_2O + 2KCl$$

这时应加入少量尿素除去过多的亚硝酸，因为亚硝酸能起氧化和亚硝基化作用，亚硝酸的用量过多会引起一系列副反应，如：

$$H_2N-\underset{\underset{O}{\|}}{C}-NH_2 + 2HNO_2 \Longrightarrow CO_2\uparrow + N_2\uparrow + 3H_2O$$

[5] 粗产品呈碱性，温度稍高时易使产物变质，颜色变深，湿的甲基橙受日光照射亦会使颜色变深，通常可在 65～75℃ 烘干。

[6] 用乙醇、乙醚洗涤的目的是使产品迅速干燥。

[7]

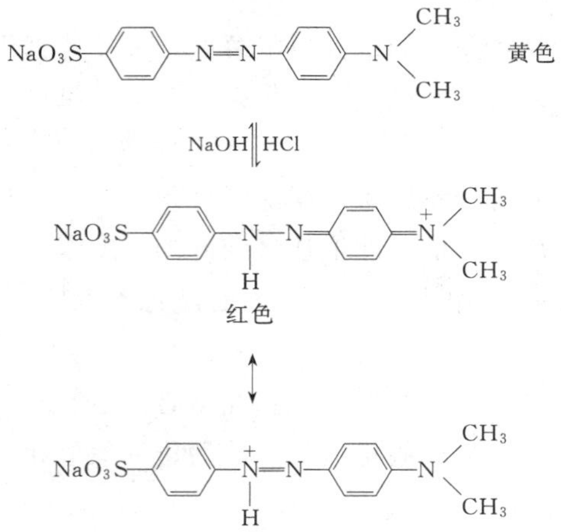

七、思考题

1. 在本实验中，重氮盐的制备为什么要控制在 0～5℃ 中进行？偶和反应为什么在弱酸性介质中进行？

2. 在制备重氮盐中加入氯化亚铜将出现什么样的结果？

3. N,N-二甲基苯胺与重氮盐偶合为什么总是在氨基的对位上发生？

实验 16 三苯甲醇的制备

一、实验目的与要求

1. 了解格氏试剂的制备、应用和进行格氏反应的条件。
2. 掌握搅拌、回流、萃取、蒸馏（包括低沸点物蒸馏）等操作。

二、实验原理

卤代烷在干燥的醚中能和镁屑作用生成烃基卤化镁 RMgX，俗称格氏（Grignard）试剂。

$$R-X + Mg \xrightarrow{\text{无水醚}} R-Mg-X \quad (烃基卤化镁)$$

在制备格氏试剂时，需要注意整个体系必须保证绝对无水，不然将得不到烃基卤化镁，或者产率很低。在形成格氏试剂的过程中，往往有一个诱导期，作用非常慢，甚至需要加温或者加入少量碘来使它发生反应，诱导期过后反应变得非常剧烈，需要用冰水或者冷水在反应器外面冷却，使反应缓和下来。

格氏试剂是一种非常活泼的试剂，它能参与很多反应，是重要的有机合成试剂。最常用的反应是格氏试剂与醛、酮、酯等羰基化合物发生亲核加成反应生成仲醇或叔醇。

三苯甲醇作为有机合成的重要中间体，可以通过格氏反应用苯甲酸乙酯与苯基溴化镁的反应制取。

（1）格氏试剂的制备

（2）格氏试剂反应制备三苯甲醇

（3）副反应

三、试剂及产物的物理常数

名称	分子量	性状	相对密度	折射率	m. p. /℃	b. p. /℃	溶解性		
							水	乙醇	乙醚
镁	24.3050	银白色有金属光泽的粉末	1.74	—	648	1107	不溶	—	—
碘	253.81	紫黑色有光泽的片状晶体	4.933	—	113.7	184.3	微溶	易溶	易溶
溴苯	157	无色油状液体,具有苯的气味	1.50		−30.7	156.2	不溶		溶
无水乙醚	74.12	无色透明液体,有特殊刺激气味	0.7134	1.35555	−116.3	34.6	微溶	溶	
苯甲酸乙酯	150.17	无色透明液体,稍有水果气味	1.05	1.5001	−34.6	212.6	不溶	混溶	混溶
氯化铵	53.49	无色晶体或白色颗粒性粉末	1.5274	1.642	无	520	易溶	微溶	不溶
三苯甲醇	260.33	白色片状晶体	1.199	1.1994	164.2	380	不溶	溶	溶

四、实验仪器与试剂

1. 仪器

三颈烧瓶，搅拌器，球形回流冷凝管，恒压滴液漏斗，干燥管，直形冷凝管，温度计，接引管，锥形瓶等。

2. 试剂

镁屑，碘，溴苯，无水乙醚，苯甲酸乙酯，氯化铵溶液等。

五、实验装置及流程图

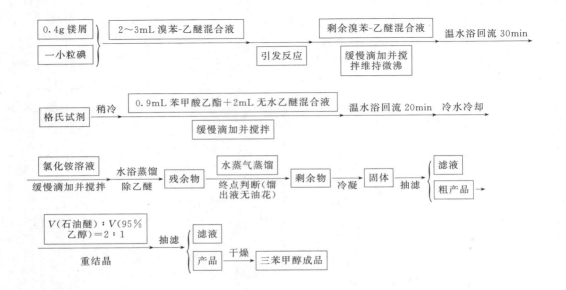

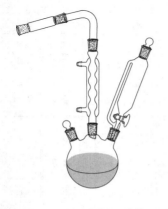

图 1-35　回流冷凝反应装置

图 1-36　温水浴回流装置

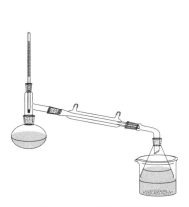

图1-37　乙醚蒸馏装置

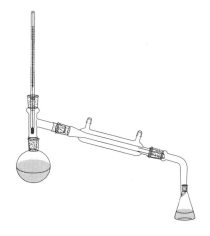

图1-38　简易水蒸气蒸馏装置

六、实验内容

1. 格氏试剂的制备

（1）在100mL三颈烧瓶上，分别装置搅拌器、球形回流冷凝管和恒压滴液漏斗[1]，在冷凝管的上口安装氯化钙干燥管（图1-35）。向反应瓶内加入0.4g（0.012mol）镁屑[2]或去除氧化膜的镁条及一小粒碘[3]。在滴液漏斗中加入2mL（0.019mol）溴苯和7mL无水乙醚，混匀。

（2）从滴液漏斗中滴入约2～3mL溴苯-乙醚混合液于三颈烧瓶中，数分钟后即可见溶液呈微沸，碘的颜色消失（若不消失，可用温水浴温热），开动搅拌器，继续滴加其余的混合液，控制滴加速度（大概2～3s 1滴），维持反应液呈微沸状态[4]。若发现反应物呈黏稠状，则补加适量的无水乙醚。滴加完毕，用温水浴（图1-36）回流搅拌30min，使镁屑几乎作用完全。

2. 三苯甲醇的制备

将反应瓶置于冰水浴中，在搅拌下从滴液漏斗中缓慢滴入0.9mL（0.0064mol）苯甲酸乙酯和2mL无水乙醚的混合液。滴加完毕，用温水浴回流20min，使反应完全，这时反应物明显分为两层。在冰水浴中于搅拌下由滴液漏斗慢慢滴加氯化铵溶液[5]（由2g NH$_4$Cl和15mL水配成），以分解加成物而生成三苯甲醇。

3. 提纯

将反应装置改为低沸蒸馏装置（图1-37），在水浴上蒸去乙醚，再将残余物进行水蒸气蒸馏（图1-38），以除去未反应的溴苯及联苯等副产物[6]。瓶中剩余物冷却后凝为固体，抽滤，粗产品用石油醚（b. p. 90～120℃)-95%乙醇（体积比为2:1）进行重结晶。干燥后，产量约0.8g，产率约48%。

[1] 所用仪器和药品必须经过严格干燥处理。否则，反应很难进行，并且水的存在可使生成的格氏试剂分解。

[2] 本实验采用表面光亮的镁屑。若镁屑放置较久，则采用下法处理：用5%盐酸与镁屑作用数分钟，过滤除去酸液，然后依次用水、乙醇、乙醚洗涤，抽干后置于干燥器中备用；也可用镁条代替镁屑，使用前用细砂皮将其表面的氧化膜除去，剪成0.5cm左右的小碎条。

[3] 卤代芳烃或卤代烃和镁的作用较难发生时，通常温热或用一小粒碘作催化剂，以促使

反应开始。

　　[4] 滴加速度太快，反应过于剧烈不易控制，并会增加副产物的生成。

　　[5] 滴加饱和氯化铵溶液是使加成物水解成三苯甲醇，与此同时生成的 $Mg(OH)_2$ 在此可转变为可溶性的 $MgCl_2$，若仍见有絮状 $Mg(OH)_2$ 未完全溶解及未反应的金属镁，则可加入少许稀盐酸使之溶解。

　　[6] 副产物易溶于石油醚而被除去，故也可在水浴上蒸去乙醚后，不必进行水蒸气蒸馏，而在剩余物中加入 5mL 石油醚（b.p 90～120℃），搅拌数分钟，过滤收集粗产品。

七、思考题

　　1. 本实验的成败关键何在？为什么？为此你采取了什么措施？
　　2. 本实验中溴苯滴加太快或一次加入，对实验结果有何影响？

实验 17 苯甲酸、苯甲醇的合成

一、实验目的与要求

1. 学习歧化反应的原理及其应用。
2. 巩固蒸馏、萃取、低沸点和高沸点液体化合物的蒸馏及重结晶操作。

二、实验原理

1. 苯甲酸、苯甲醇的制备原理

不含 α-氢原子的醛（如苯甲醛）在浓碱作用下，发生自身的氧化和还原反应，即一分子醛被氧化成羧酸（以羧酸盐的形式存在），另一分子醛被还原成醇，此即为坎尼扎罗（Cannizzaro）反应。

本实验为苯甲醛在氢氧化钠的作用下，生成苯甲醇和苯甲酸钠。反应混合物加水溶解后，用乙醚加以萃取，乙醚层经洗涤、干燥、蒸馏，得到苯甲醇。水层经酸化得到苯甲酸。

反应方程式：

$$2 \bigcirc\!\!-CHO + NaOH \longrightarrow \bigcirc\!\!-CH_2OH + \bigcirc\!\!-COONa$$

$$\bigcirc\!\!-COONa + HCl \longrightarrow \bigcirc\!\!-COOH + NaCl$$

可能的副反应：

$$\bigcirc\!\!-CHO + O_2 \longrightarrow \bigcirc\!\!-COOH$$

副反应会导致苯甲醇产量很低而苯甲酸产量很高，甚至超过 100%。

坎尼扎罗反应的机理：

2. 苯甲醇、苯甲酸的用途

（1）苯甲醇

苯甲醇是一种定香剂，是茉莉、月下香、伊兰等香精调配时不可缺少的香料，用于配制香皂，也可以作为日用化妆品香精。但苯甲醇能缓慢地自然氧化，一部分生成苯甲醛和苯甲醚，使市售产品常带有杏仁香味，故不宜久贮。

苯甲醇在工业化学品生产中用途广泛：用于涂料溶剂，照相显影剂，聚氯乙烯稳定剂，合成树脂溶剂，维生素 B 注射液的溶剂，药膏或药液的防腐剂；可用作尼龙丝、纤维及塑料薄膜的干燥剂，纤维素酯、酪蛋白的溶剂，制取苄基酯或醚的中间体，广泛用于制笔（圆珠笔油）、油漆溶剂等。

（2）苯甲酸

1）医疗用途

与水杨酸合用于成人皮肤真菌病、浅部真菌感染（如体癣、手癣及足癣等）。

2）工业用途

① 防腐剂　苯甲酸是重要的酸型食品、饲料防腐剂。在酸性条件下，对霉菌、酵母和细菌均有抑制作用，但对产酸菌作用较弱。

② 定香剂　苯甲酸可以用作果汁饮料的定香剂。可作为膏香用入熏香香精。还可用于巧克力、柠檬、橘子、子浆果、坚果、蜜饯型等食用香精中。烟用香精中亦常用之。

③ 增塑剂中间体　苯甲酸可以作为生产苯甲酸酯和苯二甲酸酯的中间体，苯甲酸酯和苯二甲酸酯是重要的增塑剂。

④ 黏合剂中间体　苯甲酸经溴化反应可以制得间溴苯甲酸，间溴苯甲酸可以作为电照像材料的黏合剂。

⑤ 润滑剂　苯甲酸钠可以作为金属加工、药品生产中的润滑剂。

⑥ 涂料　将苯甲酸引入醇酸树脂之后可使漆膜快干，改性后的醇酸树脂制成的漆膜的光泽、硬度和耐水性等都有所提高。

三、试剂及产物的物理常数

名称	分子量	性状	相对密度	折射率	m. p. /℃	b. p. /℃	溶解性		
							水	乙醇	乙醚
苯甲醛	106.12	无色至淡黄色液体	1.04	1.5455	−26	179	微溶	混溶	混溶
苯甲醇	108.13	无色液体,有芳香味	1.0419	1.5396	−15.3	205.7	微溶	易溶	易溶
苯甲酸	122.12	鳞片状或针状结晶,具有苯或甲醛的臭味	1.2659	1.501	122.13	249	微溶	易溶	易溶
乙醚	74.12	无色透明液体,有特殊刺激气味	0.7134	1.35555	−116.3	34.6	微溶	易溶	—

四、实验仪器与试剂

1. 仪器

100mL 锥形瓶，分液漏斗，蒸馏烧瓶，接引管，锥形瓶，温度计，空气冷凝管等。

2. 试剂

氢氧化钠，苯甲醛，乙醚，饱和 $NaHSO_3$ 溶液，3% Na_2CO_3 溶液，无水 $MgSO_4$，浓盐酸，刚果红试纸等。

五、实验装置及流程图

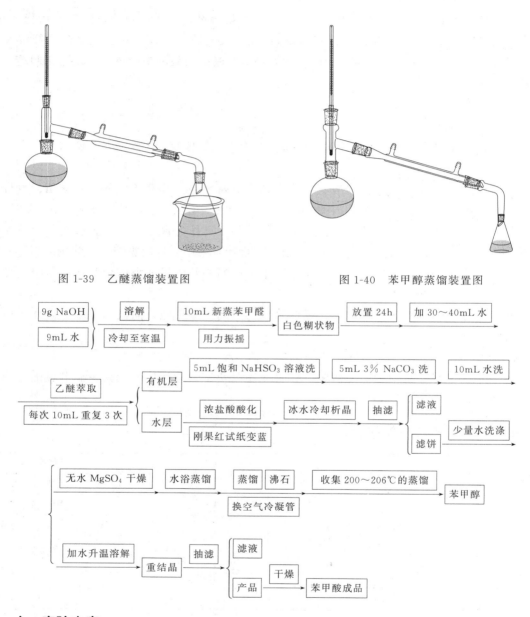

图 1-39　乙醚蒸馏装置图　　　　　　　　　图 1-40　苯甲醇蒸馏装置图

六、实验内容

1. 反应

在 100mL 锥形瓶中，加入 9g NaOH、9mL 水溶解配制成溶液。冷却至室温后，分批[1]加入 10mL 新蒸过的苯甲醛[2]，塞紧瓶口，用力振摇，使反应物充分混合，最后成为白色糊状物。室温放置 24h 以上。

2. 分离

向反应混合物中逐渐加入水，不断振摇使其中的苯甲酸盐全部溶解（约需 30～40mL 水）。将溶液倒入分液漏斗，每次用 10mL 乙醚萃取，共萃取 3 次，水层[3]保留待用。

3. 苯甲醇的纯化

合并 3 次乙醚萃取液，依次用 5mL 饱和 $NaHSO_3$ 溶液、5mL 3％ Na_2CO_3 溶液及 10mL 水洗涤。分出醚层，倒入干燥的锥形瓶，加无水 $MgSO_4$（或无水 K_2CO_3）干燥[4]，注意锥形瓶上要加塞。按图 1-39 安装好低沸点液体的蒸馏装置[5]，缓缓加热蒸出乙醚。补加 2 粒沸石，换用空气冷凝管（图 1-40），升高温度继续蒸馏，收集 200～206℃的馏分，即为苯甲醇，量体积，计算产率。

4. 苯甲酸的纯化

水层用浓盐酸酸化直至刚果红试纸变蓝，冰水冷却，使苯甲酸完全析出，抽滤，用少量水洗涤，挤压去水分，干燥，制得苯甲酸。若要得到更纯的产品，可用水重结晶提纯。最后称重，计算产率。

［1］分批加入，是为了使反应进行得更加充分。

［2］苯甲醛很容易被空气中的氧气氧化成苯甲酸。为除去苯甲酸，所以在实验前应重新蒸馏苯甲醛。

［3］分液得到的水层要保留，供下步制苯甲酸用。

［4］乙醚层用无水 $MgSO_4$（或无水 K_2CO_3）干燥时，振摇后要静置片刻至澄清；并充分静置干燥约 30min。干燥后的乙醚层慢慢滤入干燥的蒸馏烧瓶中。

［5］因乙醚易燃，蒸馏乙醚时，不能使用明火，要用热水浴加热蒸馏烧瓶，可在接引管支管上连接一长橡皮管通入水槽的下水管内或引出室外，接收器用冷水浴冷却。

七、思考题

1. 如何利用歧化反应使苯甲醛全部转化为苯甲醇？

2. 试比较发生坎尼扎罗反应的醛与发生羟醛缩合反应的醛在结构上的差异？

3. 饱和亚硫酸氢钠洗去什么？如果洗涤出现沉淀没有除去，下一步用 5％ Na_2CO_3 溶液洗沉淀会出现什么情况？对最后苯甲醇的纯度有什么影响？解释并写出相关反应式。

4. 本实验是根据什么原理来分离纯化苯甲醇和苯甲酸这两种产物的？

5. 干燥乙醚溶液时能否用无水氯化钙代替无水硫酸镁？

实验 ⑱ 呋喃甲醇和呋喃甲酸的制备

一、实验目的与要求

学习呋喃甲醛制备呋喃甲醇与呋喃甲酸的原理和方法，从而加深对坎尼扎罗（Cannizzaro）反应的认识。

二、实验原理

1. 呋喃甲醇、呋喃甲酸的制备原理

本实验是以呋喃甲醛（又称糠醛）和氢氧化钠的作用，从而制备呋喃甲醇（糠醇）与呋喃甲酸（糠酸），为坎尼扎罗反应的一个应用。

2. 呋喃甲醇、呋喃甲酸的用途

（1）呋喃甲醇

① 糠醇用于有机合成，经水解制得乙酰丙酸（果酸）是营养药物果糖酸钙的中间体；

② 由糠醇可制得各种性能的呋喃型树脂（如糠醇树脂、呋喃 I 或呋喃 II 型树脂），糠醇-脲醛树脂及酚醛树脂等；

③ 由糠醇制得的增塑剂的耐寒性优于丁、辛醇酯类，又是呋喃树脂、清漆、颜料的良好溶剂和火箭燃料；

④ 还用于合成纤维、橡胶、农药和铸造工业等。

（2）呋喃甲酸

① 糠酸用于合成甲基呋喃、糠酰胺及糠酸酯和盐；

② 在塑料工业中可用于增塑剂、热固性树脂等；

③ 在食品工业中用作防腐剂，也用作涂料添加剂、医药、香料等的中间体。

三、试剂及产物的物理常数

名称	分子量	性状	相对密度	折射率	m. p. /℃	b. p. /℃	溶解性		
							水	乙醇	乙醚
氢氧化钠	40	白色半透明片状或颗粒	1.1089	—	318.4	1390	易溶	易溶	不溶
聚乙二醇	400	黏稠液体-蜡状固体	1.127	1.469	−4	>250	易溶	溶	—
呋喃甲醛	96.09	无色至黄色液体	1.16	1.5261	−36.5	161.1	微溶	溶	溶
呋喃甲醇	98.10	无色易流动液体	1.1296	1.4869	−31	171	溶	混溶	混溶
呋喃甲酸	112.08	白色单斜长梭形结晶	1.322	1.531	133.5	231	可溶	易溶	易溶

四、实验仪器与试剂

1. 仪器

烧杯，滴液漏斗，搅拌器，分液漏斗，蒸馏装置等。

2. 试剂

43％氢氧化钠溶液，聚乙二醇，呋喃甲醛，乙醚，无水碳酸钠等。

五、实验装置及流程图

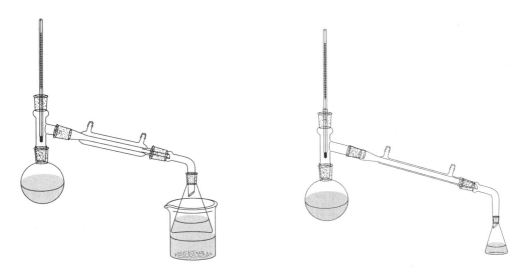

图 1-41　乙醚蒸馏装置图　　　　　图 1-42　呋喃甲醇蒸馏装置图

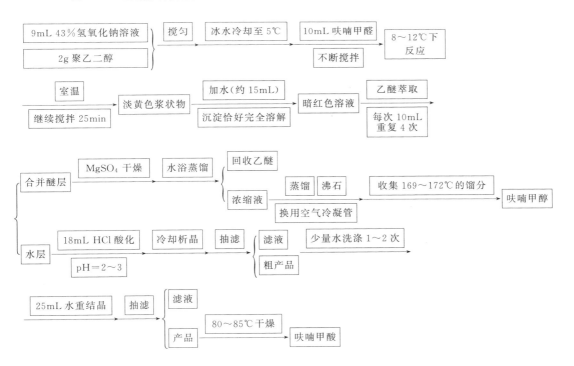

六、实验内容

（1）准确量取 9mL 43％氢氧化钠（或氢氧化钾）溶液和 2g 聚乙二醇[1]（分子量为 400）置于小烧杯中，充分搅匀，将烧杯置于冰水中，冷却溶液至约 5℃。在不断搅拌[2]下从滴液漏斗慢慢滴入 10mL 新蒸馏过的呋喃甲醛[3]（11.6g，0.12mol），反应温度保持在 8～12℃[4]，加完后（约 15min 加完），于室温下继续搅拌约 25min，反应即可完全，得到淡黄色浆状物。

（2）在搅拌下加入适量（约 15mL）水，至沉淀恰好完全溶解[5]，此时溶液呈暗红色。将溶液转入分液漏斗中，用乙醚（每次用 10mL）萃取溶液，萃取 4 次，合并乙醚萃取液，加入约 2g 无水碳酸钠或无水硫酸镁干燥，塞紧，静置。水浴蒸馏（图 1-41）除去乙醚，然后升温蒸馏（图 1-42），收集 169～172℃的馏分，即为产品呋喃甲醇，产量 4～5g（产率 69％～86％）。

（3）经乙醚萃取后的下层水溶液内主要含呋喃甲酸钠，在搅拌下用约 18mL 25％盐酸酸化，至 pH 值为 2～3[6]，充分冷却，析出呋喃甲酸粗产品，过滤，并用少量冰水洗涤滤饼 1～2 次。即得到粗产品。粗产品用约 25mL 水重结晶，抽滤，滤饼在 80～85℃烘箱中烘干，得白色针状结晶的呋喃甲酸[7]，产量约 4.5g（产率约 68％）。

[1] 歧化反应速率是由产生氢负离子这一步决定的，适当提高碱的浓度可以加速歧化反应，而碱的浓度升高则黏稠性增大，搅拌困难，采用反加法，即将呋喃甲醛滴加到氢氧化钠溶液中，反应较易控制，产率与顺加法相同。

[2] 反应在两相间进行，必须充分搅拌。

[3] 呋喃甲醛存放过久会变成棕褐色甚至黑色，同时往往含有水分。因此，使用前需蒸馏提纯，收集 155～162℃的馏分。新蒸馏的呋喃甲醛为无色或淡黄色的液体。

[4] 反应开始后很剧烈，同时大量放热，溶液颜色变暗。若反应温度高于 12℃时，则反应温度极易升高，难以控制，致使反应物呈深红色。若低于 8℃，则反应速度过慢，可能致部分呋喃甲醛积累，一旦发生反应，反应就会过于猛烈而使温度升高，最终也使反应物变成深红色。

[5] 在反应过程中会有许多呋喃甲酸钠析出，加水溶解，可使奶油黄色的浆状物转为酒红色透明状的溶液。但若加水过多会导致损失一部分产品。

[6] 酸量一定要加足，保证 pH 值为 2～3，使呋喃甲酸充分游离出来。这步是影响呋喃甲酸产率的关键。

[7] 从水中得到的呋喃甲酸呈叶状体，100℃时有部分升华，故呋喃甲酸应置于 80～85℃的烘箱内慢慢烘干或是自然晾干。

七、思考题

1. 为什么要使用新鲜的呋喃甲醛呢？长期放置的呋喃甲醛含什么杂质？若不先除去，对本实验有何影响？

2. 酸化为什么是影响产物产率的关键呢？应如何保证充分酸化？

参 考 文 献

[1] 北京大学化学与分子工程学院有机化学研究所编. 有机化学实验. 第 3 版. 北京：北京大学出版社，2015.

[2] 胡春. 有机化学实验. 北京：中国医药科技出版社，2007.

[3] 孟晓荣，史玲，周华凤，戈蔓，谢会东. 有机化学实验. 北京：科学出版社，2013.

[4] 刘湘，刘士荣. 有机化学实验. 第 2 版. 北京：化学工业出版社，2013.

[5] 侯士聪. 基础有机化学实验. 北京：中国农业大学出版社，2006.

［6］　姜慧君，何广武．有机化学实验．第 2 版．南京：东南大学出版社，2012.

［7］　谢宗波，乐长高．有机化学实验操作与设计．上海：华东理工大学出版社，2014.

［8］　朱靖，肖咏梅，马丽．有机化学实验．北京：化学工业出版社，2015.

［9］　曾昭琼．有机化学实验．第 3 版．北京：高等教育出版社，2000.

［10］　刘天穗，陈亿新．基础化学实验（Ⅱ）：有机化学实验．北京：化学工业出版社，2010.

［11］　宋毛平，刘宏民，王敏灿．有机化学实验．郑州：郑州大学出版社，2004.

［12］　王俊儒．有机化学实验．北京：高等教育出版社，2007.

［13］　李秋荣，肖海燕，陈蓉娜．有机化学及实验．北京：化学工业出版社，2009.

［14］　夏阳．有机化学实验．第 2 版．北京：科学出版社，2014.

［15］　李尚德，佘戟，杨雪梅．医用有机化学实验．北京：科学出版社，2011.

［16］　吉卯祉，梁久来，黄家卫．有机化学实验．第 2 版．北京：科学出版社，2009.

［17］　初玉霞．有机化学实验．第 3 版．北京：化学工业出版社，2013.

［18］　孙才英．有机化学实验．北京：化学工业出版社，2015.

第二部分
药剂学实验

实验 ⑲ 片剂的制备

一、实验目的与要求

1. 掌握湿法制粒压片的一般工艺。
2. 掌握片剂质量的检查方法。

二、实验原理

片剂是临床应用最广泛的剂型之一，它具有剂量准确、质量稳定、服用方便、成本低等优点。片剂制备的方法有制粒压片、结晶直接压片和粉末直接压片等。制粒的方法又分为干法和湿法。其中，湿法制粒压片最为常见。传统湿法制粒压片的生产工艺流程如下：

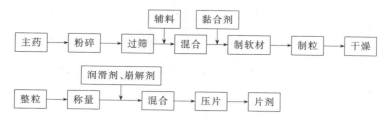

整个流程中各工序都直接影响片剂的质量。制备片剂的药物和辅料在使用前必须经过干燥、粉碎和过筛等处理。难溶性药物，必须足够细，主料与辅料应充分混合均匀。若药物用量小，与辅料量相差悬殊时，一般采用递加稀释法（配研法）混合，或用溶剂分散法，即将量小的药物先溶于适宜的溶剂中，再与其他成分混合。

制粒是制片的关键，根据主药的性质选好黏合剂或润湿剂，并控制用量，采用微机自动控制，或凭经验掌握控制软材的质量。过筛后颗粒应完整（如果颗粒中含细粉过多，说明黏合剂用量过少；若呈线条状，则说明黏合剂用量过多，都不符合压片的颗粒要求）。

颗粒大小根据片剂大小由筛网孔径来控制，一般大片（0.3～0.5g）选用 14～16 目筛，小片（0.3g 以下）用 18～20 目筛制粒，颗粒一般细而圆整。

制备好的湿粒应尽快通风干燥，温度控制在 40～60℃，注意颗粒不要铺得太厚，以免干燥时间过长，药物易被破坏，干燥后的颗粒常粘连结团，需再进行过筛整粒，整粒筛目孔径与制粒时相同或略小，整粒后加入润滑剂混合均匀，计算片重后压片。

片重的计算主要以测定颗粒的药物含量来计算。

$$片重差异(\%) = \frac{每片应含主药量(标示量)}{干颗粒中主药百分含量的测定值} \times 100\%$$

根据片重选择筛目与冲模直径，其之间的常用关系可参考表 2-1。根据药物密度不同，可进行适当调整。

表 2-1　根据片重可选的筛目与冲模的尺寸

片重/mg	筛目数		冲模直径/mm
	湿粒	干粒	
100	16	14～20	6.0～6.5
150	16	14～20	7.0～8.0
200	14	12～16	8.0～8.5
300	12	10～16	9.0～10.5
500	10	10～12	12

制成的片剂按照《中国药典》（2015 年版）规定的片剂质量标准进行检查。检查的项目，除片剂外观应完整光洁、色泽均匀，且有适当的硬度外，必须检查重量差异和崩解时限。有的片剂药典还规定检查溶出度和含量均匀度，凡检查溶出度的片剂，不再检查崩解时限；凡检查含量均匀度的片剂，不再检查重量差异。

三、实验仪器与试剂

1. 仪器

压片机，烘箱，硬度测定仪，崩解度测定仪，溶出仪等。

2. 试剂

对乙酰氨基酚，可压性淀粉，微晶纤维素，聚山梨酯 80，2% HPMC 水溶液，羧甲基淀粉钠，硬脂酸镁，维生素 C，乳糖，酒石酸，50%乙醇，硬脂酸。

四、实验内容

（一）对乙酰氨基酚片剂的制备

1. 处方

对乙酰氨基酚	25g	2% HPMC（羟丙基甲基纤维素）	
可压性淀粉	10g	水溶液	适量
微晶纤维素	10g	羧甲基淀粉钠	1g
聚山梨酯 80（吐温 80）	0.5g	硬脂酸镁	0.2g

2. 制法

（1）取 50mL 蒸馏水，加入吐温 80[1]，温热使溶解，撒入 1g HMPC 搅拌使溶解，备用。

（2）取对乙酰氨基酚粉碎，过 100 目筛，备用。

（3）称取对乙酰氨基酚、可压性淀粉、微晶纤维素混合均匀，加入（1）溶液适量，加入时分散面要大，混合均匀，制成软材[2]。

（4）过 16 目筛制成湿粒，60℃干燥，干粒水分控制在 3.0%[3]以下。

（5）过 16 目筛整粒，与过筛的羧甲基淀粉钠、硬脂酸镁混匀，以直径 8mm 冲模压片。

[1] 少量的吐温 80 可明显改善对乙酰氨基酚的疏水性，但加入的量过大会影响片剂的硬度及外观。

[2] 制软材时需要特别注意，每次加入少量，混合均匀。

[3] 质量百分数。

3. 质量检查与评定

（1）片重差异

取供试品 20 片，精密称定总重量，求得平均片重后，再分别精密称定每片的重量，每片重量与平均片重比较（凡无含量测定的片剂或有标示片重的中药片剂，每片重量应与标示片重比较），按表 2-2 中的规定，超出重量差异限度的不得多于 2 片，并不得有 1 片超出限度 1 倍。

表 2-2　重量差异限度

平均片重	重量差异限度
0.30g 以下	±7.5%
0.30g 或 0.30g 以上	±5%

糖衣片的片芯应检查重量差异并符合规定，包糖衣后不再检查重量差异。薄膜衣片应在包薄膜衣后检查重量差异并符合规定。

凡规定检查含量均匀度的片剂，一般不再进行重量差异检查。

（2）崩解时限

除另有规定外，照崩解时限检查法（通则 0921）检查，应符合规定。

含片的溶化性照崩解时限检查法（通则 0921）检查，应符合规定。

舌下片照崩解时限检查法（通则 0921）检查，应符合规定。

阴道片照崩解时限检查法（通则 0922）检查，应符合规定。

口崩片照崩解时限检查法（通则 0921）检查，应符合规定。

咀嚼片不进行崩解时限检查。

凡规定检查溶出度、释放度的片剂，一般不再进行崩解时限检查。

（二）维生素 C 片的制备

1. 处方（1000 片质量）

维生素 C	50g	酒石酸	1g
乳糖	20g	50%乙醇	适量
微晶纤维素	20g	硬脂酸	2g

2. 制法

（1）称取维生素 C 粉或极细结晶[1]、乳糖、微晶纤维素混合均匀，另将酒石酸[2]溶于50％乙醇中，加入混合粉末中，加入时分散面要大，混合均匀，制成软材。

（2）通过 18～20 目尼龙筛制成湿粒，60℃以下干燥，近干时可升至 70℃以下，加速干燥，干粒水分控制在 1.5％以下。

（3）制湿粒时同时目筛整粒，筛出干粒中的细粉与过筛的硬脂酸混匀，然后再与干颗粒混匀，测定含量后，计算每片质量，以直径 6mm 冲模压片。

[1] 维生素 C 在润湿状态下较易分解变色，尤其与金属（如铜、铁）接触时，更易于变色，因此，为避免在润湿状态下分解变色，应尽量缩短制粒时间，并宜 60℃以下干燥。

[2] 处方中酒石酸用以防止维生素 C 遇金属离子变色，因为它对金属离子有络合作用，也可以改用 2％枸橼酸，有同样效果。由于酒石酸的量小，为混合均匀，宜先融入适量润湿剂于50％乙醇中。

3. 质量检查与评定

同"对乙酰氨基酚片剂"的"质量检查与评定"。

五、实验结果与讨论

1. 分别记录对乙酰氨基酚片、维生素 C 片的片剂外观、崩解时限、硬度。

2. 将实验结果记入下表中。

物质	片剂外观	崩解时间	硬度
对乙酰氨基酚片			
维生素 C 片			

六、思考题

1. 湿法制粒的方法有哪些？各有什么特点？

2. 湿法挤压制粒压片过程中应注意哪些问题？

3. 试分析以上处方中各辅料成分的作用，并说明如何正确使用。

实验 20 胶囊剂的制备

一、实验目的与要求

1. 掌握硬胶囊剂的制备过程及手工填充硬胶囊的方法。

2. 掌握硬胶囊剂的装量差异检查方法。

二、实验原理

胶囊剂系指药物或加有辅料充填于空心胶囊或密封于软质囊材中制成的固体制剂。主要供口服用，也可用于直肠、阴道等。

空胶囊的主要材料为明胶，也可用甲基纤维素、海藻酸盐类、聚乙烯醇、变性明胶及其他高分子化合物，以改变胶囊的溶解性或达到肠溶的目的。

根据胶囊剂的硬度、溶解和释放特性，胶囊剂可分为硬胶囊、软胶囊、肠溶胶囊和缓释胶囊。硬胶囊剂的一般制备工艺流程包括以下几个方面。

（1）空胶囊与内容物准备

空胶囊分上、下两节，分别称为囊帽与囊体。空胶囊根据有无颜色，分为无色透明、有色透明与不透明三种类型；根据锁扣类型，分为普通型与锁口型两类；根据大小，又分为000、00、0、1、2、3、4、5号共八种规格，其中000号最大，5号最小。

内容物可根据药物性质和临床需要制备成不同形式的内容物，主要有粉末、颗粒和微丸三种形式。

（2）充填空胶囊

大量生产可用全自动胶囊充填机或半自动胶囊填充机充填药物，填充好的药物使用胶囊抛光机清除吸附在胶囊外壁上的细粉，使胶囊光洁。

小量试制可用胶囊充填板或手工充填药物，充填好的胶囊用洁净的纱布包起，轻轻搓滚，使胶囊光亮。

（3）质量检查

充填的胶囊进行含量测定、崩解时限、装量差异、水分、微生物限度等项目的检查。

其中胶囊剂的装量差异检查方法为：取供试品20粒，分别精密称定重量后，倾出内容物，硬胶囊用小刷或其他适宜的用具拭净；再分别精密称定囊壳重量，求出每粒内容物的装量与平均装量。按规定，超出装量差异限度（表2-3）的不得多于2粒，并不得有1粒超出限度1倍。

表 2-3 胶囊剂装量差异限度

平均装量	装量差异限度
0.3g 以下	±10%
0.3g 及 0.3g 以上	±7.5%

（4）包装及贴标签

质量检查合格后，定量分装于适当的洁净容器中，加贴符合要求的标签。

三、实验仪器与试剂

1. 仪器

玻璃板，天平，称量纸，药匙、废物缸。

2. 试剂

空胶囊，混匀的维生素 C 粉末。

四、实验内容

1. 利用片剂实验中的维生素 C 粉末，选择适当规格的空胶囊，练习硬胶囊填充。

（1）手工操作法

① 将药物粉末置于白纸或洁净的玻璃板上，用药匙铺平并压紧；

② 厚度约为胶囊体高度的 1/4 或 1/3，手持胶囊体，口垂直向下插入药物粉末，使药粉压入胶囊内，同法操作数次，至胶囊被填满，使其达到规定的重量后，套上胶囊帽。

【注意事项】

填充过程中所施压力应均匀，还应随时称重，以使每粒胶囊的装量准确。为使填充好的胶囊剂外形美观、光亮，可用喷有少许液状石蜡的洁净纱布轻轻滚搓，擦去胶囊剂外面黏附的药粉。

（2）板装法

将胶囊体插入胶囊板中，将药粉置于胶囊板上，轻轻敲动胶囊板，使药粉落入胶囊壳中，至全部胶囊壳中都装满药粉后，套上胶囊帽。

2. 装量差异检查

① 先将 20 粒胶囊分别精密称定重量；

② 再将内容物完全倾出，再分别精密称定囊壳重量；

③ 求出每粒内容物的装量与平均装量；

④ 将每粒装量与平均装量进行比较，超出装量差异限度的不得多于 2 粒，并不得有 1 粒超出装量差异限度的 1 倍，则装量差异检查合格。

【注意事项】

倾出内容物时必须倒干净，以减小误差。

五、思考题

1. 胶囊剂的主要特点有哪些？
2. 哪些药物不适于制成胶囊剂？

实验 ㉑ 颗粒剂的制备

一、实验目的与要求

1. 掌握颗粒剂的制备方法和操作要点。
2. 熟悉颗粒剂的质量检查方法。

二、实验原理

颗粒剂是指药物与糖粉、糊精、淀粉、乳糖等适宜辅料制成的颗粒状制剂。根据溶解性不同可分为可溶性颗粒剂、混悬性颗粒剂和泡腾性颗粒剂等。

（1）可溶性颗粒

可溶性颗粒剂的制备工艺流程一般为：

药材的提取 → 浓缩 → 精制 → 制软材 → 制颗粒 → 干燥 → 整粒 → 质量检查 → 包装

药材的提取应根据药材中有效成分的性质，选择不同的溶剂和方法进行提取，一般多用煎煮法，也可用渗漉法、浸渍法及回流法等方法进行提取。提取液的精制以往多采用乙醇沉淀法，目前常采用絮凝沉淀、大孔树脂吸附、微孔薄膜滤过、高速离心等新技术除杂质。

制备颗粒剂的关键是控制软材的质量，一般要求手握成团，轻压即散，此种软材压过筛网后，可制成均匀的湿粒，无长条、块状物及细粉。如软材的程度不适时，可加适当浓度的乙醇调整干湿度。

制颗粒的方法有挤出制粒、湿法混合制粒和喷雾干燥制粒等方法。处方中若含有芳香挥发性成分或香精时，整粒后，一般将芳香挥发性成分或香精溶于适量 95％乙醇中，用雾化器喷洒在干颗粒上密封放置适宜时间，再行分装。湿颗粒制成后应立即干燥。干燥时温度应逐渐上升，一般控制在 60～80℃为宜。

（2）混悬性颗粒

混悬性颗粒剂是将处方中部分药材提取制成稠膏，另一部分药材粉碎成极细粉加入稠膏中制成的颗粒剂。混悬性颗粒剂的制法是将含挥发性、热敏性或淀粉量较多的药材粉碎成细粉，过六号筛（100 目）。药材一般以水为溶剂，煎煮提取，煎液蒸发浓缩至稠膏，将稠膏与药材细粉及适量糖粉混匀，制成软材，再通过一号筛（12～14 目），制成湿颗粒，60℃以下干燥，整粒。此类颗粒剂适用于处方中含有挥发性、热敏性或淀粉量较多的药材，既可避免挥发性成分挥发损失，使之更好地发挥治疗作用，又可节省其他辅料，降低成本。

（3）泡腾性颗粒

泡腾性颗粒剂是利用有机酸与弱碱和水作用产生二氧化碳气体，使药液产生气泡而呈泡腾状态，因其能产生二氧化碳，可使颗粒疏松、崩裂，具速溶性。泡腾性颗粒剂的制法是将处方中的药材按可溶性颗粒剂制法提取、精制、浓缩成稠膏或干浸膏粉，分成两份，其中一份加入有机酸制成酸性颗粒，干燥，备用；另一份加入弱碱制成碱性颗粒，干燥，备用；然后将酸性颗粒与碱性颗粒混匀，包装即得。制备时不可将有机酸与弱碱直接混合。泡腾性颗粒剂常用的有机酸有枸橼酸、酒石酸等；弱碱有碳酸氢钠、碳酸钠等。

三、实验仪器与试剂

1. 仪器

普通天平，钢精锅，蒸发皿，瓷盆，瓷盘，颗粒筛（12～14 目），酒精计，比重计，薄膜封口机等。

2. 试剂

板蓝根，蔗糖，糖精，防风，蚕砂，羌活，苍耳子，杜仲，红花，鳖甲（炙），枸杞子，秦艽，萆薢，陈皮，当归，川牛膝，白茄根，白术（炒），白糖，布洛芬，交联羧甲基纤维素钠，聚维酮，糖精钠，微晶纤维素，苹果酸，碳酸氢钠，十二烷基硫酸钠等。

四、实验内容

（一）板蓝根颗粒

1. 处方

板蓝根	1400g	糊精	280g
蔗糖	840g		

2. 制法

取板蓝根，加水煎煮 2 次，第一次 2h，第二次 1h，合并煎液，过滤，滤液浓缩[1]至相对密度为 1.20（50℃），加乙醇使含醇量为 60％，搅匀，静置使其沉淀，取上清液，回收乙醇并浓缩至稠膏状。取稠膏[2]，加入适量的蔗糖和糊精[3]，制成颗粒，干燥，制成 1000g（含糖型）；或取稠膏，加入适量的糊精和甜味剂，制成颗粒，干燥，制成 600g（无糖型），即得。含糖型每袋 5g 或 10g，无糖型每袋 3g。

［1］浓缩后的清膏黏稠性大，与辅料混合时应充分搅拌，至色泽均匀为止。

［2］稠膏应具适宜的相对密度，在制软材中必要时可加适当浓度乙醇，以调整软材的干湿度，这利于制粒与干燥，干燥时注意温度不宜过高，并应及时翻动。

［3］糊精、糖粉应选用优质干燥品，蔗糖粉碎后应立即使用，对受潮的糖粉、糊精投料前应另行干燥，并过 60 目筛后使用。稠膏与糖粉、糊精混合时，稠膏的温度在 40℃左右为宜。温度过高糖粉融化，软材黏性太强，使颗粒坚硬；温度过低则难以混合均匀。

3. 功能与主治

清热解毒，凉血利咽，消肿。用于治疗扁桃体炎、腮腺炎、咽喉肿痛，防治传染性肝炎、小儿麻疹等。

4. 用法与用量

开水冲服，一次 5～10g（含糖型）或一次 3～6g（无糖型），一日 3～4 次。

（二）养血愈风酒颗粒（冲剂）

1. 处方

防风	600g	秦艽	600g
蚕砂	600g	萆解	600g
羌活	300g	陈皮	300g
苍耳子	600g	当归	600g
杜仲	900g	川牛膝	600g
红花	300g	白茄根	1200g
鳖甲（炙）	300g	白术（炒）	600g
枸杞子	1200g	白糖	24kg

2. 制法

将防风、枸杞子等 16 味药粉碎成粗末，用 5 倍量 50％乙醇[1]按渗漉法[2]提取，滤液回收乙醇并浓缩至稠膏约 2400g。取稠膏与糖粉（60 目）搅拌均匀，过一号筛（14～16 目），制成颗粒，低温干燥。整粒时喷洒食用香精，密封桶内，2 天后分装，每袋 50g。

［1］酒溶性颗粒剂处方中药材的有效成分应溶于稀醇中。所加辅料应溶于白酒，常用蔗糖或其他可溶性矫味剂。

［2］渗漉法是指将适度粉碎的药材置于渗漉筒中，由上部不断添加溶剂，溶剂渗过药材层向下流动过程中浸出药材成分的方法。

3. 功能与主治

祛风，活血。用于风寒引起的四肢酸麻，筋骨疼痛，腰膝软弱等症。

4. 用法与用量

每袋用白酒 0.5kg 溶解，服用量每次不得超过 120g。高血压患者及孕妇忌用。

（三）布洛芬泡腾颗粒剂的制备

1. 处方

布洛芬	60g	苹果酸	165g
交联羧甲基纤维素钠	3g	碳酸氢钠	50g
聚维酮	1g	无水碳酸钠	15g
糖精钠	2.5g	橘型香料	14g
微晶纤维素	15g	十二烷基硫酸钠	0.3g
蔗糖细粉	350g		

2. 制法

将布洛芬、交联羧甲基纤维素钠、微晶纤维素[1]、蔗糖细粉和苹果酸过 16 目筛后，置混合器内与糖精钠混合。混合物用聚维酮异丙醇液制粒，干燥，过 30 目筛整粒后，与剩余处方成分混匀。混合前，碳酸氢钠过 30 目筛，无水碳酸钠、十二烷基硫酸钠[2]和橘型香料过 60 目筛。制成的混合物装于不透水的袋中，每袋含布洛芬 600mg。

[1] 交联羧甲基纤维素钠和微晶纤维素为不溶性亲水聚合物，可改善布洛芬的混悬性。

[2] 十二烷基硫酸钠可加快药物的溶出。

3. 功能与主治

有消炎、解热、镇痛作用，用于类风湿性和风湿性关节炎。

4. 用法与用量

开水冲服，每次一袋。

五、颗粒剂的质量检查

1. 外观性状

干燥、颗粒均匀、色泽一致，无吸潮、软化、结块、潮解等现象。

2. 粒度

照粒度和粒度分布测定法（通则 0982 第二法双筛分法）测定，不能通过一号筛与能通过五号筛的总和不得超过 15％。

3. 水分

中药颗粒剂照水分测定法（通则 0832）测定，除另外有规定外，水分不得超过 8.0％。

4. 干燥失重

除另外有规定外，化学药品和生物制品颗粒剂照干燥失重测定法（通则 0831）测定，于 105℃干燥（含糖颗粒应在 80℃减压干燥）至恒重，减失重量不得超过 2.0％。

5. 溶化性

除另有规定外，颗粒剂照下述方法检查，溶化性应符合规定。

（1）可溶颗粒检查法

取供试品 10g（中药单剂量包装取 1 袋），加热水 200mL，搅拌 5min，立即观察，可溶颗粒应全部溶化或轻微浑浊。

（2）泡腾颗粒检查法

取供试品 3 袋，将内容物分别转移至盛有 200mL 水的烧杯中，水温为 15～25℃，应迅速产生气体而呈泡腾状，5min 内颗粒均应完全分散或溶解在水中。

颗粒剂按上述方法检查，均不得有异物，中药颗粒还不得有焦屑。

混悬颗粒以及已规定检查溶出度或释放度的颗粒剂可不进行溶化性检查。

6. 装量差异

单剂量分装的颗粒剂按下述方法检查，应符合规定。

检查法：取供试品 10 袋（瓶），除去包装，分别精密称定每袋（瓶）内容物的重量，求出每袋（瓶）内容物的装量与平均装量。每袋（瓶）装量与平均装量相比较〔凡无含量测定的颗粒剂或有标示装量的颗粒剂，每袋（瓶）装量应与标示装量比较〕，超出装量差异限度（表 2-4）的颗粒剂不得多于 2 袋（瓶），并不得有 1 袋（瓶）超出装量差异限度 1 倍。

表 2-4　单剂量包装颗粒剂的装量差异限度

平均装量或标示装量	装量差异限度
1.0g 或 1.0g 以下	±10％
1.0g 以上或 1.5g	±8％
1.5g 以上至 6.0g	±7％
6.0g 以上	±5％

凡规定检查含量均匀度的颗粒剂，一般不再进行装量差异检查。

六、实验结果与讨论

将颗粒剂质量检查实验结果记入表 2-5 中。

表 2-5　颗粒剂质量检查实验结果

颗粒剂品名	外观	粒度	水分	溶化性	装量差异
板蓝根颗粒					
布洛芬泡腾颗粒剂					

七、思考题

1. 制备颗粒剂时应注意哪些问题？

2. 制软材时为何加乙醇？浓缩液中加乙醇精制的目的何在？

实验 22 滴丸的制备

一、实验目的与要求

1. 掌握制备滴丸的基本操作。

2. 了解滴丸制备的基本原理。

二、实验原理

滴丸系指固体或液体药物与适宜的基质加热熔融后溶解、乳化或混悬于基质中，再滴入不相混溶、互不作用的冷凝液中，由于表面张力的作用，使液滴收缩成球状而制成的固体制剂。主要供口服，亦可供外用，如耳丸、眼丸等。这种滴法制丸的过程，实际上是将固体分散体制成滴丸的形式。

常用的基质有聚乙二醇 6000、聚乙二醇 4000、硬脂酸钠和甘油明胶等。有时也用脂肪性基质，如用硬脂酸、单硬脂酸甘油酯、虫蜡、氢化油及植物油等制成缓释长效滴丸。冷却剂必须对基质和主药均不溶解，其相对密度轻于基质，但两者应相差极微，使滴丸滴入后逐渐下沉，给予充分的时间冷却。否则，若冷却剂相对密度较大，滴丸浮于液面；反之则急剧下沉，来不及全部冷却，滴丸会变形或合并。

例如，用氢化植物油作基质，用稀醇作冷却剂制备维生素 AD 丸；用聚乙二醇 4000 作水溶性基质，以植物油为冷却剂制备巴比妥钠丸。

三、实验仪器与试剂

1. 仪器

烧杯，水浴装置，滴管，吸水纸。

2. 试剂

氯霉素，聚乙二醇 6000，液状石蜡。

四、实验内容

氯霉素耳滴丸的制备

1. 处方

氯霉素   1g   PEG 6000（聚乙二醇 6000）   2g

2. 制法

取 PEG 6000，置烧杯中，于水浴上加热至融化，再加入氯霉素[1]至全部溶解，搅匀，迅速移入 80℃保温的滴管中，打开滴管开关，液滴自然滴入用冰冷却的液体石蜡中成丸[2]，滴毕，放置 0.5h，滤除冷却剂，滴丸[3]置于吸水纸上，吸取滴丸表面的液体石蜡（必要时可用乙醇或乙醚洗涤），揩净，自然晾干 10min 即得[4]。

[1]氯霉素在水中溶解度很小（1:400），不易在脓液中维持较高浓度。水溶性的聚乙二醇 6000 熔点较低（54～60℃），能与氯霉素互溶，故氯霉素在耳滴丸中分散度大、溶解快、奏效迅速。普通丸剂、片剂与水接触后很快崩散并随脓液流出或阻塞耳道妨碍引流，但本耳滴丸接触脓液时，仅由部分聚乙二醇 6000 溶解，其余部分仍保持丸形，有一定硬度，故有长效、高效的特点。

[2]滴丸应大小均匀，色泽一致，不得发霉变质。

[3]滴丸的成型与基质种类、含药量、冷却液以及冷却温度等多种因素有关。

[4]根据药物的性质与使用、贮藏的要求，滴丸还可包糖衣或薄膜衣，也可使用混合基质。

五、滴丸剂的质量检查

1. 溶散时限

除另有规定外，取供试品 6 丸，选择适当孔径筛网的吊篮（滴丸直径在 2.5mm 以下的用孔径约 0.42mm 的筛网；在 2.5～3.5mm 之间的用孔径约 1.0mm 的筛网；在 3.5mm 以上的用孔径约 2.0mm 的筛网），滴丸剂不加挡板检查，应在 30min 内全部溶散，包衣滴丸应在 1h 内全部溶散。上述检查，应在规定时间内全部通过筛网。如有细小颗粒状物未通过筛网，但已软化且无硬心者可按符合规定论。

2. 重量差异

除另有规定外，滴丸剂照下述方法检查，应符合规定。

取供试品 20 丸，精密称定总重量，求得平均丸重后，再分别精密称定每丸的重量。每丸重量与标示丸重相比较（无标示丸重的，与平均丸重比较），按表 2-6 中的规定，超出重量差异限度的不得多于 2 丸，并不得有 1 丸超出限度 1 倍。

表 2-6　滴丸剂的重量差异限度

标示丸重或平均重量	重量差异限度
0.03g 以下或 0.03g	±15%
0.03g 以上至 0.1g	±12%
0.1g 以上至 0.3g	±10%
0.3g 以上	±7.5%

六、思考题

1. 滴丸剂有何特点？如何根据药物性质和医疗用途选择滴丸的基质？

2. 用滴制法制丸时应注意哪些问题？影响滴丸成形、形状与丸重的因素有哪些？在实际操作中应如何控制？

3. 制备水溶性滴丸的关键过程是什么？如何才能使滴丸形成固体分散体？

实验 23 栓剂的制备

一、实验目的与要求

1. 掌握置换价的测定方法和应用。

2. 掌握熔融法制备栓剂的工艺。

3. 学会测定栓剂融变时限的方法。

二、实验原理

栓剂系指将药物和适宜的基质制成的具有一定形状供腔道给药的固体状外用制剂。它在常温下是固体，塞入人体腔道后在体温下迅速软化，熔融或溶解于分泌物，迅速释放药物产生局部或全身作用。根据施用腔道和使用目的不同，可制成各种适宜形状。

栓剂中的药物可溶解也可混悬于基质中。制备混悬型栓剂，固体药物粒度应能全部通过六号筛。栓剂的基质有油溶性基质和水溶性基质两种。油脂性基质主要有可可豆脂、脂肪酸甘油酯；水溶性基质主要有甘油明胶、聚乙二醇、聚氧乙烯（40）单硬脂酸酯类、泊洛沙姆等。栓剂中根据不同目的常需加入增稠剂、乳化剂、吸收促进剂、抗氧剂、防腐剂等。

栓剂的制备方法有冷压法和热熔法，工业中以热熔法常用。热熔法的制备工艺为：

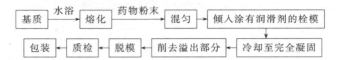

为使栓剂冷后易从栓模中脱出，栓模孔中应涂润滑油。水溶性基质涂油脂性润滑油，如液体石蜡；油溶性基质涂水溶性润滑油，如软肥皂一份、甘油一份、95％乙醇五份的混合液。

栓模的容量通常是固定的，因基质或药物的密度不同可容纳不同的基质用量。为确定基质用量以保证栓剂剂量的准确，需测定药物的置换价（DV）。置换价为药物的质量与同体积基质质量的比值。可用式(2-1)计算置换价：

$$DV = \frac{W}{G-(M-W)} \tag{2-1}$$

式中，G 为纯基质平均栓重；M 为含药栓的平均栓重；W 为每粒栓剂的平均含药量。

根据置换价，按式(2-2)计算含药栓所需基质质量 x：

$$x = G - \left(\frac{y}{DV}\right)n \tag{2-2}$$

式中，y 为处方中药物的剂量；n 为拟制备栓剂的粒数。

栓剂的质量评价包括：主药含量、外形、重量差异、融变时限、外体释放试验等。

三、实验仪器与试剂

1. 仪器

电子天平，振动塞粉机，恒温水浴，研钵，烧杯，蒸发皿，栓剂模具，栓剂融变仪。

2. 试剂

对乙酰氨基酚，聚氧乙烯（40）单硬脂酸酯（S-40），液体石蜡，甲硝唑，甘油，明胶。

四、实验内容

（一）对乙酰氨基酚栓剂的制备

每粒对乙酰氨基酚栓含对乙酰氨基酚 0.3g，基质采用聚氧乙烯（40）单硬脂酸酯（以下简称 S-40）。

1. 置换价的测定

（1）纯基质栓的制备

称取 S-40 10～15g，于水浴上加热熔化后，倾入涂有液体石蜡的栓剂模具中，冷却凝固后削去溢出部分，脱模，得完整的纯基质栓数粒，称重，求得每粒基质栓的平均栓重 G。

（2）含药栓的制备

对乙酰氨基酚过 100 目筛，称取 3g 至研钵中。称取 S-40 9g 置蒸发皿中，于水浴上加热，待 2/3 基质熔化时停止加热，搅拌使全熔，分次加入研钵中与对氨基酚粉末研匀，倾入涂有液体石蜡的栓剂模具中，待冷却固化后，削去溢出部分，脱模，得完整的含药栓数粒，称重，求得每粒含药栓平均栓重 M，含药量 $W=M×x\%$，$x\%$ 为对乙酰氨基酚的百分含量。

（3）置换价的计算

将上述得到的 G、M、W 代入式（2-1），求得对乙酰氨基酚的 S-40 置换价 DV。

2. 基质用量的计算

将求得的置换价 DV 代入式（2-2），求得对乙酰氨基酚栓基质 S-40 的用量（以制备 10 粒对乙酰氨基酚栓计，每粒对乙酰氨基酚栓中对乙酰氨基酚的剂量为 0.3g）。

3. 栓剂的制备

称取过 100 目筛的对乙酰氨基酚粉末 6g 置研钵中；另称取上述计算量的 S-40 置蒸发皿上，于水浴上加热，待 2/3 基质熔化时停止加热，搅拌使全熔，分次加入研钵中与对乙酰氨基酚粉末研匀，倾入涂有液体石蜡的栓剂模具中，待冷却固化后，削去溢出部分，脱模，得对乙酰氨基酚栓数粒。

（二）甲硝唑栓剂的制备

每粒甲硝唑栓含甲硝唑 0.5g，基质采用甘油明胶。

1. 甘油明胶溶液的制备

称取明胶 9g 置 100mL 烧杯中，加入约 15g 纯化水浸泡 0.5～1h 使其溶胀变软，然后加入 32g 甘油，水浴加热使明胶溶解，继续加热并轻轻搅拌，使水蒸发，控制甘油明胶溶液的质量为 44～46g。

2. 栓剂的制备

将甲硝唑过 100 目筛，称取 5g，加入上述甘油明胶溶液中，搅拌均匀，趁热灌入已涂有润滑剂的栓模内，充分冷却使凝固，削去模口溢出部分，脱模，即得。

五、栓剂的质量检查

1. 重量差异检查

取供试品 10 粒，精密称定总重量，求得平均粒重后，再分别精密称定每粒重量与平均粒重相比较（有标示粒重的中药栓剂，每粒重量应与标示粒重比较），按表 2-7 中的规定，超出重量差异限度的不得多于 1 粒，并不得超出限度 1 倍。

表 2-7　栓剂重量差异限度

平均粒重或标示粒重	重量差异限度
1.0g 及 1.0g 以下	±10%
1.0g 以上至 3.0g	±7.5%
3.0g 以上	±5%

凡规定检查含量均匀度的栓剂，一般不再进行重量差异检查。

2. 融变时限检查法

仪器装置 由透明的套筒与金属架组成，如图 2-1 所示。

（1）透明套筒 为玻璃或适宜的塑料材料制成，高为 60mm，内径为 52mm，及适当的壁厚。

（2）金属架 由两片不锈钢的金属圆板及 3 个金属挂钩焊接而成。每个圆板直径为 50mm，其 39 个孔径为 4mm 的圆孔；两板相距 30mm，通过 3 个等距的挂钩焊接在一起。

检查法 取供试品 3 粒，在室温放置 1h 后，分别放在 3 个金属架的下层圆板上，装入各自的套筒内，并用挂钩固定。除另有规定外，将上述装置分别垂直浸入盛有不少于 4L 的 (37.0 ± 0.5)℃水的容器中，其上端位置应在水面下 90mm 处。容器中装一转动器，每隔 10min 在溶液中翻转该装置一次。

结果判定 除另有规定外，脂肪性基质的栓剂 3 粒均应在 30min 内全部融化、软化或触压时无硬心；水溶性基质的栓剂 3 粒均应在 60min 内全部溶解。如有 1 粒不符合规定，应另取 3 粒复试，均应符合规定。

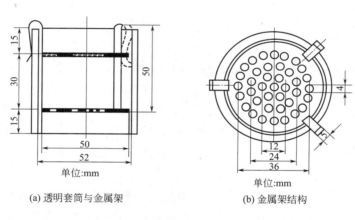

(a) 透明套筒与金属架　　　　　(b) 金属架结构

图 2-1　融变时限测定装置

六、实验结果

（1）栓剂的置换价计算

计算置换价并填入表 2-8。

表 2-8　栓剂的置换价

栓剂名称	基质栓平均质量 G/g	含药栓平均质量 M/g	含药栓含药量 W/g	置换价
对乙酰氨基酚栓 甲硝唑栓				

（2）栓剂质量检查结果

将栓剂质量检查结果列于表 2-9。

表 2-9 栓剂质量检查结果

栓剂名称	外观	质量/g	重量差异检查限度结果	融变时限/min
对乙酰氨基酚栓 甲硝唑栓				

七、思考题

1. 明胶基质和 S-40 基质分别有何特点？
2. 制备栓剂时应注意哪些问题？
3. 发挥全身作用的栓剂与局部作用的栓剂在处方设计时有何考虑？

实验 24 散剂的制备

一、实验目的与要求

1. 掌握一般散剂、含毒性成分散剂、含共熔成分散剂的制备及操作要点。
2. 掌握粉碎、过筛、混合的基本操作以及"等量递增法"、"打底套色法"的混合方法。
3. 熟悉散剂质量检查和包装方法。

二、实验原理

散剂系指一种或多种药物均匀混合制成的粉末状制剂，分为内服散剂和外用散剂。散剂的制备工艺流程一般如下：

药料准备 → 粉碎 → 过筛 → 混合 → 分剂量 → 质检 → 包装

粉碎是制备散剂和有关剂型的基本操作，常用的粉碎器械有万能磨粉机、柴田式粉碎机、球磨机、流能磨、铁研船、研钵等。药物的粉碎度与药物性质、剂型及给药方式等有关。因此，要根据药物的理化性质，使用要求，合理地选用粉碎工具及方法。除另有规定外，一般内服散剂应通过六号筛（100 目），儿科或外科用散剂应通过七号筛（120 目），煮散剂应通过二号筛（24 目），眼用散剂应通过九号筛（200 目）。

混合是制备复方散剂的重要操作步骤。混合的方法有搅拌混合、研磨混合和过筛混合等。而混合的均匀与否直接影响散剂剂量的准确性、疗效及外观。尤其是对毒性药更为重要。而散剂中各组分的比例量、粉碎度、混合时间及混合方法等均影响混合的均匀性。因此，在混合操作时应注意以下几点。

（1）散剂中各组分比例相差悬殊时，应采用等量递增法混合均匀。

（2）毒性药物应添加一定比例量的稀释剂，制成倍散（或称稀释散）。必要时可加入着色剂和矫味剂。

（3）若处方中含有少量液体组分，如挥发油、流浸膏、酊剂等，一般可用处方中其他组分吸收，必要时可加适当的吸收剂吸收，如淀粉、蔗糖等。吸收后再与其他组分混合均匀；

若含有大量液体组分，应加热浓缩除去水分，干燥再与其他组分混合均匀。

（4）若各组分的密度相差较大时，应将密度小的组分先加入研钵内，再加入密度大的组分进行混合；若组分的色泽相差明显，一般将色深的组分先加入研钵内再加入色浅的组分进行混合。

（5）若含共熔组分的散剂，应根据共熔后对药理作用的影响及处方中所含其他固体组分量的多少而定。若共熔后不影响药效或增强其药效，可先共熔后再与其他固体组分吸附混合。

称取时，要根据药物的轻重正确选择和使用称器；液体药物应正确选择和使用量器。

三、实验仪器与试剂

1. 仪器

普通天平，乳钵，方盘，药匙，药筛，薄膜封口机，放大镜，烧杯，量杯，玻璃棒等。

2. 试剂

冰片，硼砂，朱砂，玄明粉，麝香草酚，薄荷脑，薄荷油，水杨酸，升华硫，硼酸，氧化锌，淀粉，滑石粉，硫酸阿托品，1％胭脂红乳糖，乳糖等。

四、实验内容

（一）冰硼散的制备

1. 处方

| 冰片 | 50g | 朱砂（水飞） | 60g |
| 硼砂（炒） | 500g | 玄明粉 | 500g |

2. 制法

（1）取朱砂以水飞法[1]粉碎成细粉，干燥后备用。其他各药研细，过100目筛。

（2）先将朱砂与玄明粉[2]套研均匀，再与硼砂[3]研合[4]，过筛，然后加入冰片[5]研匀，过筛即得。

[1] 将不溶于水的矿药物，利用粗细粉末在水中悬浮性不同的性质，而分离制取细粉的方法。

[2] 玄明粉为芒硝经精制后，风化失去结晶水而得。

[3] 硼砂炒后失去结晶水后称煅月石。

[4] 混合时取少量玄明粉放于乳钵内先行研磨，来饱和乳钵的表面能。再将朱砂置研钵中，逐渐加入等体积玄明粉研匀，再加入硼砂研匀。

[5] 冰片即龙脑，外用能消肿止痛。冰片为挥发性药物，故在制备散剂时最后加入，同时密封贮藏，以防成分挥发。

3. 功能与主治

解毒、消炎、止痛。用于咽喉、牙龈肿痛、口舌生疮等。

4. 用法与用量

每次用少量敷患处。

（二）痱子粉的制备

1. 处方

麝香草酚	6g	升华硫	40g
薄荷脑	6g	硼酸	85g
薄荷油	6mL	氧化锌	60g
樟脑	6g	淀粉	100g
水杨酸	14g	滑石粉加至	1000g

2. 制法

（1）取麝香草酚、薄荷脑、樟脑研磨形成低共熔物[1]，与薄荷油混匀。

（2）将水杨酸、硼酸、氧化锌[2]、升华硫及淀粉[3]分别研细混合，用混合细粉吸收共熔物。

（3）按等量递增法加入滑石粉[2]研匀，使其成为1000g，过七号筛（120目）即得。

[1] 麝香草酚、薄荷脑、樟脑为共熔组分，研磨混合时产生液化现象，需先以少量滑石粉吸收后，再与其他组分混匀。

[2] 滑石粉、氧化锌等用前先在150℃下干热灭菌1h。

[3] 淀粉在105℃烘干备用。

3. 功能与主治

对皮肤有吸湿、止痒、消炎作用。用于痱子、汗疹等。

4. 用法与用量

外用，撒布患处。一日1～2次。

（三）硫酸阿托品散的制备

1. 处方

硫酸阿托品	1g	乳糖加至	98.5g
1%胭脂红乳糖	0.5g		

2. 制法

（1）先取少量乳糖加入研钵中研磨，使研钵内壁饱和[1]。

（2）将硫酸阿托品[2]与胭脂红乳糖[3]置乳钵中研匀。

（3）以等量递增混合法逐渐加入乳糖，研匀，使其成为98.5g，待色泽一致后，分装，每包0.1g。

[1] 为防止乳钵对药物的吸附，研磨时应选用玻璃乳钵并先加少量乳糖研磨使之饱和乳钵。

[2] 硫酸阿托品为毒剧药，因剂量小，为了便于称取、服用、分装等，故需添加适量稀释剂制成倍散。

[3] 胭脂红乳糖作为着色剂，1%胭脂红乳糖的配制方法为：取胭脂红1g置研钵中，加90%乙醇15mL研磨使其溶解，加少量乳糖吸收并研匀，再按等量递增法研磨至全部乳糖加完并颜色均匀为止，在60℃干燥，过100目筛，即得1%胭脂红乳糖。

3. 功能与主治

抗胆碱药，常用于胃肠痉挛、疼痛等。

4. 用法与用量

口服，疼痛时一次 1 包（相当硫酸阿托品 0.001g）。

五、散剂的质量检查

1. 外观均匀度

取供试品适量，置光滑纸上，平铺约 $5cm^2$，将其表面压平，在明亮处观察，应色泽均匀，无花纹与色斑。

2. 水分检查

中药散剂照水分测定法（通则 0832）测定，除另有规定外，水分不得超过 9.0%。

3. 装量差异

单剂量包装的散剂，照下述方法检查，应符合规定。

除另有规定外，取供试品 10 袋（瓶），分别精密称定每袋（瓶）内容物的重量，求出内容物的装量与平均装量。每袋（瓶）装量与平均装量相比较〔凡有标示装量的散剂，每袋（瓶）装量应与标示装量相比较〕，按表 2-10 中的规定，超出装量差异限度的散剂不得多于 2 袋（瓶），并不得有 1 袋（瓶）超出装量差异限度的 1 倍。

表 2-10　单剂量包装散剂装量差异限度

平均装量或标示装量	装量差异限度（中药、化学药）	装量差异限度（生物制品）
0.1g 及 0.1g 以下	±15%	±15%
0.1g 以上至 0.5g	±10%	±10%
0.5g 以上至 1.5g	±8%	±7.5%
1.5g 以上至 6.0g	±7%	±5%
6.0g 以上	±5%	±3%

凡规定检查含量均匀度的化学药和生物制品散剂，一般不再进行装量差异的检查。

4. 微生物限度

除另有规定外照非无菌产品微生物限度检查：微生物计数法（通则 1105）和控制菌检查法（通则 1106）及非无菌药品微生物限度标准通则（1107）检查，应符合规定。凡规定进行杂菌检查的生物制品散剂，可不进行微生物限度检查。

六、实验结果与讨论

将单剂量包装散剂装量差异限度检查结果填于下表中。

散剂名称	标示量/g	每包实际质量/g										误差限度	不合格包数	合格包数	结果
		1	2	3	4	5	6	7	8	9	10				

七、思考题

1. 将下列处方中小剂量药物制成倍散，为了便于称取、服用应制成几倍散？如何制备？

氢溴酸东莨菪碱散

处方：氢溴酸东莨菪碱 0.0003g，乳糖（或淀粉）适量，食用色素溶液适量混合制成散剂 3 包。必要时服 1 包。

2. 散剂处方中含有少量挥发性液体及流浸膏时应如何制备？

3. 何谓低共熔？处方中常见的低共熔组分有哪些？如何制备含低共熔组分的散剂？

实验 ㉕ 软膏剂的制备

一、实验目的与要求

1. 掌握不同类型基质的软膏剂的制备方法。
2. 掌握软膏中药物释放的测定方法，比较不同基质对药物释放的影响。
3. 熟悉软膏剂质量的评定方法。

二、实验原理

软膏剂系药物与适宜基质制成的具有适当稠度的膏状外用制剂。药物可在应用部位发挥疗效或起保护和润滑皮肤的作用，也可吸收进入体循环产生全身治疗作用。基质为软膏剂赋形剂，它使软膏剂具有一定的剂型特性，影响软膏剂的质量及药物疗效的发挥，基质本身又有保护和润滑皮肤的作用。软膏基质根据其组成可分为三类：油脂性、乳剂型和水溶性基质。用乳型剂基质制备的软膏剂亦称乳膏剂。O（油）/W（水）型乳膏剂又称霜剂。

根据药物与基质的性质，制备软膏剂的方法包括研和法、熔和法和乳化法。固体药物可用基质中的适当组分溶解，或先粉碎成细粉与少量基质或液体组分研成糊状，再与其他基质研匀。所制得的软膏应均匀、细腻，具有适当的黏稠性，易涂于皮肤或黏膜上且无刺激性。软膏剂在存放过程中应无酸败、异臭、变色、变硬、油水分离等变质现象。

软膏剂中药物的释放性能影响药物的疗效，它可以通过测定软膏中药物穿过无屏障性能的半透膜到达接收介质的速度来评定。软膏剂中药物的释放一般遵循 Higuchi 公式，即药物的累积释放量 M 与时间 t 的平方根成正比，即 $M = kt^{1/2}$。药物的理化性质与基质组成会影响 k 值（扩散系数）的大小。

软膏剂的稠度会影响使用时的涂展性及药物扩展到皮肤的速度，它主要受流变性的影响。常用针入度仪测定，即以在一定温度下金属针体自由下落插入样品的深度来衡量。

水杨酸具有软化角质和抗真菌等作用，通常配成软膏使用，用于治疗各种浅部霉菌、牛皮癣、鱼鳞病、破裂性湿疹、老年性瘙痒症和角质增生等病症，具有软化角质、抑制霉菌、止痒、抗菌等作用。

三、实验仪器与试剂

1. 仪器
研钵，针入度仪，黏度计等。

2. 试剂
水杨酸，液体石蜡，凡士林，十八醇（硬脂醇），十六醇（棕榈醇），棕榈酸异丙酯，十二烷基硫酸钠，丙二醇，尼泊金甲酯，尼泊金乙酯，司盘60，吐温80，羧甲基纤维素钠等。

四、实验内容

（一）油脂性基质的水杨酸软膏制备

1. 处方

水杨酸	1g	凡士林加至	20g
液体石蜡	8mL		

2. 制法

取 1g 水杨酸[1]置于研钵中研细，加入 8mL 液体石蜡研成糊状，分次加入凡士林[2]，加至20g，混合研匀即得。

[1] 水杨酸需先粉碎成细粉，配置过程中避免接触金属器皿。

[2] 处方中凡士林基质的用量可根据气温，以液体石蜡调节稠度。

（二）O/W 乳剂型基质的水杨酸软膏剂制备

1. 处方

水杨酸	1g	十二烷基硫酸钠	0.3g
白凡士林	1g	丙二醇	4g
十八醇（硬脂醇）	3g	尼波金甲酯	0.1g
十六醇（棕榈醇）	1g	尼波金丙酯	0.05g
棕榈酸异丙酯	1g	蒸馏水加至	20g

2. 制法

取 1g 白凡士林、3g 十八醇、1g 十六醇和 1g 棕榈酸异丙酯置于蒸发皿中，水浴加热至 70~80℃使其熔化，将 0.3g 十二烷基硫酸钠、0.1g 尼波金甲酯、0.05g 尼波金丙酯和蒸馏水置于烧杯中加热至 70~80℃使其溶解，在同温下将水液缓慢加到油液中，边加边搅拌至完全乳化，取出蒸发皿，搅拌至45℃，得 O/W 乳剂型基质。取1g 水杨酸溶解于4g 丙二醇中，缓慢加入基质中，研匀即得。

（三）W/O 乳剂型基质的水杨酸软膏制备

1. 处方

水杨酸	1g	吐温 80	0.1g
单硬脂酸甘油酯	2g	尼波金甲酯	0.1g
白凡士林	1g	尼波金丙酯	0.05g
液体石蜡	10g	蒸馏水加至	19g
山梨醇酐单硬脂酸酯（又称司盘60）0.2g			

2. 制法

取 2g 单硬脂酸甘油酯、1g 白凡士林、10g 液体石蜡、0.2g 司盘 60、0.1g 吐温 80、0.1g 尼波金甲酯和 0.05g 尼波金丙酯置于蒸发皿，在水浴中加热熔化并保持80℃，在同温下将油液缓慢加到水中，边加边搅拌至完全乳化，从水浴中取出蒸发皿，搅拌至 45℃ 得 W/O 乳剂型基质。将 1g 水杨酸置研钵中研细，分别加入基质，研匀即得。

（四）水溶性基质的水杨酸软膏制备

1. 处方

水杨酸	1g	苯甲酸钠	0.1g
羧甲基纤维素钠	1.2g	蒸馏水	6.8mL
丙二醇	5g		

2. 制法

取 1.2g 羧甲基纤维素钠置于研钵中，加入 5g 丙二醇研匀，然后边研边加入溶有 0.1g 苯甲酸钠的水溶液，待溶胀后研匀，即得水溶性基质。将 1g 水杨酸置于研钵中研细，分次加入已制备的水溶性基质，研匀即得。

（五）软膏剂中药物释放速度的比较

取 1.5g 琼脂[1]，置于 250mL 烧杯中，加入 100mL 蒸馏水，加热使琼脂溶解。取 50mg 三氯化铁用 5mL 蒸馏水溶解后加入琼脂中搅拌均匀，趁热将琼脂溶液倒入 4 支具塞试管中，保留有加药的空间。然后保持试管垂直方向放置冷水浴中使琼脂溶液凝固[2]。取制得的 4 种水杨酸软膏[3]轻轻填装于 4 支试管内，使软膏与凝胶面充分接触，装填量约高 0.5cm，分别于 1h、2h、4h、6h、9h、24h 测定试管中色带的高度，记录结果。

［1］配制琼脂溶液需要充分加热使琼脂溶解。

［2］琼脂形成凝胶时，应使试管垂直，否则液面为斜面，影响测定结果。

［3］加入软膏时应小心，不能破坏表面的平整，另外也要尽量使软膏与凝胶面接触，不能留间隙，否则会影响药物扩散速率。

（六）软膏稠度的测定

1. 黏度的测定

采用旋转黏度计进行测定。

2. 针入度的测定

用针入度仪测定针入度评价样品的稠度。将样品转移至适宜大小的容器中，静置使样品凝固且表面光滑，保持样品内温度为均匀的 25℃，然后固定联杆，计时 5s，由刻度盘读取针入度。依法测定 5 次，如果误差不超过 3%，用其平均值作为稠度，反之则取 10 次实验的平均值。

为使标准针的针尖恰好接触到样品表面。可借助反光镜以求精确的安放。不要将针尖放到容器的边缘或已经做过试验的部位，以免测得的数据不精确。

五、实验结果与讨论

1. 将制备的四种水杨酸软膏涂在自己的皮肤上，评价是否均匀细腻，记录皮肤的感觉，比较四种软膏的黏稠性与涂布性。讨论四种软膏中各成分的作用。

2. 记录药物释放速度。比较实验中测定的各种软膏基质在不同时间的扩散高度（表2-11），分别以时间 t 和 $t^{1/2}$ 对累计释放高度 H 作图，得释放曲线，由 H-$t^{1/2}$ 曲线计算 k 值。讨论四种软膏基质中药物释放速度的差异。

表 2-11　各种软膏基质不同时间扩散的高度

时间/h	油脂性基质	O/W乳剂型基质	W/O乳剂型基质	水溶性基质
0				
1				
2				
4				
6				
9				
24				

3. 记录样品的针入度测定值，计算平均值。

六、思考题

1. 制备乳剂型软膏基质时应注意什么？为什么要升温至 $70\sim80℃$？
2. 软膏剂制备过程中药物的加入方法有哪些？
3. 用于治疗大面积烧伤的软膏剂在制备时应注意什么？
4. 影响药物从软膏基质中释放的因素有哪些？

实验 26 浸出制剂的制备

一、实验目的与要求

1. 掌握酒剂、酊剂与流浸膏的制备方法及操作要点。
2. 掌握浸渍法、渗漉法等浸出的操作方法及操作注意事项。

二、实验原理

酒剂、酊剂与流浸膏均为含醇浸出制剂，成品均应检查乙醇含量。酒剂与酊剂尚须作甲醇量检查。

酒剂系指将药材用蒸馏酒浸提成分而制得的澄清液体剂型。对药材量无统一的规定，通常是以酒为浸出溶剂，采用冷浸渍法、热浸渍法、渗漉法、回流法制备，可加适量的炼糖或炼蜜矫味。

酊剂系指药物用规定浓度的乙醇提取或溶解而制成的澄清液体制剂，亦可用流浸膏稀释制成。除另有规定外，毒性药的酊剂，每 $100\,mL$ 相当于原药材 $10\,g$；其他酊剂，每 $100\,mL$ 相当于原药材 $20\,g$。通常以不同的乙醇为溶媒，采用溶解法、稀释法、浸渍法、渗漉法制备。

流浸膏系指药材用适宜的溶剂提取，蒸去部分溶剂，调整浓度至规定标准而制成的制剂。除另有规定外，每毫升相当于原药材 1g。一般以不同浓度的乙醇为溶剂，多用渗漉法制备，亦可用浸渍法、煎煮法制备。流浸膏成品至少含 20％以上的乙醇，若以水为溶剂的流浸膏，其成品中亦需加 20％～25％的乙醇作防腐剂，以利于贮存。

浸出制剂的主要制备方法是渗漉法。渗漉法系指将适度粉碎的药材置于渗漉筒中，由上部不断添加溶剂，溶剂渗过药材层向下流动过程中浸出药材成分的方法。其工艺流程为：

药材粉碎 → 润湿 → 装筒 → 排气 → 浸渍 → 渗漉 → 收集渗漉液

采用渗漉法制备流浸膏时，按渗漉法操作，收集渗漉液时应先收集药材量 85％的初漉液，另器保存，继续渗漉，收集约药材量 3～4 倍的续漉液。续漉液回收乙醇，低温浓缩至稠膏状，与初漉液合并，搅匀，调整至规定的标准，静置 24h 以上，滤过，即得。

药材的粉碎度应适宜，以利于有效成分的浸出，若过粗则有效成分浸提不完全，过细则渗漉、过滤等处理较困难。装筒前，药材应润湿，使其充分膨胀；装筒时，应将药粉分次加入，层层铺平，松紧一致；装溶剂时，应排除筒内气泡。避免冲动药粉，使提取完全。

三、实验仪器与试剂

1. 仪器

磨塞广口瓶，渗漉筒，木槌，接收瓶，铁架台，蒸馏瓶，冷凝管，温度计，水浴锅，烧杯，量筒，量杯，脱脂棉，滤纸，电炉，蒸发器，漏斗，天平等。

2. 试剂

橙皮，桔梗，60％乙醇，70％乙醇。

四、实验内容

（一）橙皮酊

1. 处方

橙皮（粗粉）	20g
60％乙醇	适量
共制	100mL

2. 制法

按浸渍法[1]制备。称取干燥橙皮[2]粗粉 20g，置于广口瓶中，加 60％乙醇[3]100mL，密封，浸渍[4]3 日。倾取上层清液用纱布过滤，残渣中挤出的残液与滤液合并，加 60％乙醇至全量，静置 24h，过滤，即得产品[5]。

[1] 浸渍法目前也可采用超声波强化浸出，即称取干燥橙皮粗粉 20g，置于广口瓶中，加乙醇，密盖，置超声清洗机（工作频率为 25.5～36.5kHz，输出功率不少于 250W）的清洗槽内水液中，开机，超声浸出 1h，停机，倾取上层清液，过滤，残渣用力压榨，压榨液与滤液合并，静置 1h，过滤，即得。

[2] 新鲜橙皮与干燥橙皮的挥发油含量相差较大，故本品所用原料以干燥橙皮为宜，如用鲜橙皮为原料，投料量可酌情增加，乙醇浓度为70％，以保证有效成分的浸出。

[3] 用60％乙醇足以使其中的挥发油全部浸出，且乙醇浓度不宜过高，以防止橙皮中的苦味质与树脂等杂质过多地混入。

[4] 浸渍时，应注意适宜的温度并时加振摇，以利于有效成分的浸出。

[5] 本品含乙醇量应为50％～58％。

3. 功能与主治

芳香性健胃药，亦有祛痰作用。常用于配制橙皮糖浆。

（二）桔梗流浸膏

1. 处方

桔梗（粗粉）	60g
70％乙醇	适量
共制	60mL

2. 制法

按渗漉法制备。称取桔梗粗粉[1]60g，加70％乙醇适量使均匀湿润、膨胀后，分次均匀填装于渗漉筒内[2]，加70％乙醇浸没，浸渍48h。缓缓渗漉，先收集51mL初漉液，另器保存[3]，继续渗漉，续漉液经低温减压浓缩后，与初漉液合并，调整至60mL，静置数日，过滤，即得产品[4]。

[1] 药材粉碎程度与浸出效率有密切关系。对组织疏松的药材，选用其粗粉浸出即可；而质地坚硬的药材，则可选用中等粉或粗粉。粉末过细可能导致较多量的树胶、鞣质、植物蛋白等黏稠物质的浸出，不利于主药成分的浸出，且使浸出液与药渣分离困难，不易滤清使产品混浊。

[2] 装渗漉筒前，应先用溶剂将药粉湿润。装筒时应注意分次投入，逐层压平，松紧适度，切勿过松、过紧。投料完毕，用滤纸或纱布覆盖，加几粒干净碎石以防止药材松动或浮起。加溶剂时，宜缓慢并注意使药材间隙不留空气，渗漉速度以1～3mL·min^{-1}为宜。

[3] 收集85％初漉液，另器保存。因初漉液有效成分含量较高，可避免加热浓缩而导致成分损失和乙醇浓度改变。

[4] 本品为棕色的液体，含乙醇量应为38％～48％。

五、思考题

1. 常用的浸出方法有哪些，各有何特点？

2. 比较浸渍法与渗漉法的异同点，操作中各应注意哪些问题？

3. 比较酒剂与酊剂的异同点。

4. 渗漉法制备流浸膏为何要收集85％初漉液另器保存？

实验 27 包衣片的制备

一、实验目的与要求

1. 掌握片剂包薄膜衣的工艺过程。
2. 熟悉包衣片的质量检查。

二、实验原理

为了掩盖药物的不良气味，提高药物的稳定性，改变药物释放的位置和速度等，在片剂表面包适宜材料的衣层，成为包衣片。包衣片的质量要求有衣层均匀、牢固、光洁、美观、色泽一致、无裂片，不影响药物的崩解、溶出、吸收等。

包衣的种类有糖衣、薄膜衣、压制包衣等。糖衣片现已逐步被薄膜衣所取代，用于包衣的片剂称素片，素片应硬度大且崩解度好。薄膜包衣液含成膜材料、增塑剂、溶剂等。常见的成膜材料有纤维素衍生物羟丙基甲基纤维素（HPMC）、聚乙二醇（PEG）、聚乙烯吡咯烷酮（PVP）以及聚丙烯酸树脂、聚乙烯缩乙二醛二乙胺醋酸酯等。

包衣设备有锅包衣装置、转动包衣装置、流化包衣装置。包衣锅有各种形式、各种材质。保证包衣质量的首要因素是包衣锅的转速和角度，对素片在锅内保持良好的流动状态有密切关系。包衣锅的锅轴与水平所成的角度，直接影响片芯的交换和撞击，一般为45°。包衣锅的转速直接影响效率，包衣锅的转速应控制一定离心力，使片芯转至最高点呈弧形运动落下，做均匀有效翻转，使加入的衣料分布均匀。转速过慢，离心力小，片芯未达到一定高度即落下，片剂交换滚圆效果不好，衣料不均匀；转速过快，离心力大，片芯不能落下，无滚动翻转。

三、实验仪器与试剂

1. 仪器

压片机，包衣机，烘箱，硬度测定仪，崩解度测定仪，溶出仪等

2. 试剂

乙酰水杨酸，可压性淀粉，微晶纤维素，羧甲基淀粉钠，酒石酸，10%淀粉浆，滑石粉，丙烯酸树脂Ⅱ号，邻苯二甲酸二乙酯，蓖麻油，滑石粉，钛白粉，柠檬黄，85%乙醇等。

四、实验方法与步骤

（一）乙酰水杨酸肠溶片片芯的制备

1. 处方（1000 片质量）

乙酰水杨酸	25g	酒石酸或枸橼酸	0.5g
可压性淀粉	50g	10%淀粉浆	适量
微晶纤维素	20g	滑石粉	3g
羧甲基淀粉钠	2g		

2. 制法

（1）10％淀粉浆[1]的制备：将酒石酸或枸橼酸溶于约 100mL 蒸馏水中，再加淀粉约 10g，均匀分散，加热，制成 10％淀粉浆。

（2）制粒压片：取乙酰水杨酸细粉[2]与可压性淀粉、微晶纤维素、羧甲基淀粉钠混合均匀，加淀粉浆适量制成软材，过 18 目筛制粒，将湿粒于 40～60℃ 干燥，整粒，与滑石粉混匀后测含量，以直径 6mm 冲模压片[3]。

[1] 在实验室中配制淀粉浆，若用直火时，需不停搅拌，防止焦化而使压片时片面产生黑点。浆的糊化程度以呈现乳白色为宜。制粒干燥后，颗粒不宜松散。加浆的温度，以温浆为宜，温度太高不利药物稳定，太低不易分散均匀。

[2] 乙酰水杨酸在湿润条件下遇铁器易变色，呈淡红色，因此，宜尽量避免铁器，如过筛时宜用尼龙筛网，并宜迅速干燥。

[3] 压片过程中应及时检查片的质量与崩解时间，以便及时调整。

3. 质量检查与评定

（1）片重差异

取供试品 20 片，精密称定总重量，求得平均片重后，再分别精密称定每片的重量，每片重量与平均片重比较（凡无含量测定的片剂或有标示片重的中药片剂，每片重量应与标示片重比较），按表 2-12 中的规定，超出重量差异限度的不得多于 2 片，并不得有 1 片超出限度 1 倍。

表 2-12　重量差异限度

平均片重	重量差异限度
0.30g 以下	±7.5％
0.30g 或 0.30g 以上	±5％

糖衣片的片芯应检查重量差异并符合规定，包糖衣后不再检查重量差异。薄膜衣片应在包薄膜衣后检查重量差异并符合规定。

凡规定检查含量均匀度的片剂，一般不再进行重量差异检查。

（2）崩解时限

除另有规定外，照崩解时限检查法（通则 0921）检查，应符合规定。

含片的溶化性照崩解时限检查法（通则 0921）检查，应符合规定。

舌下片照崩解时限检查法（通则 0921）检查，应符合规定。

阴道片照崩解时限检查法（通则 0922）检查，应符合规定。

口崩片照崩解时限检查法（通则 0921）检查，应符合规定。

咀嚼片不进行崩解时限检查。

凡规定检查溶出度、释放度的片剂，一般不再进行崩解时限检查。

（二）乙酰水杨酸肠溶薄膜衣片的制备

1. 肠溶薄膜包衣液处方

丙烯酸树脂Ⅱ号	10g	吐温 80	2g
邻苯二甲酸二乙酯	2g	滑石粉（120 目）	2g
蓖麻油	4g	钛白粉（120 目）	2g

柠檬黄适量　　　　　　　　　　　85％乙醇加至 200mL

2. 制法

将丙烯酸树脂Ⅱ号约 10g 用[1]85％乙醇溶液浸泡过夜溶解。加入邻苯二甲酸二乙酯 2g、蓖麻油 4g 和吐温 80 2g 研磨均匀，另将其他成分加入上述包衣液研磨均匀，即得。

将配制好的包衣溶液用喷枪连续喷雾于转动的片子表面[2]，随时根据片子表面干湿情况，调控片子温度和喷雾速度[3]，控制包衣溶液的喷雾速度和溶媒挥发速度相平衡，即以片面不太干也不太潮湿为度。一旦发现片子较湿（滚动迟缓），即停止喷雾以防止粘连，待片子干燥后再继续喷雾，使包衣片增加质量为 7％～10％。将包好的肠溶衣片，置 30～40℃烘箱干燥 3～4h。

［1］丙烯酸树脂Ⅱ号在乙醇中溶解度大，故采用 85％乙醇溶液溶解，然后稀释或加入其他物料，操作比较方便。

［2］在包衣前，可先将乙酰水杨酸素片在 50℃下干燥 30min，吹去片剂表面的细粉，由于片剂较少，在包衣锅内纵向粘贴若干 1～2cm 宽的长硬纸条或胶布，以增加片剂与包衣锅的摩擦，改善滚动性。

［3］包衣操作时，掌握喷速和吹风温度的原则是：使片面略带湿润，又要防止片面粘连。温度不宜过高或过低。温度过高则干燥太快，成膜不均匀，温度过低则干燥太慢而造成粘连。

3. 质量检查

（1）外观检查

检查包衣片是否圆整、表面有否缺陷（碎片、粘连、剥落、起皱、气泡、色斑、起霜）、表面粗度、光泽度。

（2）测定包衣片的片重，与素片比较。

（3）测定包衣片的硬度，与素片比较。

（4）冲击强度试验

取 10 片包衣片分别在 1m 高度下自由落在玻璃板上，记录片面产生裂缝或缺陷所占的比例；也可将 10 片包衣片置于片剂四用测定仪的脆碎度测定盒内，振荡 10min，片面应无变化。

（5）被覆强度试验（抗热试验）

取 50 片包衣片置 250W 红外灯下 15cm 处受热 4h，片面应无变化。

（6）耐湿耐水试验

10 片包衣片置于恒温、恒湿装置中，经过一定时间，以片剂增重为指标，表示耐湿耐水性，或将包衣片放入纯化水中浸渍 5min，取出称重，计算增加的质量。

五、实验结果与讨论

1. 乙酰水杨酸片芯

记录片剂外观、片重差异、崩解时限、硬度。

2. 乙酰水杨酸肠溶薄膜包衣片

记录片剂外观、包衣片与素片的质量和硬度相比较、冲击强度、抗热性、耐湿耐水性、崩解度等。

六、思考题

1. 试分析包衣液各组分的作用。
2. 影响包衣片质量的因素有哪些？
3. 在包衣过程中应注意什么？

实验 28 溶液型液体药剂的制备

一、实验目的与要求

1. 掌握溶液性液体药剂的基本制备方法。
2. 掌握溶液剂、混悬剂和乳剂中附加剂的使用方法。

二、实验原理

溶液型液体药剂系指药物以分子或离子状态分散于溶剂中制成的可供内服或外用的液体形态的制剂。常用溶媒有水、乙醇、甘油、丙二醇等。溶液剂通常采用溶解法、稀释法和化学反应法制备。

属于溶液型液体药剂的有溶液剂、芳香水剂、糖浆剂等。最常用的是溶液剂和糖浆剂。溶液剂系指小分子药物溶解于溶剂中所形成的澄明溶液；糖浆剂系指含有药物或芳香物质的浓蔗糖水溶液。纯蔗糖的近饱和水溶液称为单糖浆，其浓度为 85%（$g \cdot mL^{-1}$）或 64.7%（$g \cdot mL^{-1}$），不含任何药物，除供制备含药糖浆外，还可作为矫味剂、助悬剂等。

在制备溶液型液体药剂时，常需采用一些方法，如成盐、增溶、助溶、潜溶等，以增加药物在溶媒中的溶解度。另外，根据需要还可加入抗氧剂、甜味剂、着色剂等附加剂。在制备流程中，一般先加入复合溶媒、助溶剂和稳定剂等附加剂。为了加速溶解进程，可将药物粉碎，通常取溶媒处方量的 $1/2 \sim 3/4$ 搅拌溶解，必要时可加热，但受热不稳定的药物不宜加热。

三、实验仪器与试剂

1. 仪器

烧杯（50mL），玻璃漏斗（6cm、10cm），量筒（100mL），普通天平，玻璃棒，滤纸，电炉等。

2. 试剂

碘，碘化钾，蔗糖，氯霉素，乙醇，蒸馏水等。

四、实验内容

（一）复方碘溶液（卢戈氏溶液）

1. 处方

碘   2.5g

碘化钾	5g
蒸馏水	加至 50mL

2. 制备流程

碘化钾 → 50%～80% 水 → 碘化钾溶液 → 碘 → 搅拌、定容、搅匀 → 复方碘溶液

3. 制法

取碘化钾[1]5g，加入 25～40mL 蒸馏水[2]溶解配成浓溶液，加入碘[3]2.5g 搅拌使溶，再加入蒸馏水至 50mL，即得[4]。

[1] 碘在水中的溶解度为 1：2950，碘化钾作为助溶剂可与碘生成易溶于水的络合物，同时使碘稳定不易挥发，并减少其刺激性。

[2] 溶解碘化钾时所用的蒸馏水为处方量的 50%～80%，既能使碘化钾溶解，又能使碘化钾具有较高浓度，以利于碘的溶解。

[3] 制备复方碘溶液时应注意加入次序：先加入碘化钾溶解后再投入难溶性碘。

[4] 碘溶液为氧化剂，应贮存于密闭玻璃瓶内，不得与木塞、橡皮塞及金属塞接触。实验所得样品应统一回收。

4. 功能与主治

调节甲状腺功能，用于缺碘引起的疾病，如甲状腺肿、甲亢等的辅助治疗。

（二）单糖浆

1. 处方

蔗糖	85g	蒸馏水	加至 100mL

2. 制备流程

3. 制法

量取 45mL 蒸馏水，加热煮沸[1]，加入 85g 蔗糖，搅拌溶解后，继续加热至沸，趁热过滤，自滤器[2]上添加热蒸馏水至 100mL，搅匀即得。

[1] 配制单糖浆流程中，蔗糖溶解后应继续煮沸，但保持时间不可过久，以免产生过多的转化蔗糖，甚至产生焦糖使糖浆呈棕色。

[2] 糖浆用精制棉过滤色度较慢，可用棉垫（两层纱布之间夹一层棉花）或多层纱布过滤，增加接触面，提高滤速。

4. 用途

矫味剂，助悬剂等。

（三）氯霉素滴耳剂

1. 处方

氯霉素	2.5g	甘油	加至 50mL
乙醇	15mL		

2. 制备流程

3. 制法

量取氯霉素 2.5g 和乙醇 15mL[1]，搅拌混合均匀，再加入甘油至 50mL，即得。

[1] 氯霉素在水中溶解度＜0.25％，在乙醇中易溶，所以加乙醇可增加氯霉素溶解度，也能防止其温度低时析出。

4. 功能与主治

用于急性和慢性中耳炎、急性和慢性外耳道炎。

五、思考题

1. 分析本实验各处方中各种组分的作用。
2. 配制单糖浆时应注意哪些问题？

实验 29 混悬型液体制剂的制备

一、实验目的与要求

1. 掌握混悬型液体制剂的一般制备方法。
2. 掌握混悬型液体制剂的质量评定方法。
3. 熟悉按药物性质选用合适的稳定剂。

二、实验原理

1. 混悬型液体制剂及其稳定性

混悬型液体制剂（简述混悬剂）是指难溶的固体药物以细小颗粒分散在液体分散介质中形成的非均相分散体系。分散相的质点一般在 $0.5 \sim 10 \mu m$。优良的混悬型液体制剂，除应具备一般的液体制剂的要求外，还应具备：

① 外观微粒细腻，分散均匀；

② 颗粒沉降较慢，下沉的颗粒经振摇能迅速再均匀分散，不应结成饼块；

③ 微粒大小及液体黏度，均应符合用药要求，易于倾倒且计量准确；

④ 外用混悬型液体制剂应易于涂展在皮肤患处，且不易被擦掉或流失。

为安全起见，剧毒药不应制成混悬剂。混悬剂的成品包装后，在标签上注明"用时摇匀"。

混悬剂的不稳定性的主要表现是微粒的沉降，其沉降速度服从 Stoke's 定律：

$$v = \frac{2r^2(\rho_1 - \rho_2)g}{9\eta} \tag{2-3}$$

式中，v 为沉降速度；r 为粒子半径；ρ_1 为粒子密度；ρ_2 为介质密度；η 为混悬剂的黏度；g 为重力加速度。

混悬剂微粒的沉降速度与微粒半径、混悬剂黏度的关系最大。通常用减小微粒半径，并加入助悬剂如天然高分子化合物、半合成纤维素衍生物等，以增加介质黏度来降低微粒的沉降速度。

混悬剂中微粒的分散度大，具有表面自由能，体系处于不稳定状态，有聚集的倾向，因此在混悬型液体制剂中常加入表面活性剂以降低固液间界面张力，使体系稳定；表面活性剂又可以作为润湿剂，可有效地使疏水性药物被水润湿，从而克服微粒由于吸附空气而漂浮的现象（如硫黄粉末分散在水中时）。

向混悬剂中加入适量的絮凝剂（与微粒表面所带电荷相反的电解质），使微粒 ζ 电位降低到一定程度，则微粒发生部分絮凝，随之微粒的总表面积减小，表面自由能下降，混悬剂相对稳定，且絮凝所形成的网状疏松的聚集体积变大，振摇时易再分离。有时为了增加混悬剂的流动性，可加入适量与微粒表面电荷相同的电解质（反絮凝剂），使 ζ 电位增大，由于同性电荷相斥而减少了微粒的聚集，使沉降体积变小，混悬液流动性增加，易于倾倒，适用于短时间内应用的混悬型。

2. 混悬型液体制剂的制备方法

混悬型液体制剂的制备方法有分散法和凝聚法。

（1）分散法

将固体药物粉碎成微粒，再根据主药性质混悬于分散介质中，加入适宜的稳定剂。亲水性药物先干研至一定细度，加蒸馏水或高分子溶液，水性溶液加液研磨时通常药物 1 份，加 0.4~0.6 份液体为宜；疏水性药物则先用湿润剂或高分子溶液研磨，使药物颗粒润湿，最后加分散介质稀释至总量。

（2）凝聚法

凝聚法系将离子或分子状态的药物借助物理或者化学的方法在分散介质中聚结成新相的办法。化学凝聚法是将两种或两种以上的药物分别制成稀溶液，然后将两溶液混合并急速搅拌，通过化学反应制备混悬型液体制剂的方法。物理凝聚法有置换溶剂或改变浓度的方法，置换溶剂时搅拌速度越剧烈，析出的沉淀越细。如配制合剂时，常将酊剂、醑剂缓缓加入到水中并快速搅拌，使制成的混悬剂细腻，颗粒沉降缓慢。

3. 混悬型液体制剂的质量评定

混悬剂的质量评定包括微粒大小的测定、沉降容积比、絮凝度、重新分散试验和流变学测定等。微粒大小直接关系到混悬剂的质量、稳定性、药效、生物利用度，是评定其质量的重要指标；沉降容积比、流变学测定和絮凝度可评定混悬剂的稳定性；助悬剂、絮凝剂、处方设计的优劣、重新分散试剂可保证混悬剂的均匀性和质量准确。

三、实验仪器与试剂

1. 仪器

天平，研钵，药筛等。

2. 试剂

升华硫，硫酸锌，樟脑醑，甘油，羧甲基纤维素钠，聚山梨酯-80，磺胺嘧啶，单糖浆，尼泊金乙酯溶液（5%），蒸馏水等。

四、实验内容

（一）复方硫黄洗剂的制备

洗剂是指专供涂抹、敷于皮肤的外用液体制剂。洗剂一般轻涂于皮肤或用纱布蘸取敷于皮肤上使用。本品有杀菌、收敛的作用，可治疗疖疮等症。

1. 硫黄洗剂的处方

升华硫	3g	羧甲基纤维素钠	0.5g
硫酸锌	3g	聚山梨酯-80	0.2g
樟脑醑	10mL	蒸馏水加至	100mL
甘油	10mL		

2. 制法

（1）取樟脑 1g 溶解于 10mL 乙醇（95%）中[1]备用。

（2）称取 0.5g 羧甲基纤维素钠，溶解于 50mL 蒸馏水中备用。

（3）称取硫酸锌 3.0g，加入 30mL 蒸馏水中，搅拌溶解备用。

（4）将升华硫[2]过 120 目筛，与甘油和聚山梨酯-80 研磨，将其充分润湿备用。

（5）在第（2）项溶液中加入（1）和（3），再将（4）加入[3]，最后加入蒸馏水至全量，搅拌均匀即可。

[1] 樟脑醑为樟脑的乙醇溶液，应以细流缓缓加入，并急速搅拌，使樟脑不至析出大颗粒。

[2] 为保证结果观察准确，硫黄称取要准确。

[3] 转移要完全。

（二）磺胺嘧啶合剂的制备

1. 处方

处方 1		处方 2	
磺胺嘧啶	5g	磺胺嘧啶	5g
单糖浆	20mL	氢氧化钠	0.8g
羧甲基纤维素钠	1.5g	枸橼酸钠	3.25g
尼泊尔金乙酯溶液（5%）	1mL	枸橼酸	1.4g
蒸馏水	加至 100mL	单糖浆	20mL
		尼泊尔金乙酯溶液（5%）	1mL
		蒸馏水	加至 100mL

2. 制法

（1）单糖浆的制备：取蒸馏水 25mL，煮沸，加蔗糖 42.5g，搅拌均匀，继续加热至 100℃用脱脂棉滤过，加少量热纯化水洗涤滤器，冷却至室温，补加适量纯化水使其为 50mL，搅拌均匀，即得。

（2）处方 1：按亲水性药物配制混悬液的方法配制。

（3）处方 2：按化学凝聚法[1]配制。将磺胺嘧啶混悬于 20mL 蒸馏水中缓慢加入氢氧化钠水溶液，边加边搅拌，使磺胺嘧啶溶解而生成磺胺嘧啶钠溶液。另将枸橼酸钠与枸橼酸加适量蒸馏水溶解，滤过，滤液慢慢倒入上述磺胺嘧啶钠溶液中，不断搅拌，析出细微磺胺嘧啶沉淀，最后加入单糖浆和尼泊尔金乙酯的醇溶液[2]，急速搅拌并加蒸馏水至 100mL，摇匀即得。

［1］用化学凝聚法制备混悬液，为了得到较细颗粒，其化学反应需在稀溶液中进行，并应同时急速搅拌。

［2］尼泊尔金乙酯醇溶液（5%）的制备：尼泊尔金乙醇 5g，溶于适量乙醇中，加甘油 50g 摇匀，再加入乙醇使成 100mL，，摇匀即得。本品中甘油为稳定剂，能增大尼泊尔金乙醇转溶于水中的稳定性，防止析出颗粒。

五、混悬型液体制剂的质量检查与评定

（1）沉降体积比的测定

沉降物的体积测定，可评价混悬剂的稳定性及所用的稳定剂的效果。方法：将 100mL 混悬液置于刻度量筒内摇匀，混悬剂在沉降前原始高度 H_0，放置一定时间观察沉降面不再改变时沉降物的高度 H，沉降体积比为 $F＝(H/H_0)×100\%$。F 越大，混悬液越稳定。

（2）重新分散实验

将混悬剂置于 100mL 刻度量筒内，放置沉淀，然后以 $20r\cdot min^{-1}$ 的速度（手动）振摇翻转，经过一定时间，量筒底部的沉降物应消失。

（3）微粒大小测定

可用显微镜法测定微粒大小及分布情况。

（4）絮凝度测定

可用 $B＝F/F∞$ 表示，B 表示由絮凝所引起沉降物体积增加的倍速，称絮凝度，B 越大絮凝越好，即絮凝剂的效果越好，混悬剂越稳定（F 与 $F∞$ 之比表示絮凝混悬剂与无絮凝混悬剂的沉降体积比）。

六、实验结果与讨论

将沉降体积比测定结果填入表 2-13 中。

表 2-13　沉降体积比与时间的关系

沉降时间/min	0	5	10	20	30	60	沉降物再分散需翻转的次数
沉降体积比 H/H_0							

七、思考题

1. 分析处方中各个组分的作用。

2. 分散法与凝聚法制备的混悬剂在质量上和稳定性上有何差异？

3. 分析加入絮凝剂与反絮凝剂的意义。

实验 ㉚ 板蓝根颗粒剂的制备（综合）

一、实验目的与要求

1. 学习中药颗粒剂的制备。

2. 掌握颗粒剂的质量检查与评定要求。

二、实验原理

中药颗粒剂是将药材加工成片或段，按具体品种规定的方法提取、过滤，滤液浓缩至规定相对密度的浓缩浸膏，加定量药物细粉、辅料或可溶性赋形剂，混匀、制成颗粒，干燥，即得。颗粒用开水冲服。加药粉或不溶性赋形剂制备的冲剂，冲化时浑浊；加可溶性赋形剂制备的颗粒剂，冲化时澄清。板蓝根颗粒中还有(R，S)-告依春和氨基酸，可分别通过紫外灯和茚三酮检验出来。

中药颗粒剂的工艺流程：

中药提取 → 浓缩 → 醇沉 → 回收乙醇 → 制粒 → 干燥 → 包装

三、实验仪器与试剂

1. 仪器

电加热套，煮药器一个，滤网，16 目金属筛，医用瓷托盘，试管，250mL 烧杯，500mL 烧杯，旋转蒸发仪等。

2. 试剂

板蓝根段或片（也可直接采用饮片），乙醇，白砂糖，糊精，水等。

四、实验流程图

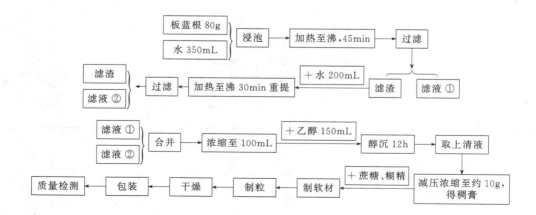

五、实验内容

1．稠膏的制备

（1）取粉碎成寸段的板蓝根 80g，加水 350mL 左右，在煮药器中先常温浸泡 3h 以上。

（2）用电加热套将煮药器加热至沸腾，保持微沸状态 45min，并不停搅拌，可适时补充水分，以保持水的体积不变。

（3）用滤网过滤溶液，收集滤液①，滤渣用 200mL 水重复提取一次（保持微沸 30min），过滤得滤液②，滤渣弃去。

（4）将合并的药液（滤液①＋②）倒入煮药器中进行浓缩，蒸发至溶液的体积为 100mL 左右[1]，转移至 250mL 的烧杯中，趁热[2]加入 150mL 乙醇，使乙醇的体积分数为 60%，并不停搅拌 1min，静置醇沉 12h。

（5）取上层清液置于茄形瓶中，用旋转蒸发仪浓缩至稠膏质量为 10g 左右[3]，此时稠膏的相对密度约为 1.30～1.33。

2．颗粒剂的制备

按稠膏 1 份、蔗糖 1 份、糊精 1.8 份置于医用托盘中混合，制成软材[4]。将软材过 16 目尼龙筛制粒，60℃干燥，装于封口袋，阴凉干燥处保存。

3．质量检查

（1）紫外灯检

取本品 0.5g，加水 5mL 使溶解，取上清液 1 滴点于滤纸上，晾干，置于紫外灯下 365nm 处观察，斑点显紫色。

（2）茚三酮检

剩余溶液，加入茚三酮试液 10 滴，并于沸水浴中加热数分钟，溶液显蓝紫色。

[1] 煎液浓缩时，应先浓缩第二次煎液至一定稠度后，再加入第一次煎液合并浓缩，以尽量减少有效成分损失。

[2] 注意：趁热搅拌加入是关键。

[3] 浓缩前将茄形瓶洗净、烘干、称重，通过差量法确定稠膏质量。

[4] 软材应混合均匀，"轻握成团，轻压即散"。

六、颗粒剂质量检查结果

制剂	鉴别		外观	粒度	溶化性	装量差异
	紫外灯观察	茚三酮试液				
板蓝根颗粒						

七、实验结果与讨论

1．讨论浓膏的处理中，趁热加乙醇后要静置 12h，主要是除去哪些杂质？

2．浓膏制备对制颗粒剂有何影响？

3．紫外灯检和茚三酮检的原理是什么？

参 考 文 献

[1] 付超美. 中药炮制与药剂实验. 北京：科学出版社，2008.

[2] 李超英，李范珠. 药剂学实验. 北京：中国中医药出版社，2013.

[3] 高建青. 药剂学与工程药剂学实验指导. 杭州：浙江大学出版社，2012.

[4] 崔福德. 药剂学实验指导. 第3版. 北京：人民卫生出版社，2011.

[5] 方晓玲. 药剂学实验指导. 复旦：复旦大学出版社，2012.

[6] 韩丽. 药剂学实验. 北京：中国医药科技出版社，2014.

[7] 刘扬. 药剂学实验与指导. 苏州：苏州大学出版社，2011.

[8] 刘汉青. 中药药剂实验与指导. 北京：中国医药科技出版社，2001.

[9] 陈章宝. 药剂学实验教程. 北京：科学出版社，2015.

[10] 高峰，任福正. 药剂学实验. 上海：华东理工大学出版社，2015.

[11] 周志昆，荀占平. 药学实验指导. 北京：科学出版社，2010.

[12] 天津大学等编，制药工程专业实验指导. 北京：化学工业出版社，2005.

[13] 葛月宾. 药学实验. 北京：化学工业出版社，2016.

[14] 张健泓. 药剂学实验. 北京：中国医药科技出版社，2008.

[15] 余祥彬. 药剂学与药物动力实验指导. 厦门：厦门大学出版社，2014.

[16] 孟胜男. 药剂学实验指导. 北京：中国医药科技出版社，2016.

第三部分
药物分析实验

实验 ③1 药物的杂质检查

一、实验目的与要求

1. 掌握药物的一般杂质检查原理与实验方法。
2. 掌握杂质限度试验的概念及计算方法。
3. 熟悉一般杂质检查项目与意义。

二、实验仪器与试剂

1. 仪器

50mL 纳氏比色管，100mL 测砷瓶，分析天平，刻度吸管。

2. 试剂

葡萄糖，氯化钠原料药，稀硝酸（105mL 浓硝酸稀释至 1000mL），稀盐酸（234mL 浓盐酸稀释至 1000mL），氢氧化钠试液（4.3g 氢氧化钠加水溶解成 100mL 溶液），酸性氯化亚锡试液（氯化亚锡 20g 加盐酸溶解成 50mL 溶液）、碘化钾试液（16.5g 碘化钾加水溶解成 100mL 溶液）、盐酸（未指明浓度时为 36% 浓盐酸）、硫酸（未指明浓度时为 98% 浓硫酸）、硝酸银试液（0.1mol·L^{-1}）。

三、实验内容

1. 葡萄糖（Glucose）

（1）酸度

取本品 2.0g，加水 20mL 溶解后，加酚酞指示剂 3 滴与氢氧化钠滴定液（0.02mol·L^{-1}）0.02mL，应显粉红色。

（2）溶液的澄清度与颜色

取本品 5.0g，加热水溶解后，放冷，用水稀释至 10mL，溶液应澄清无色；如显浑浊，与 1 号浊度标准液（附注 A）比较，不得更浓；如显色，与对照液（取比色用氯化钴液

3mL、比色用重铬酸钾液 3mL 与比色用硫酸铜液 6mL，加水稀释成 50mL）1.0mL 加水稀释至 10mL 比较，不得更深。

（3）乙醇溶液的澄清度

取本品 1.0g，加 90％乙醇 30mL，置水浴上加热回流约 10min，溶液应澄清。

（4）氯化物

取本品 0.6g，加水溶解至 25mL，再加稀硝酸 10mL；溶液如不澄清，应过滤；置 50mL 纳氏比色管中，加水至 40mL，摇匀，即得供试溶液。另取标准氯化钠溶液 6.0mL，置 50mL 纳氏比色管中，加稀硝酸 10mL，加水至 40mL，摇匀，即得对照溶液。于供试溶液与对照溶液中，分别加入硝酸银试液 1.0mL，加水稀释，至 50mL，摇匀，在暗处放置 5min，同置黑色背景上，从比色管上方向下观察、比较（附注 B）。供试溶液所显浑浊度不得较对照液更浓（0.01％）。

（5）硫酸盐

取本品 2.0g，加水溶解至约 40mL；溶液如不澄清，应过滤；置 50mL 纳氏比色管中，加稀盐酸 2mL，摇匀，即得供试溶液。另取标准硫酸钾溶液 2.0mL，置 50mL 纳氏比色管中，加水至约 40mL，加稀盐酸 2mL，摇匀，即得对照溶液。于供试溶液与对照溶液中，分别加入 25％氯化钡溶液 5mL，加水稀释至 50mL，充分摇匀，放置 10min，同置黑色背景上，从比色管上方向下观察、比较（附注 C）。供试溶液所显浑浊度不得较对照液更浓（0.01％）。

（6）亚硫酸盐与可溶性淀粉

取本品 1.0g，加水 10mL 溶解后，加碘试液 1 滴，应即显黄色。

（7）干燥失重

取本品，在 105℃干燥至恒重，减失质量不得过 9.5％（附注 D）。

（8）炽灼残渣

不得过 0.1％（附注 E）。

（9）蛋白质

取本品 1.0g，加水 10mL 溶解后，加磺基水杨酸 $200g \cdot L^{-1}$ 溶液 3mL，不得发生沉淀。

（10）铁盐

取本品 2.0g，加水 20mL 溶解后，加硝酸 3 滴，缓缓煮沸 5min，放冷，加水稀释至 45mL，加 $300g \cdot L^{-1}$ 硫氰酸铵溶液 3mL，如显色，与标准铁溶液 2.0mL 用同一方法制成的对照液比较（附注 H），不得更深（0.001％）。

（11）重金属

取纳氏比色管两支，甲管中加标准铅溶液一定量与醋酸盐缓冲液（pH＝3.5）2mL 后，加水稀释至 25mL。取本品 4.0g，置乙管中，加水适量溶解后，加醋酸盐缓冲液（pH＝3.5）2mL，加水至 25mL。若供试液带颜色，可在甲管中滴加少量的稀焦糖溶液或其他无干扰的有色溶液，使之与乙管颜色一致。再在甲乙两管中分别加硫代乙酰胺试液各 2mL，摇匀，放置 2min，同置白纸上，自上向下透视，乙管中显出的颜色与甲管比较，不得更深（附注 F），含重金属不得过 0.00005％。

（12）砷盐

取本品 2.0g，加水 5mL 溶解后，加稀硫酸 5mL 与溴化钾溴试液 0.5mL，置水浴上加热约 20min，使保持稍过量的溴存在，必要时，再补加溴化钾溴试液适量，并随时补充蒸散的水分，放冷，加盐酸 5mL 与水适量至 28mL，置测砷瓶中，作为供试溶液。另精密量取标准砷溶液 2mL，照供试品制备项下方法，自"加水 5mL 溶解后"起，至"置测砷瓶中"，同法处理，作为标准液。

取供试溶液和标准液分别进行以下操作：加碘化钾试液 5mL 与酸性氯化亚锡试液 5 滴，在室温放置 10min 后，加锌粒 2g，立即将装妥的导气管密塞于测砷瓶上，并将测砷瓶置 25～40℃ 水浴中，反应 45min，取出溴化汞试纸，比较。供试溶液生成的砷斑与标准砷斑比较（附注 G），不得更深（0.0001%）。

2. 氯化钠（Sodium Chloride）

（1）酸碱度

取本品 5.0g，加水 50mL 溶解后，加溴麝香草酚蓝指示液 2 滴，如显黄色，加氢氧化钠滴定液（0.02mol·L⁻¹）0.10mL，应变为蓝色；如显蓝色或绿色，加盐酸滴定液（0.02mol·L⁻¹）0.02mL，应变为黄色。

（2）溶液的澄清度

本品 5.0g，加水 25mL 溶解后，溶液应澄清。

（3）碘化物

取本品的细粉 5.0g，置瓷蒸发皿内，滴加新配置的淀粉混合液（取可溶性淀粉 0.25g，加水 2mL，搅拌，再加沸水至 25mL，边加边搅拌，放冷，加 0.025mol·L⁻¹ 硫酸溶液 2mL、亚硝酸钠试液 3 滴与水 25mL，混匀）适量使晶粉湿润，置日光下（或日光灯下）观察，5min 内晶粒不得显蓝色痕迹。

（4）溴化物

取本品 2.0g，加水 10mL 溶解后，加盐酸 3 滴与氯仿 1mL，边振摇边滴加 2% 氯胺 T 溶液（临用新制）3 滴，氯仿层如显色，与标准溴化钾溶液（精密称取在 105℃ 干燥至恒重的溴化钾 0.1485g，加水溶解至 100mL，摇匀）1mL 用同一方法制成的对照液比较，不得更深。

（5）硫酸盐

取本品 5.0g，加水溶解至约 40mL；溶液如不澄清，应滤过；置 50mL 纳氏比色管中，加稀盐酸 2mL，摇匀，即得供试溶液。另取标准硫酸钾溶液 1.0mL，置 50mL 纳氏比色管中，加水至约 40mL，加稀盐酸 2mL，摇匀，即得对照溶液。于供试溶液与对照溶液中，分别加入 25% 氯化钡溶液 5mL，用水稀释至 50mL，充分摇匀，放置 10min，同置黑色背景上，从比色管上方向下观察、比较（附注 C）。供试溶液所显浑浊度不得较对照液更浓（0.002%）。

（6）钡盐

取本品 4.0g，加水 20mL 溶解后，滤过，滤液分为两等份，一份中加稀硫酸 2mL，另一份中加水 2mL，静置 15min，两液应同样澄清。

（7）钙盐

取本品 2.0g，加水 10mL 后溶解，加氨试液 1mL，摇匀，加草酸铵试液 1mL，5min 内不得发生浑浊。

(8) 镁盐

取本品 1.0g，加水 20mL 溶解后，加氢氧化钠试液 2.5mL 与 0.05％太坦黄溶液 0.5mL，摇匀；生成的颜色与标准镁溶液（精密称取在 800℃ 炽灼至恒重的氧化镁 16.58mg，加盐酸 2.5mL 与水适量溶解至 1000mL，摇匀）1.0mL 用同一方法制成的对照液比较，不得更深（0.001％）。

(9) 钾盐

取本品 5.0g，加水 20mL 溶解后，加稀醋酸 2 滴，加四苯硼钠溶液（取四苯硼钠 1.5g，置乳钵中，加水 10mL 研磨后，再加水 40mL，研匀，用质密的滤纸滤过，即得）2mL，加水至 50mL，如显浑浊，与标准硫酸钾溶液 12.3mL 用同一方法制成的对照液比较，不得更浓（0.02％）。

(10) 干燥失重

取本品，在 130℃ 干燥至恒重，减失重量不得过 0.5％（附注 D）。

(11) 铁盐

取本品 5.0g，加水溶解至 25mL，移置 50mL 纳氏比色管中，加稀盐酸 4mL 与过硫酸铵 50mg，用水稀释至 35mL 后，加 30％硫氰酸铵溶液 3mL，再加水适量稀释至 50mL，摇匀。另取标准铁溶液 1.5mL，置 50mL 纳氏比色管中，加水至 25mL，加稀盐酸 4mL 与过硫酸铵 50mg，用水稀释至 35mL，加 30％硫氰酸铵溶液 3mL，再加水适量稀释至 50mL，摇匀，比较（附注 H）。供试液所显颜色不得较对照液更深（0.0003％）。

(12) 重金属

取本品 5.0g，加水 20mL 溶解后，加醋酸盐缓冲液（pH＝3.5）2mL 与水适量至 25mL，置 50mL 纳氏比色管中。另取标准铅溶液一定量与醋酸缓冲液（pH＝3.5）2mL 后，加水稀释至 25mL，置另一支 50mL 纳氏比色管中。若供试液带颜色，可在标准管中滴加少量的稀焦糖溶液或其他无干扰的有色溶液，使之与样品管颜色一致；再在两管中分别加硫代乙酰胺试液各 2mL，摇匀，放置 2min，同置白纸上，自上向下透视，样品管所显颜色与标准管比较，不得更深（附注 F）。含重金属不得过 0.00002％。

(13) 砷盐

取本品 5.0g，加水 23mL 溶解后，加盐酸 5mL，置测砷瓶中，照标准砷斑的制备，自"再加碘化砷试液 5mL"起，依法操作。将生成的砷斑与标准砷斑比较，不得更深（附注 G），应符合规定（0.00004％）。

标准砷斑的制备：精密量取标准砷溶液 2mL，置测砷瓶中，加盐酸 5mL 与水 21mL，再加碘化钾试液 5mL 与酸性氯化亚锡试液 5 滴，在室温放置 10min 后，加锌粒 2g，立即将装妥的导气管密塞于测砷瓶上，并将测砷瓶置 25～40℃ 水浴中，反应 45min，取出溴化汞试纸，即得。

四、注意事项

1. 比色管的正确使用。选择配对的两支纳氏比色管，用清洁液荡洗除去污物，再用水冲洗干净，采用旋摇的方法使管内液体混合均匀。

2. 正确选用量具。根据检查试验一般允许误差为±10％的要求和药品、试剂的取用量，选择合适的容量仪器。

3. 平行操作。标准与样品必须同时进行实验，加入试剂量等均应一致。观察时，两管受光照的程度应一致，使光线从正面照入，比色时置白色背景上，比浊时置黑色背景上，自上而下地观察。

4. 注意刻度吸管的正确使用和观察。

5. 杂质限量计算

$$杂质限量(\%)=\frac{V_{标准}\times c_{标准}}{W_{样}}\times100\%\qquad(3\text{-}1)$$

式中，$V_{标准}$为标准液体积；$c_{标准}$为标准液浓度；$W_{样}$为样品取样量。

附

1. 澄清度检查法

(1) 方法

在室温条件下，将一定浓度的供试品水溶液与等量的浊度标准液分别置于配对的比浊用玻璃管中。在浊度标准液制备5min后，在暗室内垂直同置于伞棚灯下，照度为1000lx，从水平方向观察、比较溶液的澄清度或浑浊程度，判断被检样品的澄清度是否符合规定。

(2) 注意事项

① 比浊用玻璃管由无色、透明、中性硬质玻璃制成，内径15～16mm，平底，具塞。

② 供试品溶解后应立即检视。

③ "澄清"系指供试品溶液的澄清度相同于所用溶剂，或未超过0.5号浊度标准液。

(3) 浊度标准液的制备

称取于105℃干燥至恒重的硫酸肼1.00g，置100mL容量瓶中，加水适量使溶解，必要时可在40℃水浴中温热溶解，并用水稀释至刻度，摇匀，放置4～6h；取此溶液与等容量的10％乌洛托品溶液混合，摇匀，于25℃避光静置24h，即得浊度标准贮备液(置冷处避光保存，在两个月内使用，用前摇匀)。取贮备液15.0mL，置1000mL容量瓶中，加水稀释至刻度，摇匀，取适量，置1cm吸收池中，照分光光度法，在550nm波长处测定，其吸收度应在0.12～0.15范围内，即为浊度标准原液(48h内使用，用前摇匀)。取浊度标准原液与水，按表3-1配制即得浊度标准液(临用时制备，使用前充分摇匀)。

表3-1　浊度标准溶液的配置

级号	0.5	1	2	3	4
浊度标准原液/mL	2.50	5.0	10.0	30.0	50.0
水/mL	97.50	95.0	90.0	70.0	50.0

2. 氯化物检查法

(1) 标准氯化钠溶液的制备

精密称取干燥至恒重的氯化钠 0.165g，置 1000mL 容量瓶中，加水适量使溶解并稀释至刻度，摇匀，作为贮备液。临用前，精密量取贮备液 10mL，置 100mL 容量瓶中，加水稀释至刻度，摇匀，即得每 1mL 相当于 $10\mu g$ Cl 的标准溶液。

(2) 干扰的排除

供试溶液如带颜色，可取供试溶液两份，分置 50mL 纳式比色管中，一份中加硝酸银试液 1.0mL，摇匀，放置 10min，如显浑浊，可反复滤过，至滤液完全澄清，再加规定量的标准氯化钠溶液与水适量至 50mL，摇匀，在暗处放置 5min，作为对照溶液；另一份中加硝酸银试液 1.0mL 与水适量至 50mL，摇匀，在暗处放置 5min，按上述方法与对照溶液比较，即得。

用滤纸滤过时，应预先用含有硝酸的水洗净滤纸中的氯化物后再过滤。

3. 硫酸盐检查法

(1) 标准硫酸钾溶液的制备

精密称取干燥至恒重的硫酸钾 0.181g，置 1000mL 容量瓶中，加水适量使溶解并稀释至刻度，摇匀，即得每 1mL 相当于 $100\mu g$ H_2SO_4 的标准溶液。

(2) 干扰的排除

供试溶液如带颜色，可取供试溶液两份，分别置 50mL 纳式比色管中，一份中加25%氯化钡溶液 5mL，摇匀，放置 10min，如显浑浊，可反复滤过，至滤液完全澄清，再加规定量的标准硫酸钾溶液与水适量至 50mL，摇匀，放置 10min，作为对照溶液；另一份中加 25%氯化钡溶液 5mL 与水适量至 50mL，摇匀，放置 10min，按上述方法与对照溶液比较，即得。

4. 干燥失重测定法

(1) 方法

取供试品混合均匀（如为较大的结晶，应先迅速捣碎使成 2mm 以下的小粒），取约 1g 或各药品项下规定的质量，置于供试品同样条件下干燥至恒重的扁形称量瓶中，精密称定，照各药品项下规定的条件干燥至恒重。从减失的质量和取样量计算供试品的干燥失重。

(2) 注意事项

供试品干燥时，应平铺在扁形称量瓶中，厚度不可超过 5mm，如为疏松物质，厚度不可超过 10mm。放入烘箱或干燥器进行干燥时，应将瓶盖取下，置称量瓶旁，或将瓶底半开进行干燥；取出时，须将称量瓶盖好。置烘箱内干燥的供试品，应在干燥后取出置干燥器中放冷至室温，然后称定质量。

5. 炽灼残渣检查法

(1) 方法

取供试品 1.0～2.0g 或各药品项下规定的质量，置已炽灼至恒重的坩埚中，精密称定，缓缓炽灼至完全炭化，放冷至室温；加硫酸 0.5～1mL 使湿润，低温加热至硫酸蒸气除尽后，在 700～800℃炽灼至恒重，即得。

（2）注意事项

如需将残渣留作重金属检查，则炽灼温度必须控制在 500～600℃。

6. 重金属检查法

（1）标准铅溶液的制备

精密称取干燥至恒重的硝酸铅 0.160g，置 1000mL 容量瓶中，加硝酸 5mL 与水 50mL 溶解后，用水稀释至刻度，摇匀，作为贮备液。临用前，精密量取贮备液 10mL，置 100mL 容量瓶中，加水稀释至刻度，摇匀，即得每 1mL 相当于 $10\mu g$ Pb 的标准溶液。

（2）干扰的排除

若供试液带颜色，可在标准管中滴加少量的稀焦糖溶液或其他无干扰的有色溶液，使之与供试液颜色一致。如在标准管中滴加稀焦糖溶液仍不能使颜色一致时，可取该药品项下规定的二倍量的供试品和试液，加水或该药品项下规定的溶剂至 30mL，将溶液分成甲乙两等份，乙管中加水或该药品项下规定的溶剂稀释至 25mL；甲管中加入硫代乙酰胺试液 2mL，摇匀，放置 2min，经滤膜（孔径 $3\mu m$）滤过，然后甲管中加入标准铅溶液一定量，加水或该药品项下规定的溶剂至 25mL；再分别在乙管中加硫代乙酰胺试液 2mL，甲管中加水 2mL，依法比较，即得。

配置与贮存用的玻璃容器均不得含铅。

7. 砷盐检查法

（1）仪器装置

如图 3-1 所示。

测试时，于导气管 C 中装入醋酸铅棉花 60mg（装置高度 60～80mm），再于旋塞 D 的顶端平面上放一片溴化汞试纸（试纸大小以能覆盖孔径而不露出平面为宜），盖上旋塞盖 E 并旋紧，即得。

（2）标准砷溶液的制备

精密称取干燥至恒重的三氧化二砷 0.132g，置 1000mL 容量瓶中，加 20% 氢氧化钠溶液 5mL 溶解后，用适量的稀硫酸中和，再加稀硫酸 10mL，用水稀释至刻度，摇匀，作为贮备液。

临用前，精密量取贮备液 10mL，置 1000mL 容量瓶中，加稀硫酸 10mL，用水稀释至刻度，摇匀，即得每 1mL 相当于 $1\mu g$ As 的标准溶液。

（3）注意事项

① 所用仪器和试液等照本法检查，均不应生成砷斑，或至多生成仅可辨认的斑痕。

② 本法所用锌粒应无砷，以能通过一号筛的细粒为宜，如使用的锌粒较大时，用量应酌情增加，反应时间亦应延长为 1h。

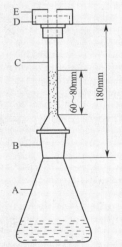

图 3-1 古蔡氏法测砷装置

A—砷化氢发生瓶；B—中空磨口塞；
C—导气管；D—具孔有机玻璃旋塞
（孔径与导气管内径一致）；
E—具孔有机玻璃旋塞

③ 醋酸铅棉花系取脱脂棉 1.0g，浸入醋酸铅试液与水的等容混合液 12mL 中，湿透后，挤压除去过多的溶液，并使之疏松，在 100℃ 以下干燥后，贮于玻璃塞瓶中备用。

④ 若供试品需经有机破坏后再行检砷，则应取标准砷溶液代替供试品，照各药品项下规定的方法同法处理后，依法制备标准砷斑。

8. 铁盐检查法

（1）标准铁溶液的制备

精密称取硫酸铁铵 $[FeNH_4(SO_4)_2 \cdot 12H_2O]$ 0.863g，置 1000mL 容量瓶中，加水溶解后，加硫酸 2.5mL，用水稀释至刻度，摇匀，作为贮备液。临用前，精密量取贮备液 10mL，置 100mL 容量瓶中，加水稀释至刻度，摇匀，即得每 1mL 相当于 $10\mu g$ Fe 的标准溶液。

（2）干扰排除

如供试液与对照液色调不一致时，可分别移置分液漏斗中，各加正丁醇 20mL 提取，分层后，将正丁醇层移置 50mL 纳氏比色管中，再用正丁醇稀释至 25mL，比较，即得。

9. 比色溶液的配制

（1）比色用重铬酸钾液

精密称取在 120℃ 干燥至恒重的基准重铬酸钾 0.4000g，置 500mL 容量瓶中，加适量水溶解并稀释至刻度，摇匀，即得，每 1mL 溶液中含 0.800mg 重铬酸钾。

（2）比色用硫酸铜液

取硫酸铜 32.5g，加适量盐酸溶液（1mL 盐酸稀释至 40mL）使溶解并定容至 500mL，精密量取 10mL，置碘量瓶中，加水 50mL、醋酸 4mL 与碘化钾 2g，用硫代硫酸钠滴定液（$0.1mol \cdot L^{-1}$）滴定，至近终点时，加淀粉指示液 2mL，继续滴定至蓝色消失。每 1mL 硫代硫酸钠滴定液（$0.1mol \cdot L^{-1}$）相当于 24.97mg $CuSO_4 \cdot 5H_2O$。根据上述测定结果，在剩余的原溶液中加入适量的盐酸溶液（1mL 盐酸稀释至 40mL），使每 1mL 溶液中含 62.4mg $CuSO_4 \cdot 5H_2O$，即得。

（3）比色用氯化钴液

取氯化钴 32.5g，加适量盐酸溶液（1mL 盐酸稀释至 40mL）溶解并定容至 500mL，精密量取 2mL，置锥形瓶中，加水 200mL，摇匀，加氨试液由浅红色转化为绿色后，加醋酸-醋酸钠缓冲溶液（pH＝6.0）10mL，加热至 60℃，再加二甲酚橙指示液 5 滴，用乙二胺四乙酸二钠滴定液（$0.05mol \cdot L^{-1}$）滴定至溶液为黄色，每 1mL 乙二胺四乙酸二钠滴定液（$0.05mol \cdot L^{-1}$）相当于 11.90mg $CoCl_2 \cdot 6H_2O$。根据上述测定结果，在剩余的原溶液中加入适量的盐酸溶液（1mL 盐酸稀释至 40mL），使每 1mL 溶液中含 59.5mg $CoCl_2 \cdot 6H_2O$，即得。

实验 **32** 红外光谱法测定药物的结构

一、实验目的与要求

1. 了解红外分光光度计的使用方法。
2. 掌握固体和液体试剂的红外吸收谱图的测定方法。

二、实验原理

红外光谱法定性分析，一般采用两种方法。

1. 已知标准物对照

用已知物对照应由标准试样和待测试样在完全相同的工作条件下，分别测绘出红外光谱进行对照，图谱相同，则为同一化合物。

2. 标准图谱查对法

标准图谱查对是一种最直接、最可靠的方法。根据待测试样的来源、物理常数、分子式及谱图中的特征谱带，查对标准谱图来确定化合物。

三、实验仪器与试剂

1. 仪器

傅里叶红外光谱仪及附件。

2. 试剂

苯甲酸，苯乙酮，KBr。

四、实验内容

1. 固体试剂苯甲酸红外吸收谱图的测绘

（1）取干燥的苯甲酸试样 $1 \sim 2mg$ 置于玛瑙研钵中充分磨细，再加入 150mg 干燥的 KBr 研磨至完全混匀，颗粒粒度约为 $2\mu m$。

（2）取出约 100mg 混合物装入干净的压模内，置于压片机上，在 80MPa 压力下压 8min，制成透射比超过 40% 的透明试样薄片。

（3）将试样薄片装在试样架上，插入红外光谱仪试样池的光路中，用纯 KBr 薄片为参比片。按仪器操作方法从 $4000cm^{-1}$ 扫谱至 $650cm^{-1}$。

（4）扫谱结束后，取下试样架，取出薄片，按要求将模具、试样架等擦净收好。

2. 液体试样苯乙酮红外吸收谱图的测绘

（1）可拆式液体试样池的准备　戴上指套，将可拆式液体试样池的两氯化钠盐片从干燥器中取出，在红外灯下用少许滑石粉混入几滴无水乙醇磨光其表面。用软纸擦净后，滴加无水乙醇 $1 \sim 2$ 滴，再用吸水纸擦净，然后将盐片放置于红外灯下烘干备用。

（2）液体试样的测试　在可拆式液池的金属池板上垫上橡胶圈，在孔中央位置放一盐片，然后滴半滴液体试样于盐片上。将另一盐片压在上面（不能有气泡）。再将另一金属片盖上，谨慎地旋紧对角方向的螺丝，将盐片夹紧形成一层薄的液膜。把此液体池放于试样池的光路中，以空气为参比，按仪器操作方法从 $4000cm^{-1}$ 扫谱至 $650cm^{-1}$。

（3）扫谱结束后，取下试样池，松开螺丝，套上指套，小心取出盐片。用软纸擦净液体，滴几滴无水乙醇洗去试样。擦干、烘干后，将两盐片放干燥器中保存。

3. 红外吸收谱图解析

从扫谱得到的苯甲酸和苯乙酮红外吸收谱图找出主要吸收峰并进行归属。

五、思考与讨论

1. 用压片法制样时，为什么要求将固体试样研磨到颗粒粒度约为 $2\mu m$？为什么要求 KBr 粉末干燥、避免吸水受潮？

2. 芳香烃的红外特征吸收在谱图的什么位置？

实验 33 片剂的含量均匀度测定和溶出度测定

一、实验目的与要求

1. 掌握紫外分光光度法测定药物制剂含量的原理与计算方法。

2. 掌握含量均匀度检查意义、原理与计算方法。

3. 熟悉溶出度测定的方法与原理。

二、实验仪器与试剂

1. 仪器

紫外分光光度仪，药物溶出仪，10～25mL 注射器，0.8μm 微孔滤膜，100mL，200mL 容量瓶。

2. 试剂

苯巴比妥对照品，苯巴比妥片（规格 15mg 或 30mg），马来酸氯苯那敏片（规格 4mg）

三、实验内容

1. 苯巴比妥片（Phenobarbital Tablets）

本品为白色片，苯巴比妥（$C_{12}H_{12}N_2O_3$）含量应为标示量的 $93.0\%\sim107.0\%$。

（1）含量均匀度测定

取本品 1 片（15mg 规格或 30mg 规格），置 100mL 容量瓶中，加乙醇-硼酸氯化钾缓冲液（1：20）适量，振摇，使苯巴比妥溶解，

（$C_{12}H_{12}N_2O_3$　232.24）

加上述缓冲液稀释至刻度，摇匀，滤过，精密量取续滤液适量，加上述缓冲液稀释制成每 1mL 中约含 $10\mu g$ 的溶液，作为供试品溶液；另取苯巴比妥对照品，精密称取适量，加上述缓冲液溶解并定量稀释制成每 1mL 中约含 $10\mu g$ 的溶液，作为对照品溶液。取上述两种溶液，照紫外分光光度法，在 240nm 波长处分别测定吸收度，计算含量，应符合规定（附注 A）。

（2）溶出度测定

取本品，照溶出度测定法（附注 B 第二法），以水 900mL 为溶剂，转速为 50r·min⁻¹，依法操作，经 45min 时，取溶液滤过，精密量取续滤液 10mL（30mg 规格）或 20mL（15mg 规格），加硼酸氯化钾缓冲液（pH＝9.6）定量稀释至 50mL，摇匀；另取苯巴比妥对照品适量，精密称定，加上述缓冲液溶解并定量稀释制成每 1mL 中含 5μg 的溶液。取上述两种溶液，照紫外分光光度法在 240nm 波长处分别测定吸收度，计算出每片的溶出度。限度为标示量的 75％，应符合规定。

2. 马来酸氯苯那敏片（Chlorphenamine Maleate Tablets）

$$(C_{16}H_{19}ClN_2 \cdot C_4H_4O_4 \quad 390.87)$$

本品为白色片，含马来酸氯苯那敏（$C_{16}H_{19}ClN_2 \cdot C_4H_4O_4$）应为标示量的 93.0％～107.0％。

（1）含量均匀度测定

取本品 1 片，置 200mL 容量瓶中，加水约 50mL，振摇使崩解后，加稀盐酸 2mL，用水稀释至刻度，摇匀，静置，滤过，取续滤液在 264nm 波长处测定吸收度，按 $C_{16}H_{19}ClN_2 \cdot C_4H_4O_4$ 的吸收系数（$E_{\mathrm{cm}}^{1\%}$）为 217，计算含量，应符合规定（附注 A）。

（2）溶出度测定

取本品，照溶出度测定法（附注 B 第三法），以稀盐酸 2.5mL 加水至 250mL 为溶剂，转速为 50r·min⁻¹，依法操作，经 45min，取溶液 10mL 滤过，取续滤液，照紫外分光光度法，在 264nm 波长处测定吸收度，按 $C_{16}H_{19}ClN_2 \cdot C_4H_4O_4$ 的吸收系数（$E_{\mathrm{cm}}^{1\%}$）为 217 计算出每片的溶出量。限度为标示量的 75％，应符合规定。

四、注意事项

1. 含量均匀度测定中必须使被测组分完全溶解后再进行过滤、测定。

2. 过滤用漏斗、烧杯必须干燥，弃去初滤液，量取规定量续滤液。

3. 溶出度测定中所用溶剂应经过脱气处理。

4. 溶出液必须经过过滤，取续滤液进行测定。

附

A. 含量均匀度检查法

1. 定义

含量均匀度系指小剂量口服固体制粉、粉雾剂或注射用无菌粉末中的每片（个）含量偏离标示量的程度。

2. 规定

片剂、硬胶囊剂、颗粒剂或散剂，每一个单剂标示量小于 25mg 或主药含量小于每片（个）重量 25% 者；药物间或药物与辅料间采用混粉工艺制程的注射用无菌粉末；内充非均相溶液的软胶囊；单剂量包装的口服混悬液、透皮贴剂和栓剂等品种项下规定含量均匀度应符合要求的制剂，均应检查含量均匀度。复方制剂仅检查符合上述条件的组分，多种维生素或微量元素一般不检查含量均匀度。凡检查含量均匀度的制剂，一般不再检查重（装）量差异，当全部主成分均进行含量均匀度检查时，复方制剂一般亦不再检查重（装）量差异。

3. 方法

取供试品 10 片（个），照各药品项下规定的方法，分别测定每片以标示量为 100 的相对含量 x_i，求其均值 $\bar{X}$ 和标准差 S $\left[S = \sqrt{\dfrac{\sum\limits_{i=1}^{n}(x_i - \bar{X})^2}{n-1}} \right]$ 以及标示量与均值之差的绝对值 A（$A = |100 - \bar{X}|$）。

若 $A + 2.2S \leqslant L$，则供试品的含量均匀度符合规定；

若 $A + S > L$，则不符合规定；

若 $A + 2.2S > L$，且 $A + S \leqslant L$，则应另取供试品 20 个复试。

根据初、复试结果，计算 30 个单剂的均值 $\bar{X}$、标准差 S 和标示量与均值之差的绝对值 A。再按下述公式计算并判定。

当 $A \leqslant 0.25L$ 时，若 $A^2 + S^2 \leqslant 0.25L^2$，则供试品的含量均匀度符合规定；若 $A^2 + S^2 > 0.25L^2$ 则不符合规定。

当 $A > 0.25L$ 时，若 $A + 1.7S \leqslant L$，则供试品的含量均匀度符合规定；若 $A + 1.7S > L$，则不符规定。

上述公式中 L 为规定值。除另有规定外，$L = 15.0$；单剂量包装的口服混悬液、内充非均相溶液的软胶囊、胶囊型或泡囊型粉雾剂、单剂量包装的眼用、耳用、鼻用混悬剂、固体或半固体制剂 $L = 20.0$；透皮贴剂、栓剂 $L = 25.0$。

如该品种项下规定含量均匀度的限度为 $\pm 20\%$ 或其他数值时，$L = 20.0$ 或其他相应的数值。

当各品种正文项下含量限度规定的上下限的平均值（T）大于 $100.0(\%)$ 时，若 $\bar{X} < 100.0$，则 $A = 100 - \bar{X}$；若 $100.0 \leqslant \bar{X} \leqslant T$，则 $A = 0$；若 $\bar{X} > T$，则 $A = \bar{X} - T$。同上法计算，判定结果，即得。当 $T < 100.0(\%)$ 时，应在各品种正文中规 A 的计算方法。

当含量测定与含量均匀度检查所用检测方法不同时，而且含量均匀度未能从响应值求出每一个单剂含量情况下，可取供试品 10 个，照该品种含量均匀度项下规的方法，分别测定，得仪器测得的响应值 Y_i，（可为吸光度、峰面积等），求其均值 $\bar{Y}$。另由含量测定法测得以标示量 100 的含量 X_A，由 X_A 除以响应值的均值 $\bar{Y}$，得比例系数

$K(K=X_A/\overline{Y})$。将上述诸响应值 Y_i 与 K 相乘，求得每一个单剂以标示量100的相对含量（%）x_i（$x_i=KY_i$，），同上法求 $\overline{X}$ 和 S 以及 A，计算，判定结果，即得。如需复试，应另取供试品20个，按上述方法测定，计算30个单剂的均值 $\overline{Y}$、比例系数 K、相对含量（%）X_i、标准差 S 和 A，判定结果，即得。

B. 溶出度测定法

1. 定义

溶出度系指药物从片剂、胶囊剂或颗粒剂等普通制剂在规定条件下溶出的速率和程度，在缓释制剂、控释制剂、肠溶制剂及透皮贴剂中也称释放度。

2. 仪器装置

第一法（转篮法）

（1）转篮 分篮体与篮轴两部分，均为不锈钢或其他惰性材料制成，其形状尺寸如图3-2所示。篮体 A 由方孔筛网（丝径为 0.28mm±0.03mm，网孔为 0.40mm±0.04mm）制成，呈圆柱形，转篮内径为 20.2mm±1.0mm，上下两端都有封边。篮轴 B 的直径为 9.75mm±0.35mm，轴的末端连一圆盘，作为转篮的盖；盖上有一通气孔（孔径为 2.0mm±0.5mm）；盖边系两层，上层直径与转篮外径相同，下层直径与转篮内径相同；盖上的3个弹簧片与中心呈120°角。

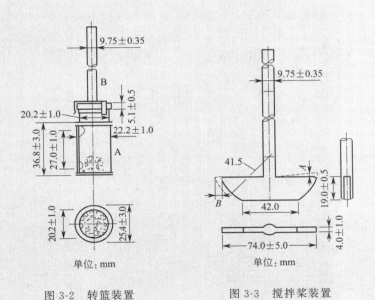

图 3-2 转篮装置　　　　　图 3-3 搅拌桨装置

（2）溶出杯 一般由硬质玻璃或其他惰性材料制成的底部为半球形的1000mL 杯状容器，内径为 102mm±4mm（圆柱部分内径最大值和内径最小值之差不得大于0.5mm），高为 185mm±25mm；溶出杯配有适宜的盖子，盖上有适当的孔，中心孔为篮轴的位置，其他孔供取样或测量温度用。溶出杯置恒温水浴或其他适当的加热装置中。

（3）篮轴与电动机相连，由速度调节装置控制电动机的转速，使篮轴的转速在各品种项下规定转速的±4%范围之内。运转时整套装置保持平稳，均不能产生明显的晃动或振动（包括装置所处的环境）。转篮旋转时，篮轴与溶出杯的垂直轴在任一点的偏离均不得大于2mm，转篮下缘的摆动幅度不得偏离轴心1.0mm。

（4）仪器一般配有6套以上测定装置。

第二法（桨法）

除将转篮换成搅拌桨外，其他装置和要求与第一法相同。搅拌桨的下端及桨叶部分可涂适当的惰性材料（如聚四氟乙烯），其形状尺寸如图3-3所示。桨杆对称度（即桨轴左侧距桨叶左边缘距离与桨轴右侧距桨叶右边缘距离之差）不得超过0.5mm，桨轴和桨叶垂直度90°±0.2%桨杆旋转时，桨轴与溶出杯的垂直轴在任一点的偏差均不得大于2mm；搅拌桨旋转时A、B两点的摆动幅度不得超过0.5mm。

第三法（小杯法）

（1）搅拌桨形状尺寸如图3-4所示。桨杆上部直径为9.75mm±0.35mm，桨杆下部直径为6.0mm±0.2mm；桨杆对称度（即桨轴左侧距桨叶左边缘距离与桨轴右侧距桨叶右边缘距离之差）不得超过0.5mm，桨轴和桨叶垂直度90°±0.2°；桨杆旋转时，桨轴与溶出杯的垂直轴在任一点的偏差均不得大于2mm；搅拌桨旋转时，A、B两点的摆动幅度不得超过0.5mm。

（2）溶出杯一般由硬质玻璃或其他惰性材料制成的底部为半球形的250mL杯状容器，其形状尺寸如图3-5所示。内径为62mm±3mm（圆柱部分内径最大值和内径最小值之差不得大于0.5mm），高为126mm±6mm，其他要求同第一法。

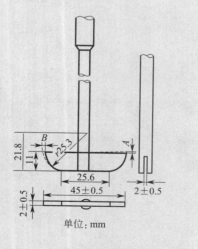
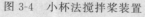

单位：mm

图3-4　小杯法搅拌桨装置

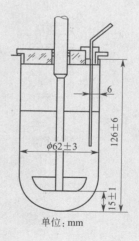

单位：mm

图3-5　小杯法溶出杯装置

第四法（桨碟法）

方法1　搅拌桨、溶出杯按第二法，溶出杯中放入用于放置贴片的不锈钢网碟（图3-6）。网碟装置见图3-7。

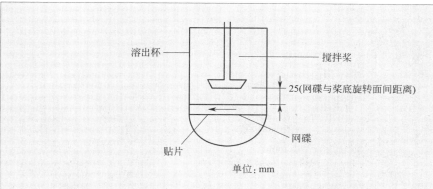

图 3-6　桨碟法方法 1 装置

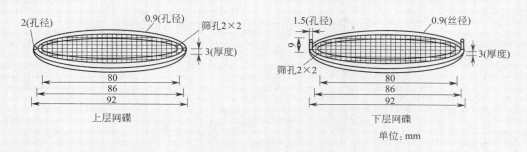

图 3-7　桨碟法方法 1 网碟装置

方法 2　除将方法 1 的网碟换成图 3-8 所示的网碟外，其他装置和要求与方法 1 相同。

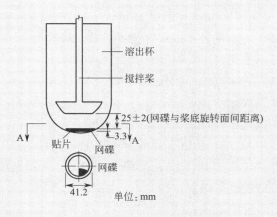

图 3-8　桨碟法方法 2 装置

第五法〔转筒法〕

溶出杯按第二法，但搅拌桨另用不锈钢转筒装置替代。组成搅拌装置的杆和转筒均由不锈钢制成，其规格尺寸见图 3-9。

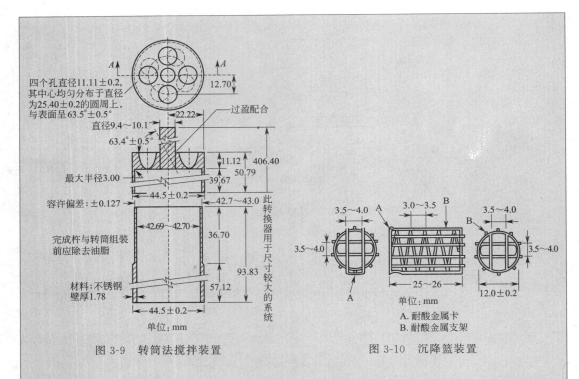

图 3-9 转筒法搅拌装置

图 3-10 沉降篮装置

测定法

第一法和第二法

普通制剂 测定前，应对仪器装置进行必要的调试，使转篮或桨叶底部距溶出杯的内底部 25mm±2mm。分别量取溶出介质置各溶出杯内，实际量取的体积与规定体积的偏差应在±1％范围之内，待溶出介质温度恒定在（37±0.5）℃后，取供试品 6 片（粒、袋），如为第一法，分别投入 6 个干燥的转篮内，将转篮降入溶出杯中；如为第二法，分别投入 6 个溶出杯内（当品种项下规定需要使用沉降篮时，可将胶囊剂先装入规定的沉降篮内；品种项下未规定使用沉降篮时，如胶囊剂浮于液面，用一小段耐腐蚀的细金属丝轻绕于胶囊外壳。沉降篮的形状尺寸如图 3-10 所示）。注意避免供试品表面产生气泡，立即按各品种项下规定的转速启动仪器，计时；至规定的取样时间（实际取样时间与规定时间的差异不得过±2％），吸取溶出液适量［取样位置应在转篮或桨叶顶端至液面的中点，距溶出杯内壁 10mm 处；需多次取样时，所量取溶出介质的体积之和应在溶出介质的 1％之内，如超过总体积的 1％时，应及时补充相同体积的温度为（37±0.5）℃的溶出介质，或在计算时加以校正］，立即用适当的微孔滤膜滤过，自取样至滤过应在 30s 内完成。取澄清滤液，照该品种项下规定的方法测定，计算每片（粒、袋）的溶出量。

缓释制剂或控释制剂 照普通制剂方法操作，但至少采用三个取样时间点，在规定取样时间点，吸取溶液适量，及时补充相同体积的温度为（37±0.5）℃的溶出介质，滤过，自取样至滤过应在 30s 内完成。照各品种项下规定的方法测定，计算每片（粒）的溶出量。

肠溶制剂　按方法 1 或方法 2 操作。

方法 1　酸中溶出量　除另有规定外，分别量取 0.1mol·L^{-1} 盐酸溶液 750mL 置各溶出杯内，实际量取的体积与规定体积的偏差应在 ±1% 范围之内，待溶出介质温度恒定在 (37±0.5)℃，取供试品 6 片（粒）分别投入转篮或溶出杯中（当品种项下规定需要使用沉降篮时，可将胶囊剂先装入规定的沉降篮内；品种项下未规定使用沉降篮时，如胶囊剂浮于液面，可用一小段耐腐蚀的细金属丝轻绕于胶囊外壳），注意避免供试品表面产生气泡，立即按各品种项下规定的转速启动仪器，2h 后在规定取样点吸取溶出液适量，滤过，自取样至滤过应在 30s 内完成。按各品种项下规定的方法测定，计算每片（粒）的酸中溶出量。其他操作同第一法和第二法项下普通制剂。

缓冲液中溶出量　上述酸液中加入温度为 (37±0.5)℃ 的 0.2mol·L^{-1} 磷酸钠溶液 250mL（必要时用 2mol·L^{-1} 盐酸溶液或 2mol·L^{-1} 氢氧化钠溶液调节 pH 值至 6.8），继续运转 45min，或按各品种项下规定的时间，在规定取样点吸取溶出液适量，滤过，自取样至滤过应在 30 秒钟内完成。按各品种项下规定的方法测定，计算每片（粒）的缓冲液中溶出量。

方法 2　酸中溶出量　除另有规定外，量取 0.1mol·L^{-1} 盐酸溶液 900mL，注入每个溶出杯中，照方法 1 酸中溶出量项下进行测定。

缓冲液中溶出量　弃去上述各溶出杯中酸液，立即加入温度为 (37±0.5)℃ 的磷酸盐缓冲液（pH=6.8）（取 0.1mol·L^{-1} 盐酸溶液和 0.2mol·L^{-1} 磷酸钠溶液，按 3∶1 混合均匀，必要时用 2mol·L^{-1} 盐酸溶液或 2mol·L^{-1} 氢氧化钠溶液调节 pH 值至 6.8）900mL，或将每片（粒）转移入另一盛有温度为 (37±0.5)℃ 的磷酸盐缓冲液（pH=6.8）900mL 的溶出杯中，照方法 1 缓冲液中溶出量项下进行测定。

第三法

普通制剂　测定前，应对仪器装置进行必要的调试，使桨叶底部距溶出杯的内底部 (15±2)mm。分别量取溶出介质置各溶出杯内，介质的体积 150~250mL，实际量取的体积与规定体积的偏差应在 ±1% 范围之内（当品种项下规定需要使用沉降装置时，可将胶囊剂先装入规定的沉降装置内；品种项下未规定使用沉降装置时，如胶囊剂浮于液面，可用一小段耐腐蚀的细金属丝轻绕于胶囊外壳）。以下操作同第二法。取样位置应在桨叶顶端至液面的中点，距溶出杯内壁 6mm 处。

缓释制剂或控释制剂　照第三法普通制剂方法操作，其余要求同第一法和第二法项下缓释制剂或控释制剂。

第四法

透皮贴剂　分别量取溶出介质置各溶出杯内，实际量取的体积与规定体积的偏差应在 ±01% 范围之内，待溶出介质预温至 (32.0±0.5)℃；将透皮贴剂固定于两层碟片之间（方法 1）或网碟上（方法 2），溶出面朝上，尽可能使其保持平整。再将网碟水平放置于溶出杯下部，并使网碟与桨底旋转面平行，两者相距 25mm±2mm，按品种正文规定的转速启动装置。在规定取样时间点，吸取溶出液适量，及时补充相同体积的温度为 (32.0±0.5)℃ 的溶出介质。其他操作同第一法和第二法项下缓释制剂或控释制剂。

第五法

透皮贴剂 分别量取溶出介质置各溶出杯内，实际量取的体积与规定体积的偏差应在±1%范围之内，待溶出介质预温至 (32.0±0.5)℃；除另有规定外，按下述进行准备，除去贴剂的保护套，将有黏性的一面置于一片铜纱上，铜纱的边比贴剂的边至少大 1cm。将贴剂的铜纱覆盖面朝下放置于干净的表面，涂布适宜的胶黏剂于多余的铜纱边。如需要，可将胶黏剂涂布于贴剂背面。干燥 1min，仔细将贴剂涂胶黏剂的面安装于转筒外部，使贴剂的长轴通过转筒的圆心。挤压铜纱面除去引入的气泡。将转筒安装在仪器中，试验过程中保持转筒底部距溶出杯内底部 25mm±2mm，立即按品种正文规定的转速启动仪器。在规定取样时间点，吸取溶出液适量，及时补充相同体积的温度为 (32.0±0.5)℃的溶出介质。同法测定其他透皮贴剂。其他操作同第一法和第二法项下缓释制剂或控释制剂。

以上五种测定法中，当采用原位光纤实时测定时，辅料的干扰应可以忽略，或可以通过设定参比波长等方法消除；原位光纤实时测定主要适用于溶出曲线和缓释制剂溶出度的测定。

结果判定

普通制剂符合下述条件之一者，可判为符合规定：

(1) 6 片（粒、袋）中，每片（粒、袋）的溶出量按标示量计算，均不低于规定限度 (Q)；

(2) 6 片（粒、袋）中，如有 1～2 片（粒、袋）低于但不低于 $Q-10\%$，且其平均溶出量不低于 Q；

(3) 6 片（粒、袋）中，有 1～2 片（粒、袋）低于 Q，其中仅有 1 片（粒、袋）$Q-10\%$，但不低于 $Q-20\%$，且其平均溶出量不低于 Q 时，应另取 6 片（粒、袋）复试；初、复试的 12 片（粒、袋）中有 1～3 片（粒、袋）低于 Q，其中仅有 1 片（粒、袋）低于 $Q-10\%$，但不低于 $Q-10\%$，且其平均溶出量不低于 Q。

以上结果判断中所示的 10%、20% 是指相对于标示量的百分率（%）。

缓释制剂或控释制剂 除另有规定外，符合下述条件之一者，可判为符合规定：

(1) 6 片（粒）中，每片（粒）在每个时间点测得的溶出量按标示量计算，均未超出规定范围；

(2) 6 片（粒）中，在每个时间点测得的溶出量，如有 1～2 片（粒）超出规定范围，但未超出规定范围的 10%，且在每个时间点测得的平均溶出量未超出规定范围；

(3) 6 片（粒）中，在每个时间点测得的溶出量，如有 1～2 片（粒）超出规定范围，其中仅有 1 片（粒）超出规定范围的 10%，但未超出规定范围的 20%，且其平均溶出量未超出规定范围，应另取 6 片（粒）复试；初、复试的 12 片（粒）中，在每个时间点测得的溶出量，如有 1～3 片（粒）超出规定范围，其中仅有 1 片（粒）超出规定范围的 10%，但未超出规定范围的 20%，且其平均溶出量未超出规定范围。

以上结果判断中所示超出规定范围的 10%、20% 是指相对于标示量的百分率（%），其中超出规定范围 10% 是指：每个时间点测得的溶出量不低于低限的 −10%，或不超过高限的 +10%；每个时间点测得的溶出量应包括最终时测得的溶出量。

肠溶制剂 除另有规定外，符合下述条件之一者，可判为符合规定：

酸中溶出量 (1) 6片（粒）中，每片（粒）的溶出量均不大于标示量的10%；

(2) 6片（粒）中，有1~2片（粒）大于10%，但其平均溶出量不大于10%。

缓冲液中溶出量 (1) 6片（粒）中，每片（粒）的溶出量按标示量计算均不低于规定限度（Q）；除另有规定外，Q应为标示量的70%；

(2) 6片（粒）中仅有1~2片（粒）低于Q，但不低于$Q-10\%$，且其平均溶出量不低于Q；

(3) 6片（粒）中如有1~2片（粒）低于Q，其中仅有1片（粒）低于$Q-10\%$，但不低于$Q-20\%$，且其平均溶出量不低于Q时，应另取6片（粒）复试；初、复试的12片（粒）中有1~3片（粒）低于Q，其中仅有1片（粒）低于$Q-10\%$，但不低于$Q-20\%$，且其平均溶出量不低于Q。

以上结果判断中所示的10%、20%是指相对于标示量的百分率（%）。

透皮贴剂 除另有规定外，同缓释制剂或控释制剂。

【溶出条件和注意事项】

(1) 溶出度仪的适用性及性能确认试验 除仪器的各项机械性能应符合上述规定外，还应用溶出度标准片对仪器进行性能确认试验，按照标准片的说明书操作，试验结果应符合标准片的规定。

(2) 溶出介质 应使用各品种项下规定的溶出介质，除另有规定外，室温下体积为900mL，并应新鲜配制和经脱气处理；如果溶出介质为缓冲液，当需要调节pH值时，一般调节pH值至规定pH值±0.05之内。

(3) 取样时间 应按照品种各论中规定的取样时间取样，自6杯中完成取样的时间应在1min内。

(4) 除另有规定外，颗粒剂或干混悬剂的投样应在溶出介质表面分散投样，避免集中投样。

(5) 如胶囊壳对分析有干扰，应取不少于6粒胶囊，除尽内容物后，置一个溶出杯内，按该品种项下规定的分析方法测定空胶囊的平均值，作必要的校正。如校正值大于标示量的25%，试验无效。如校正值不大于标示量的2%，可忽略不计。

实验 ③④ 荧光光度法测定维生素 B_2

一、实验目的与要求

1. 学习和掌握荧光光度分析法测定维生素 B_2 含量的基本原理和方法。

2. 熟悉荧光分光光度计的结构和使用方法。

3. 学习测绘维生素 B_2 的激光光谱和发射光谱以及用荧光分光光度法测定维生素 B_2 的含量。

二、实验原理

维生素 B_2（又称核黄素，Vitamin B_2）的结构如下：

由于分子中有三个芳香环，具有平面刚性结构。因此它能够发射荧光。维生素 B_2（即核黄素）易溶于水而不溶于乙醚等有机溶剂，在中性或酸性溶液中稳定，光照易分解，对热稳定。维生素 B_2 在 $430\sim440nm$ 蓝光的照射下，发出绿色荧光，其峰值波长为 $535nm$。维生素 B_2 的荧光在 $pH=6\sim7$ 时最强，在 $pH=11$ 时消失。

在紫外或波长较短的可见光照射后，一些物质会发射出比入射光波长更长的荧光。以测量荧光的强度和波长为基础的分析方法叫作荧光光度分析法。

对同一物质而言，若 $alc\ll0.05$，即对很稀的溶液，荧光强度 F 与该物质的浓度 c 有以下关系：

$$F=2.3\varphi_f I_0 alc \tag{3-2}$$

式中，φ_f 为荧光过程的量子效率；I_0 为入射光强度；a 为荧光分子的吸收系数；l 为试液的吸收光程。当 I_0 和 l 不变时，$F=Kc$（K 为常数）。因此，在低浓度的情况下，荧光物质的荧光强度与浓度呈线性关系。

荧光分析实验首先选择激发波长和发射波长，基本原则是使测量获得最强荧光，且受背景影响最小。激发光谱是选择激发波长的依据，荧光物质的激发光谱是指在荧光最强的波长处，改变激发光波长测量荧光强度的变化，用荧光强度激发光波长作图所得的谱图。荧光光谱是选择荧光波长的主要依据。它是将激发光波长固定在最大激发波长处，然后扫描发射波长，测定不同发射波长处的荧光强度即得荧光（发射）光谱。

本实验采用标准曲线法来测定维生素 B_2 的含量。

三、实验仪器与试剂

1. 仪器

荧光分光光度计，50mL 容量瓶，胶头滴管，1000mL 容量瓶。

2. 试剂

维生素 B_2 片，核黄素标准品，1% HAc 溶液。

四、实验内容

1. 标准系列溶液的配制

（1）$10.0mg\cdot L^{-1}$ 维生素 B_2 标准溶液

准确称取 $10.0mg$ 维生素 B_2，将其溶解于少量的 1% HAc 溶液中，转移至 1000mL 容量瓶中，用1%HAc稀释至刻度，摇匀。该溶液应装于棕色试剂瓶，置于阴凉处保存。

（2）待测液

取市售维生素B_2一片，用1%HAc溶液溶解，定容成1000mL，贮于棕色试剂瓶中，置阴凉处保存。

在5个洁净的50mL容量瓶中，分别加入1.00mL、2.00mL、3.00mL、4.00mL和5.00mL维生素B_2标准溶液，用1%HAc稀释至刻度，摇匀备用。

2. 标准溶液的测定

将适当的滤光片置于光路中，选择激发波长为435nm，发射波长为535nm。进入"标准曲线"菜单，以蒸馏水为空白测"本底值"。然后按浓度由低到高顺序依次测定5个标准溶液的荧光强度，并点击"拟合"，绘制标准曲线并保存。

3. 待测试样的测定

取待测溶液2.50mL置于50mL容量瓶中，用1%HAc稀释至刻度，摇匀。打开"标准溶液的测定"中保存的标准曲线，在相同条件下测定其荧光强度并记录其浓度。

五、实验结果

1. 从测绘的维生素B_2的激光光谱和荧光光谱上，确定它的最大激光波长和最大发射波长。

2. 用方格坐标纸或Excel及Origin等作图软件绘制维生素B_2的校准曲线，并从校准曲线上确定样品溶液中维生素B_2的浓度，最后计算出维生素B_2片剂中维生素B_2的含量（mg·片$^{-1}$），并将测定值与药品说明书上的标示量作比较。

六、思考与讨论

1. 怎样选择激发滤光片和荧光滤光片？荧光仪中为什么不把他们安排在一条直线上？

2. 维生素B_2在pH=6～7时荧光最强，本实验为何在酸性溶液中测定？

3. 根据维生素B_2的结构特点，进一步说明能发生荧光的物质应具有什么样的分子结构？

实验 35 气相色谱法分析苯、甲苯、二甲苯混合物

一、实验目的与要求

1. 了解气相色谱仪的基本构造及各部分的作用。
2. 掌握气相色谱仪的使用原理及方法。
3. 掌握色谱定量分析的方法。

二、实验原理

色谱定性分析的任务是确定色谱图上每个色谱峰代表何种组分，根据各色谱峰的保留值进行定性分析。

在一定色谱操作条件下，每种物质都有一确定不变的保留值（如保留时间），故可以作为定性分析的依据。只要在相同色谱条件下，对已知纯样和待测试样进行色谱分析，分别测量各组分峰的保留值，若某组分峰的保留值与已知纯样相同，则可以认为两者为同一物质。这种色谱定性分析方法要求色谱条件稳定，保留值测定准确。

确定了各个色谱峰代表的组分后，即可对其进行定量分析。色谱定量分析的依据是混合物中各组分的质量含量与其相应的响应信号（峰高或峰面积）成正比，利用归一法即可计算出各组分的含量。

三、实验仪器与试剂

1. 仪器

GC4000A 型气相色谱仪，$1\mu L$ 微量进样器。

2. 试剂

苯，甲苯，二甲苯，混合物。

四、实验内容

1. 纯样保留时间的测定

分别用微量进样器吸取苯、甲苯、二甲苯纯样 $0.1\mu L$，直接由进样口注入色谱仪，测定各样品的保留时间。

2. 苯、甲苯、二甲苯混合物的分析

用微量进样器吸取混合物样品 $0.2\mu L$ 注入色谱仪，连续记录各组分的保留时间、峰高和峰面积。

3. 关机

实验完毕后，首先关闭氢气、空气、主机电源，待分离柱温降至室温后再关闭载气，关闭计算机。

五、实验结果

混合物中各组分的保留时间（表 3-3）与纯苯、甲苯、二甲苯的保留时间（表 3-2）作对照，若保留时间一致，表明混合物中有该成分存在。利用归一法计算，由峰面积确定各组分质量含量。

表 3-2　苯、甲苯、二甲苯纯样品保留时间

保留时间	苯	甲苯	二甲苯
第一次进样			
第二次进样			
第三次进样			
平均值			

表 3-3 苯、甲苯、二甲苯混合物色谱分离数据记录表

数据项	峰 1	峰 2	峰 3
保留时间			
对应组分			
峰面积			
质量分数/%			

六、思考与讨论

1. 气相色谱仪由哪几部分组成？其作用是什么？

2. 归一化法定量分析的条件是什么？

附

 ## GC4000A 型气相色谱仪及 A5000 气相色谱工作站操作方法

1. 打开载气（氮气）钢瓶，调节减压阀压力至 0.3MPa，调节柱后载气压力为 0.04MPa。

2. 打开主机电源，设定好升温程序。

3. 打开空压机，调节出口压力至 0.2MPa，通过空气流量调节阀调节空气流量为 280mL·min^{-1}。

4. 打开氢气钢瓶，调节氢气流量为 30mL·min^{-1}（0.05MPa）。

5. 打开计算机，进入 A5000 气相色谱工作站。

6. 点火。按下点火开关约 8s 即可。

7. 用微量进样器吸取样品注入色谱仪（同时按下"采样"按钮）即可开始采样分析。

8. 分析完毕后，点击"结束采样"即停止采样。

9. 进入"分析计算"，进行"谱图积分"，"归一法计算"，即可得到各组分保留时间和相应质量含量。

10. 工作完毕后，按关机程序关闭仪器。

实验 36 非水溶液滴定法测定含氮碱性药物的含量

一、实验目的与要求

1. 掌握非水溶液滴定法的原理与测定方法。

2. 掌握电位滴定的数据处理与终点确定方法。

3. 熟悉常用非水指示剂的变色原理和终点颜色的确定。

二、实验仪器与试剂

1. 仪器

pH 酸度计，电磁搅拌器，10mL 滴定管。

2. 试剂

氧氟沙星，马来酸氯苯那敏。

三、实验内容

1. 氧氟沙星（Ofloxacin）

$(C_{18}H_{20}FN_3O_4 \quad 361.38)$

本品为 （±）-9-氟-2,3-二氢-3-甲基-10-(4-甲基-1-哌嗪基)-7-氧代-7H-吡啶并 [1,2,3-de]-[1,4] 苯并噁嗪-6-羧酸。按干燥品计算，含 $C_{18}H_{20}FN_3O_4$ 不得少于 98.5％。

[原理]

$$C_{18}H_{20}FN_3O_4 + HClO_4 \longrightarrow C_{18}H_{20}FN_3O_4 \cdot HClO_4$$

[方法]

取本品 0.2g，精密称定，加冰醋酸 50mL，使溶解，照电位滴定法（附注 A），用高氯酸滴定液（0.1mol·L^{-1}）滴定，并将滴定的结果用空白实验校正。每 1mL 高氯酸滴定液（0.1mol·L^{-1}）相当于 36.14mg 的氧氟沙星（附注 B）。

2. 马来酸氯苯那敏（Chlorphenamine Maleate）

$(C_{16}H_{19}ClN_2 \cdot C_4H_4O_4 \quad 390.87)$

本品为 N,N-二甲基-γ-(4-氯苯基)-2-吡啶丙胺顺丁烯二酸盐。按干燥品计算，含 $C_{16}H_{19}ClN_2 \cdot C_4H_4O_4$ 不得少于 98.5％。

[原理]

$$C_{16}H_{19}ClN_2 \cdot C_4H_4O_4 + 2HClO_4 \longrightarrow C_{16}H_{19}ClN_2 + C_4H_4O_4 \cdot 2HClO_4$$

[方法]

取本品约 0.15g，精密称定，加冰醋酸 10mL 溶解后，加结晶紫指示液 1 滴，用高氯酸滴定液（0.1mol·L^{-1}）滴定，至溶液显蓝色，并将滴定的结果用空白试验校正。每 1mL 高氯酸滴定液（0.1mol·L^{-1}）相当于 19.54mg $C_{16}H_{19}ClN_2 \cdot C_4H_4O_4$（附注 B）。

四、注意事项

1. 所用仪器必须干燥。
2. 标准液标定时的温度与样品测定时温度若有差异，必须进行校正。
3. 电位滴定时，每次读取电位值应待读数稳定后再读取。
4. 饱和甘汞电极套管内装的溶液应是氯化钾的饱和无水甲醇溶液。
5. 玻璃电极使用前应在水中浸泡 24h 以上，用过以后应立即清洗并浸在水中保存。

附

1. 电位滴定法

（1）原理

电位滴定法是容量分析中用以确定终点或选择核对指示剂变色域的方法。在非水溶液中和法中，选用 2 支不同的电极，以玻璃电极为指示电极，其电极电势随溶液中氢离子浓度的变化而变化；饱和甘汞电极为参比电极，其电极电势固定不变。在达到滴定终点时，因氢离子浓度急剧变化而引起指示电极的电势突减或突增，此转折点称为突跃点。

（2）滴定方法

将盛有供试品溶液的烧杯置于电磁搅拌器上，浸入电极，搅拌，并自滴定管中分次滴加滴定液；开始时可每次加入较多的量，搅拌，记录电位；至将近终点前，则应每次加入少量，搅拌，记录电位，至突跃点已过，仍应继续滴加几次滴定液，并记录电位。

（3）滴定终点的确定

① 作图法　用坐标纸以电位（E）为纵坐标，以滴定液体积（V）为横坐标，绘制 E-V 曲线，以此坐标的陡然上升或下降部分的中心为滴定终点。或以 $\Delta E/\Delta V$（即相邻两次的电位差和加入滴定液的体积差之比）为纵坐标，以滴定液体积（V）为横坐标，绘制（$\Delta E/\Delta V$）-V 曲线，与 $\Delta E/\Delta V$ 的极大值对应的体积即为滴定终点。也可采用二阶导数确定终点。根据求得的 $\Delta E/\Delta V$ 值，计算相邻数值间的差值，即 $\Delta^2 E/\Delta V^2$，绘制（$\Delta^2 E/\Delta V^2$）-V 曲线，曲线过零时的体积即为滴定终点。

② 内插法　按记录滴定剂体积与响应的电位值，计算二阶导数（$\Delta^2 E/\Delta V^2$）值，取最接近于零的正负倒数值和相应的滴定剂体积，用内插法求出滴定终点体积。

如用于指示剂色调的选择或核对，滴定前加入该指示剂，观察终点前至终点后的颜色变化，以选定该被测物滴定终点时的指示剂颜色。

2. 非水溶液滴定法

（1）定义

非水溶液滴定法是在非水溶剂中进行滴定的方法，主要用来测定有机碱及其氢卤酸盐、磷酸盐、硫酸盐或有机酸盐，以及有机酸碱金属盐类药物的含量，也用于测定某些有机弱酸的含量。

（2）测定有机碱及其盐类的方法

精密称取供试品适量 [约消耗高氯酸滴定液（$0.1mol \cdot L^{-1}$）8mL]，加冰醋酸 $10\sim 30mL$ 使之溶解，加各药品项下规定的指示剂 $1\sim 2$ 滴，用高氯酸滴定液（$0.1mol \cdot L^{-1}$）滴定。终点颜色应以电位滴定时的突跃点为准，并将滴定的结果用空白实验校正。

若滴定样品与标定高氯酸滴定液时的温度差超过 10℃，则应重新标定；若未超过 10℃，则可根据式（3-3）将高氯酸滴定液的浓度加以校正。

$$c_1 = \frac{c_0}{1 + 0.0011(t_1 - t_0)} \tag{3-3}$$

式中，0.0011 为冰醋酸的膨胀系数；t_0 为标定高氯酸滴定液时的温度；t_1 为滴定样品时的温度；c_0 为 t_0 时高氯酸滴定液的浓度；c_1 为 t_1 时高氯酸滴定液的浓度。

实验 37 高效液相色谱法测定阿莫西林胶囊的含药量

一、实验目的与要求

1. 熟悉高效液相色谱仪的结构及正确使用。
2. 掌握阿莫西林胶囊分析的原理及方法。

二、实验原理

高效液相色谱法是继气相色谱之后，于 20 世纪 70 年代初期发展起来的一种以液体作流动相的新色谱技术。它适用于分离分析稳定性差、相对分子质量（400 以上）大、沸点高的物质及具有生物活性的物质。高效液相色谱法具有高柱效、高选择性、分析速度快、灵敏度高、重复性好、应用范围广等优点。该法已成为现代分析技术的重要手段之一，目前在化学、化工、医药、生化、环保、农业等领域应用广泛。高效液相色谱仪由高压输液系统、进样系统、分离系统、检测系统、记录系统五大部分组成。

阿莫西林为 β-内酰胺类抗生素，其母核部分和侧链部分均有共轭体系，有紫外吸收，因此阿莫西林胶囊的鉴别、有关物质的检查、含量测定均采用反相高效液相色谱法。有关物质的检查方法为外标法和不加校正因子的主成分自身对照法。含量测定采用外标法定量。

三、实验仪器与试剂

1. 仪器

分析天平，高效液相色谱仪。

2. 试剂

十八烷基硅烷键合硅胶，$0.05mol \cdot L^{-1}$ 磷酸二氢钾溶液，$2mol \cdot L^{-1}$ 氢氧化钠溶液。

四、实验内容

本品含 $C_{16}H_{19}N_3O_5S$ 应为标示量的 $90.0\%\sim110.0\%$。

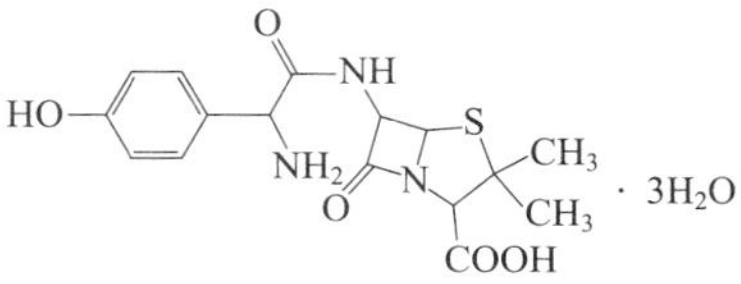

1. 鉴别

在含量测定项下记录的色谱图中，供试品溶液主峰的保留时间应与对照品溶液主峰的保留时间一致。

2. 检查

（1）水分

取本品的内容物，照水分测定法测定，含水分不得过 16.0%。

（2）有关物质

取本品的内容物适量，精密称定，用流动相 A 溶解并制成每 1mL 中含 2mg 的溶液，滤过，取续滤液照阿莫西林有关物质项下测定。单个杂质的峰面积不得大于对照溶液主峰面积的 2 倍（2.0%），各杂质峰面积的和不得大于对照溶液主峰面积的 5 倍（5.0%），供试品溶液中任何小于对照溶液主峰面积 0.05 倍的峰可忽略不计。

（3）溶出度

取本品，照溶出度测定法，以水 900mL 为溶出介质，转速为 100r·min^{-1}，依法操作，经 45min 时，取溶液适量，滤过，精密量取续滤液适量，用溶出介质稀释成每 1mL 中约含 130μg 的溶液，照紫外-可见光光度法，在 272nm 波长处测定吸光度；另取装量差异项下的内容物，混合均匀，精密称取适量（约相当于平均装量），按标示量加溶出介质溶解并稀释成每 1mL 中约含 130μg 的溶液，滤过，取续滤液作为对照溶液，同时测定，计算每粒的溶出量。限度为 80%，应符合规定。

（4）其他

应符合胶囊片剂项下有关的各项规定。

3. 含量测定

（1）色谱条件与系统适用性试验

用十八烷基硅烷键合硅胶为填充剂，以 0.05mol·L^{-1}磷酸二氢钾溶液（2mol·L^{-1}氢氧化钠溶液调节 pH 值至 5.0）-乙醇为流动相，流速为 1mL·min^{-1}，检测波长为 254nm，理论板数按阿莫西林峰计算不低于 2000。

（2）供试品溶液的制备

取装量差异项下的内容物，混合均匀，精密称取适量（约相当于阿莫西林 0.125g），置 100mL 容量瓶中，加流动相适量，充分振摇，使阿莫西林溶解，再加流动相稀释至刻度，摇匀，滤过；精密量取续滤液 40mL，置 100mL 容量瓶中，用流动相稀释至刻度，摇匀，作为供试品溶液（每 1mL 中约含 0.5mg 阿莫西林）。

（3）对照品溶液的制备

精密称取阿莫西林对照品适量（约相当于阿莫西林 0.125g），置 100mL 容量瓶中，用流动相溶解并定量稀释至刻度，摇匀，滤过；精密量取续滤液 40mL，置 100mL 容量瓶中，用流动相稀释至刻度，摇匀，作为对照品溶液（每1mL中约含0.5mg阿莫西林）。

（4）测定法

分别精密吸取对照品溶液与供试品溶液各40μL，注入高效液相色谱仪，测定，记录色谱图。按外标法以封面积计算，即得。

计算方法：

$$标示量(\%)=\frac{A_x \cdot c_R \cdot U}{A_R \cdot m_标} \times 100\%$$ (3-4)

式中，A_x 为供试品峰面积；c_R 为对照品浓度；A_R 为对照品峰面积；$m_标$ 为供试品标示量。

五、注意事项

1. 外标法测定含量，样品处理中应严格定量操作。

2. 对照品溶液与供试品溶液每份至少重复进样2次，由全部结果（n 大于等于4）求得平均值。RSD一般应不大于1.5%。

六、思考与讨论

1. 简述外标法定量的原理、方法及特点。

2. 阿莫西林类抗生素除用高效液相色谱法测定含量外，还可用其他哪些方法？各有何优缺点？

实验 38 可见分光光度法测定大山楂丸中总黄酮的含量

一、实验目的与要求

1. 学习可见分光光度计的使用方法。

2. 学习用分光光度法测定中药制剂中总黄酮含量的方法。

二、实验原理

大山楂丸由山楂、神曲和麦芽组成，主要功能是开胃消食，其中山楂主要成分为有机酸、黄酮类及多种维生素。

黄酮类化合物具有邻二酚羟基，或3,5-二羟基结构，可与铝盐、铅盐、镁盐等金属盐类试剂反应，生成有色配合物，可用可见分光光度法测量其含量。本实验利用黄酮类化合物在亚硝酸钠的碱性溶液中与 Al^{3+} 生成高灵敏度的橙红色配合物（$\lambda_{max}=510nm$），从而用可见分光光度法（比色法）测定大山楂丸中总黄酮的含量。

三、实验仪器与试剂

1. 仪器

可见分光光度计，分析天平，索氏提取器。

2. 试剂

大山楂丸（市售品），乙醇（A.R.），5％亚硝酸钠溶液，10％硝酸铝溶液，1mol·L^{-1}氢氧化钠溶液，槲皮素。

四、实验内容

1. 对照品标准液的配制

精密称取槲皮素对照品20mg，置100mL容量瓶中，加95％乙醇50mL使其溶解，然后加50％乙醇稀释至刻度，即得0.2mg/mL的对照品溶液。

2. 标准曲线的制备

精密量取对照品溶液0mL、1.0mL、2.0mL、3.0mL、4.0mL、5.0mL，分别置于10mL容量瓶中，各加50％乙醇溶液，精密加入5％亚硝酸溶液0.3mL，摇匀，放置6min，加入10％硝酸铝溶液0.3mL，摇匀，再放置6min，加入1％氢氧化钠溶液4mL，分别用50％乙醇稀释至刻度，摇匀，放置15min。以第一瓶作空白，用可见分光光度计在510nm处测其吸收度，作 A-c 标准曲线（或计算其回归方程）。

3. 样品液的制备

精密称取120℃干燥2h的大山楂丸6.5g，置于索氏提取器中，用95％乙醇125mL回流提取1.5h，将提取液移至250mL容量瓶中，补加蒸馏水至刻度，摇匀即可。

4. 含量测定

精密量取提取液1mL，按上述标准曲线制备方法进行测定，并由标准曲线或回归方程计算样品中总黄酮的含量。

五、注意事项

1. 实验证明，提取时间为1.5h，基本能提尽样品中的黄酮。

2. 实验证明，样品显色后，在30min内测定总黄酮含量，无明显改变，超过30min，含量有所改变。

六、思考与讨论

1. 总黄酮与单体黄酮的测定方法有何不同？

2. 可见分光光度法的操作注意事项是什么？

实验 ㊴ 薄层法分析复方阿司匹林片

复方阿司匹林片（APC）临床上主要用于发热、头痛、神经痛、牙痛、月经痛、肌肉痛、关节痛等，效果很明显，是一种很常见的止痛退烧药。它由阿司匹林（0.22g/片）、非那西丁（0.15g/片）、咖啡因（0.035g/片）组成。

一、实验目的与要求

1. 学习薄层色谱分离的原理。

2. 掌握薄层色谱分离的操作方法。

二、实验原理

薄层色谱是一种微量而快速的分离方法。它的原理是根据分析试样中各组分在不相混溶并做相对运动的两相——流动相和固定相中的溶解度不同或者在固定相上的物理吸附程度的不同，即在两相中的分配不同，而使各组分进行分离。

三、试剂的物理常数

名称	分子量	性状	相对密度	熔点/℃	沸点/℃	溶解性		
						水	乙醇	乙醚
无水硫酸镁	120.36	白色粉末	2.66	1124 分解	—	溶	溶	—
苯	78.11	无色透明易挥发液体	0.8765	5.5	80.1			
乙醚	74.12	无色透明液体	0.7134	−116.3	34.6			
冰醋酸	60.05	无色透明液体	1.048	16	117	混溶	混溶	
甲醇	32.04	无色透明液体	0.7918		64.5	混溶	混溶	混溶
二氯甲烷	84.93	无色透明液体	1.3266	−95.1	39.8			
咖啡因	203.92	无嗅,白色针状或粉状固体	1.2	237		微溶		
阿司匹林	180.17	白色晶体	1.35	135		微溶	微溶	微溶
非那西丁	179.22	有闪光的鳞片状结晶或白色结晶性粉末	1.24		134-136	微溶	溶	

四、实验仪器与试剂

1. 仪器

展开槽，短波紫外分析仪，干燥箱，载玻片，研钵，烧杯，铅笔，薄层层析硅胶板，量筒等。

2. 试剂

展开剂（苯∶乙醚∶冰醋酸∶甲醇＝120∶60∶18∶1，体积比），APC药片，二氯甲烷，无水硫酸镁，标准品（咖啡因、阿司匹林、非那西丁），滤纸等。

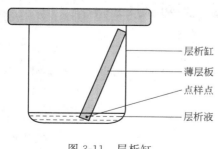

图 3-11 层析缸

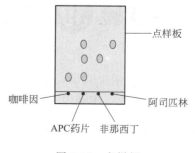

图 3-12 点样板

五、实验流程图

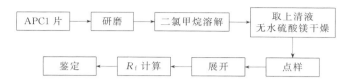

六、实验内容

1. 点样

（1）样品液的制备

取药片 APC 一片在研钵中研细，然后转移到盛有 10mL 二氯甲烷的小烧杯中，经过充分搅拌，使固体物几乎全部溶解，将有机层转移到一个 25mL 的小锥形瓶中，用无水硫酸镁干燥，过滤，除去干燥剂后可直接用于点样。

（2）点样[1]

把以上制得的样品用毛细管点加到预制的层析板离板端 1.0cm 的起点线上，点样量不宜过多，一般在 10～50mg，样品点不宜过大，控制直径在 2～3mm。点样时只需用毛细管稍蘸一下样液，轻轻地在预定的位置上一触即可[2]。点样后应使溶剂挥发至干后再开始下一步操作。

2. 展开

将事先选好的展开剂放入展开缸内，展开剂液体的深度达 1cm 即可。马上盖好玻璃盖，使缸内达到蒸气压饱和。放入点好样品的层析板，盖好瓶盖，使样品在缸内进行展开分离。当展开剂上升到预定的位置时，立即取出层析板，将它置于水平位置上风干，或者用吹风机吹干。

3. 鉴定

将烘干的层析板放入 254nm 紫外分析仪中照射显色，可以清晰地看出展开得到的三个粉红色斑点，定出它们的相对位置[3]。用尺子量出从三个斑点中心到起点的距离和展开剂从起点到终点的距离，测算出 R_f 值[4]。根据 R_f 值对照文献值可以确定 APC 药片的主要成分。

[1] 点样用的毛细管必须专用，不得混用。

[2] 点样时，使毛细管液面刚好接触到层析板即可，切勿点样过重而使薄层破坏。

[3] 比较用不同溶剂制备的 APC 样品液，在薄层板上展开情况。

[4] $R_f = \dfrac{\text{化合物移动的距离}}{\text{展开剂移动的距离}}$

七、实验结果与讨论

APC 药片的主要成分有哪些？计算在此展开剂配比下，各主要成分的 R_f 值。

实验 ⑩ 差示分光光度法测定苯巴比妥片的含药量

一、实验目的与要求

1. 学会差示分光光度法消除干扰的原理和测定方法。

2. 学习差示分光光度法测定波长的几种选择方法。

二、实验原理

苯巴比妥在酸性溶液中几乎无明显的紫外吸收，而在 pH＝10 的溶液中于 240nm 处有最大吸收，在强碱性溶液中，最大吸收波长位移到 255nm 处。利用这一性质，可采用差示分光光度法，测定两种不同 pH 溶液的吸光度差，根据吸光度差值与苯巴比妥浓度的线性关系，求得片剂中苯巴比妥的含量。

（苯巴比妥：$C_{12}H_{12}N_2O_3$　232.24）

三、实验仪器与试剂

1. 仪器

紫外分光光度仪（具扫描功能）。

2. 试剂

苯巴比妥对照品，苯巴比妥片（规格 30mg）。

四、实验内容

1. 溶液的配制

（1）对照液的配制

精密称取苯巴比妥对照品适量，加甲醇溶解并稀释成 1mg·mL^{-1} 的溶液，作为贮备液。精密吸取贮备液 1.0mL 3 份，分别用 0.05mol·L^{-1} H$_2$SO$_4$ 溶液、铵-氯化铵缓冲溶液（pH＝10）、0.1mol·L^{-1} NaOH 溶液稀释至 50mL，作为对照液 1、2、3（浓度为 20μg·mL^{-1}）。

（2）测定液的配制

取苯巴比妥片 20 片，精密称定，研细，精密称取适量（相当于苯巴比妥 50mg），加甲醇溶解并稀释至 50mL，过滤，取初滤液 1.0mL 3 份，分别用 0.05mol·L^{-1} H$_2$SO$_4$ 溶液、铵-氯化铵缓冲溶液（pH＝10）、0.1mol·L^{-1} NaOH 溶液稀释至 50mL，作为测定液 1、2、3。

2. 光谱测定

（1）原光谱扫描

取对照液 1、2、3，分别以各自的溶剂为空白，于 200～400nm 扫描，测定吸收光谱。

（2）差示光谱测定

根据原光谱图形，选择其中两种溶液，测定其差示光谱，根据差示光谱图，确定含量测定波长，以各自的溶剂为空白，测定该波长下两种溶液的吸光度，并计算吸光度差值，记为 $\Delta A_{对}$。另取两种与对照品相同 pH 的样品测定液，同法测定计算，记为 $\Delta A_{样}$。用标准对照法计算样品溶液的含量，并计算苯巴比妥片相当于标示量的含量。

五、注意事项

1. 在 3 种不同 pH 值溶液中，苯巴比妥的浓度必须相等。

2. 根据 3 种原光谱图有三种组合可供选择，试比较 3 种组合下的差示光谱图，并选择其中的一种进行片剂的含药量测定。

六、思考与讨论

1. 差示分光光度法有哪些优点？
2. 为什么采用差示分光光度法能消除干扰组分对待测组分的干扰？

实验 ④ 分光光度法同时测定维生素 C 和维生素 E

一、实验目的与要求

1. 进一步熟悉 UV9600 型双光束紫外-可见光光度计。
2. 学习在紫外光谱区同时测定双组分体系——维生素 C 和维生素 E。

二、实验原理

维生素 C（抗坏血酸）和维生素 E（σ-生育酚）起抗氧化剂作用，即它们在一定时间内能防止油脂酸败。两者结合在一起比单独使用的效果更佳，因为它们在抗氧化性能方面是"协同的"。因此，它们作为一种有用的组合试剂用于各种食品中。

抗坏血酸是水溶性的，而 σ-生育酚是脂溶性的，但它们都能溶于无水乙醇，因此，能采用在同一溶液中测定双组分的原理来测定它们的含量。

三、实验仪器与试剂

1. 仪器

UV9600 型双光束紫外-可见分光光度计，石英比色皿 2 个，50mL 容量瓶 9 只，10mL 吸量管 2 支。

2. 试剂

抗坏血酸［称量 0.0132g 抗坏血酸溶于无水乙醇中，并用无水乙醇定容至 1000mL（7.50×10^{-5} mol·L^{-1}）］，生育酚［称取 0.0488g σ-生育酚溶于无水乙醇中，并用无水乙醇定容至 1000mL（1.13×10^{-4} mol·L^{-1}）］，无水乙醇。

四、实验内容

1. 标准溶液的配制

（1）分别取抗坏血酸贮备液 4.00mL、6.00mL、8.00mL、10.00mL 于 4 只 50mL 容量瓶中，用无水乙醇稀释至刻度，摇匀。

（2）分别取 σ-生育酚贮备液 4.00mL、6.00mL、8.00mL、10.00mL 于 4 只 50mL 容量瓶中，用无水乙醇稀释至刻度，摇匀。

2. 绘制吸收光谱

以无水乙醇为参比，在 220～320 nm 处以 5 nm 为间隔，绘制出抗坏血酸和 σ-生育酚的吸收光谱，并确定最大吸收波长 λ_1 和 λ_2。

3. 绘制标准曲线

以无水乙醇为参比，在波长 λ_1 和 λ_2 处分别测定步骤 1 所配置的 8 种标准溶液的吸光度。

五、实验结果

1. 绘制抗坏血酸和 σ-生育酚的吸收光谱，确定 λ_1 和 λ_2。
2. 分别绘制抗坏血酸和 σ-生育酚在 λ_1 和 λ_2 处 4 条标准曲线，求出 4 条曲线的斜率。
3. 计算未知液中抗坏血酸和 σ-生育酚的浓度。

六、注意事项

抗坏血酸会缓慢地氧化成脱氢抗坏血酸，所以必须每次实验时现配制新鲜溶液。

七、思考与讨论

1. 写出抗坏血酸和 σ-生育酚的结构式，并解释一个是"水溶性"，一个是"脂溶性"的原因。
2. 使用本方法测定抗坏血酸和 σ-生育酚是否灵敏？解释其原因。

实验 42 葡萄糖注射液分析

一、实验目的与要求

1. 掌握 pH 值测定原理和 pH 计的正确操作。
2. 掌握比旋度的概念、求算方法和旋光法测定旋光性物质含量的原理和计算方法。
3. 熟悉紫外法检查杂质的原理与方法。
4. 熟悉折光法测定葡萄糖注射液含量的原理与计算方法。
5. 了解注射液杂质检查的一般项目。

二、实验仪器与试剂

1. 仪器

WZZ-1 自动指示旋光仪，阿贝折光仪，pH 酸度计，纳氏比色管，紫外分光光度仪。

2. 试剂

10％葡萄糖注射液。

三、实验内容

本品为葡萄糖（glucose）或无水葡萄糖的灭菌水溶液。含葡萄糖（$C_6H_{12}O_6 \cdot H_2O$）应为标示量的 $95.0\% \sim 105.0\%$。

1. 鉴别

原理

$(C_6H_{12}O_6 \cdot H_2O \quad 198.17)$

$$CH_2OH(CHOH)_4CHO + Fehing \xrightarrow{OH^-} CH_2OH(CHOH)_4COOH +$$

$$2COONa(CHOH)_2COOK + Cu_2(OH)_2 \downarrow$$

$$Cu_2(OH)_2 \xrightarrow{\triangle} Cu_2O \downarrow + H_2O$$

（红色）

方法 取本品，缓慢滴入温热的碱性酒石酸铜溶液中，即生成氧化亚铜的红色沉淀。

2. 检查

pH 值应为 3.2～5.5。

（1）5-羟甲基糠醛

原理 葡萄糖注射液在高温加热灭菌时，易分解产生 5-羟甲基糠醛。

葡萄糖　　　　　　　　　　　　　　　　　　5-羟甲基糠醛

利用 5-羟甲基糠醛在 284nm 波长处有吸收，而葡萄糖无吸收，将样品配制成一定浓度的溶液，在 284nm 波长处测定，规定吸光度不得大于 0.32 来控制 5-羟甲基糠醛的量。

方法 精密量取本品适量（约相当于葡萄糖 1.0g），置 100mL 容量瓶中，加水稀释至刻度，摇匀，在 284nm 波长处测定，吸光度不得大于 0.32。

（2）重金属

取本品适量（约相当于葡萄糖 3g），必要时，蒸发至约 20mL，放冷，加醋酸盐缓冲液（pH=3.5）2mL 与水适量至 25mL，置于 25mL 纳氏比色管中。另取标准铅溶液一定量与醋酸盐缓冲液（pH=3.5）2mL，加水稀释成 25mL，置另一 25mL 纳氏比色管中。若供试液带颜色，可在标准管中滴加少量的稀焦糖溶液或其他无干扰的有色溶液，使之与样品管颜色一致；再在两管中分别加硫代乙酰胺试剂各 2mL 摇匀，放置 2min，各置于白纸上，自上向下透视，样品管所显颜色与标准管比较，不得更深。按葡萄糖含量计算，含重金属不得过 0.00005%。

3. 含量测定

（1）旋光法

原理 葡萄糖分子中含不对称碳原子，具有旋光性，在一定条件下，其水溶液的比旋度 $[\alpha]_D^t$ 为 $+52.5°～+53.0°$，根据旋光度 α 与浓度 c 的比例关系可进行含量测定：

$$\alpha = [\alpha]_D^t \cdot L \cdot c \tag{3-5}$$

式中，L 为液层厚度，dm；c 为溶液的百分浓度，$g \cdot mL^{-1}$，按干燥品或无水物进行计算）。因此：

$$c = \alpha \cdot 100/([\alpha]_D^t \cdot L) \tag{3-6}$$

方法 精密取量本品适量（约相当于葡萄糖 10g），置 100mL 容量瓶中，加氨试液

0.2mL（10％或10％以下规格的本品可直接取样测定），用水稀释至刻度，摇匀，静置10min，测定旋光度用读数至0.01°并经过检定的旋光计，将测定管（长度为1dm）用供试液体冲洗数次，缓缓注入供试液体适量（注意勿使发生气泡），置于旋光计内检测读数，记录旋光度，同时读取旋光度3次，取3次的平均值作为样品的旋光度。与2.0852相乘，即得100mL供试液中含有$C_6H_{12}O_6 \cdot H_2O$的质量（g）。

测定前用水校正零点，测定后再用水核对零点。若零点变动，应重测。

（2）折光法

原理　采用折射率因素法测定葡萄糖注射液含量。在一定条件下，溶液的折射率（n）与同温度下溶剂的折射率（$n°$）的差值即为溶质的折射率，其与被测物的浓度成正比。根据折射率因素（F）值，可求得葡萄糖注射液的浓度：

$$c_样（\%）=(n-n°)/F \tag{3-7}$$

式中，F是由药物对照品经实验测定的，在一定浓度范围内是一常数，其物理意义为溶液浓度每增加1％时的折射率增加值。

$$F=(n-n°)/c_对（\%） \tag{3-8}$$

折光仪校正　将阿贝折光仪计置于光线充足的台面上，打开棱镜的锁扣，分开两面棱镜，用擦镜纸将镜面轻轻拂拭清洁后（或用少量乙醚清洁镜面，挥干乙醚），在下面的棱镜中央滴加蒸馏水2～3滴，合闭棱镜，紧紧锁扣。将反射镜对准光线，调节反射镜和目镜的焦距，使目镜中十字线清晰。同时打开刻度标尺一侧圆盘上的小反光镜，使刻度表尺上读数清晰。转动补偿棱镜的旋钮，消除彩虹，使明暗分界线清晰。调节读数旋钮，使标尺读数等于测定温度时水的折射率，然后用折光仪上带有的小钥匙，插入镜筒上小孔，轻轻旋转一定角度，使明暗交界线对准十字线交点上，小心取出小钥匙，校正完毕。

样品测定　打开棱镜，轻轻擦干镜面上的水，滴加样品溶液2～3滴，合闭棱镜，消除彩虹，将明暗交界线对准十字线交点，从刻度标尺上读取折射率，读数应精确至小数点后第四位（最后一位为估计值）。轮流从一边再从另一边将分界线对准十字线交点，重复观察读数3次，读数间差应不大于0.0003，取平均值计算注射液的含量。

四、注意事项

1.pH值测定时，每次在更换标准缓冲溶液或供试液前，应用纯化水充分洗涤电极，然后将水吸尽，也可用所换的标准缓冲液或供试液洗涤。配置标准缓冲液与溶解供试品的水，应是新沸过的冷蒸馏水，其pH值应为5.5～7.0。

2.旋光仪接通电源后需预热5～20 min。每次测定前后应用溶剂作空白校正。配制溶液及测定时，均应调节温度至（20.0±0.5）℃（除另有规定外）。供试溶液应澄清，如显浑浊或含有混悬的小粒，应预先滤过，并弃去初滤液。旋光管装样时应注意光路中不应有气泡，使用后应立即用水洗净晾干，切勿用刷子刷，也不能用高温烘烤。

3.测定折射率时，先用水校正折光仪读数，注意刻度标尺读数方向。水的折射率20℃时为1.3330，25℃时为1.3325，40℃时为1.3305。折光仪棱镜不得接触强酸、强碱等腐蚀性液体，也不能用硬物碰擦镜面。使用完毕后，用少量水冲洗棱镜，并擦干水迹。若液体折射率读数不在 1.3～1.7 之间，则不能用阿贝折光仪测定。

4. 标示量，即规格量、处方量，表示单位制剂内（例如每片、每丸、每毫升、每瓶等）所含主药的量。

附

1. pH 值测定法

pH 值是水溶液中氢离子活度的方便表示方法。pH 值定义为水溶液中氢离子活度（a_{H^+}）的负对数，即 $pH = -\lg a_{H^+}$，但氢离子活度却难以由实验准确测定。为实用方便，溶液的 pH 值规定为由下式测定：

$$pH = pH_s - \frac{E - E_s}{k} \tag{3-9}$$

式中，E 为含有待测溶液（pH）的原电池电动势，V；E_s 为含有标准缓冲液（pH_s）的原电池电动势，V；k 为与温度（t，℃）有关的常数，$k = 0.05916 + 0.000198 (t - 25)$。

由于待测物的电离常数、介质的介电常数和液接电位等诸多因素均可影响 pH 值的准确测量，所以实验测得的数值只是溶液的表观 pH 值，它不能作为溶液氢离子活度的严格表征。尽管如此，只要待测溶液与标准缓冲液的组成足够接近，由式（3-9）测得的 pH 值与溶液的真实 pH 值还是颇为接近的。

溶液的 pH 值使用酸度计测定。水溶液的 pH 值通常以玻璃电极为指示电极、饱和甘汞电极或银-氯化银电极为参比电极进行测定。酸度计应定期进行计量检定，并符合国家有关规定。测定前，应采用下列标准缓冲液校正仪器，也可用国家标准物质管理部门发放的标示 pH 值准确至 0.01pH 单位的各种标准缓冲液校正仪器。

（1）仪器校正用的标准缓冲液

① 草酸盐标准缓冲液　精密称取在(54±3)℃干燥 4～5h 的草酸三氢钾 12.71g，加水使溶解并稀释至 1000mL。

② 苯二甲酸盐标准缓冲液　精密称取在(115±3)℃干燥 2～3h 的邻苯二甲酸氢钾 10.21g，加水使溶解并稀释至 1000mL。

③ 磷酸盐标准缓冲液　精密称取在(115±5)℃干燥 2～3h 的无水磷酸氢二钠 3.55g 与磷酸二氢钾 3.40g，加水使溶解并稀释至 1000mL。

④ 硼砂标准缓冲液　精密称取硼砂 3.81g（注意避免风化），加水使溶解并稀释至 1000mL，置聚乙烯塑料瓶中，密塞，避免空气中二氧化碳进入。

⑤ 氢氧化钙标准缓冲液　于 25℃，用无二氧化碳的水和过量氢氧化钙经充分振摇制成饱和溶液，取上清液使用。因本缓冲液是 25℃时的氢氧化钙饱和溶液，所以临用前需核对溶液的温度是否在 25℃，否则需调温至 25℃再经溶解平衡后，方可取上清液使用。存放时应防止空气中二氧化碳进入。一旦出现浑浊，应弃去重配。

上述标准缓冲溶液必须用 pH 值基准试剂配制。不同温度时各种标准缓冲液的 pH 值见表 3-4。

表 3-4　不同温度时标准缓冲液的 pH 值

温度/℃	草酸盐标准缓冲溶液	邻苯二甲酸氢钾标准缓冲液	磷酸盐标准缓冲液	硼砂标准缓冲液	氢氧化钙标准缓冲液（25℃饱和溶液）
0	1.67	4.01	6.98	9.46	13.45
5	1.67	4.00	6.95	9.39	13.21
10	1.67	4.00	6.92	9.33	13.00
15	1.67	4.00	6.90	9.28	12.81
20	1.68	4.00	6.88	9.23	12.63
25	1.68	4.00	6.86	9.18	12.45
30	1.68	4.01	6.85	9.14	12.30
35	1.69	4.02	6.84	9.10	12.14
40	1.69	4.03	6.84	9.07	11.98
45	1.70	4.04	6.83	9.04	11.84
50	1.71	4.06	6.83	9.01	11.71
55	1.72	4.08	6.83	8.99	11.57
60	1.72	4.09	6.84	8.96	11.45

（2）注意事项

测定 pH 值时，应严格按仪器的使用说明书操作，并注意下列事项。

① 测定前，按各品种项下的规定，选择两种 pH 值约相差 3 个 pH 单位的标准缓冲液，并使供试品溶液的 pH 值处于两者之间。

② 取与供试品溶液 pH 值较接近的第一种标准缓冲液对仪器进行校正（定位），使仪器示值与表列数值一致。

③ 仪器定位后，再用第二种标准缓冲液核对仪器示值，误差应不大于 ±0.02pH 单位。若大于此偏差，则应小心调节斜率，使示值与第二种标准缓冲液的表列数值相符。重复上述定位与斜率调节操作，至仪器示值与标准缓冲液的规定数值相差不大于 ±0.02pH 单位。否则，需检查仪器或更换电极后，再行校正至符合要求。

④ 每次更换标准缓冲液或供试品溶液前，应用纯化水充分洗涤电极，然后将水吸尽，也可用所换的标准缓冲液或供试品溶液洗涤。

⑤ 在测定高 pH 值的供试品和标准缓冲液时，应注意碱误差的问题，必要时选用适当的玻璃电极测定。

⑥ 对弱缓冲液或无缓冲作用溶液的 pH 值测定，除另有规定外，先用苯二甲酸盐标准缓冲液校正仪器后测定供试品溶液，并重取供试品溶液再测，直至 pH 值的读数在 1min 内改变不超过 ±0.05 止；然后再用硼砂标准缓冲液校正仪器，再如上法测定；两次 pH 值的读数相差应不超过 0.1，取两次读数的平均值为其 pH 值。

⑦ 配制标准缓冲液与溶解供试品的水，应是新沸过并放冷的纯化水，其 pH 值应为 5.5～7.0。

⑧ 标准缓冲液一般可保存 2～3 个月，但发现有浑浊、发霉或沉淀等现象时，不能继续使用。

2. 旋光度测定法

平面偏振光通过含有某些光学活性化合物的液体或溶液时，能引起旋光现象，使偏振光的平面向左或向右旋转。旋转的度数，称为旋光度。在一定波长与温度下，偏振光透过每 1mL 含有 1g 旋光性物质的溶液且光路为长 1dm 时，测得的旋光度称为比旋度。比旋度（或旋光度）可以用于鉴别或检查光学活性药品的纯杂程度，亦可用于测定光学活性药品的含量。

空间上不能重叠，互为镜像关系的立体异构体称为对映。手性物质的对映异构体之间，除了使平面偏振光发生偏转的程度相同而方向相反之外，在非手性环境中的理化性质相同。生物大分子如酶、生物受体等通常为手性物质，总是表现出对一种对映体的立体选择性，因此，对映体可在药理学与毒理学方面有差异来源于自然界的物质，例如氨基酸、蛋白质、生物碱、抗体、糖苷、糖等，大多以对映体的形式存在。外消旋体一般由等量的对映异构体构成，旋光度净值为零，其物理性质也可能与其对映体不同。

最常用的光源是采用钠灯在可见光区的 D 线（589.3nm），但也使用较短的波长，如光电偏振计使用滤光片得到汞灯波长约为 578nm、546nm、436nm、405nm 和 365nm 处的最大透射率的单色光，其具有更高的灵敏度，可降低被测化合物的浓度。还有一些其他光源，如带有适当滤光器的氙灯或卤钨灯。

除另有规定外，本法系采用钠光谱的 D 线（589.3nm）测定旋光度，测定管长度为 1dm（如使用其他管长，应进行换算），测定温度为 20℃。用读数至 0.01°并经过检定的旋光计。

旋光度测定一般应在溶液配制后 30min 内进行测定。测定旋光度时，将测定管用供试液体或溶液（取固体供试品，按各品种项下的方法制成）冲洗数次，缓缓注入供试液体或溶液适量（注意勿使发生气泡），置于旋光计内检测读数，即得供试液的旋光度。使偏振光向右旋转者（顺时针方向）为右旋，以"＋"符合表示；使偏振光向左旋转者（逆时针方向）为左旋，以"－"符合表示。同法读取旋光度 3 次，取 3 次的平均数，照下列公式计算，即得供试品的比旋度。

液体供试品 $$[\alpha]_D^t = \frac{\alpha}{ld} \tag{3-10}$$

固体供试品 $$[\alpha]_D^t = \frac{100\alpha}{lc} \tag{3-11}$$

式中，l 为测定管长度，dm；$[\alpha]$ 为测定的旋光度；D 为钠光谱的 D 线；t 为温度；d 为液体的相对密度；c 为每 100mL 溶液中含有被测物质的质量（g，按干燥品或无水物计算）。

【注意事项】

（1）每次测定前应以溶剂作空白校正，测定后，再校正 1 次，以确定在测定时零点有无变动；如第 2 次校正时发现旋光度差值超过±0.1 时表明零点有变动，则应重新测定旋光度。

（2）配制溶液及测定时，均应调节温度至（20.0±0.5）℃（或各品种项下规定的温度）。

（3）供试的液体或固体物质的溶液应充分溶解，供试液应澄清。

（4）物质的旋光度与测定光源、测定波长、溶剂、浓度和温度等因素有关。因此，表示物质的旋光度时应注明测定条件。

（5）当已知供试品具有外消旋作用或旋光转化现象，则应相应地采取措施，对样品备的时间以及将溶液装入旋光管的间隔测定时间进行规定。

3. 折射率测定法

光线自一种透明介质进入另一透明介质的时候，由于两种介质的密度不同，光的进行速度发生变化，即发生折射现象。一般折射率系指光线在空气中进行的速度与在供试

液中进行速度的比值。根据折射定律，折射率是光线入射角的正弦与折射角的正弦的比值，即

$$n = \frac{\sin i}{\sin r} \qquad (3-12)$$

式中，n 为折射率；$\sin i$ 为光线的入射角的正弦；$\sin r$ 为折射角正弦。

物质的折射率因温度或入射光波长的不同而改变，透光物质的温度升高，折射率变小；入射光的波长越短，折射率越大。折射率以 n'_D 表示，D 为钠光谱的 D 线。测定折射率可以区别不同的油类或检查某些药品的纯杂程度。

本法系采用钠光谱的 D 线（589.3 nm）测定供试品相对于空气的折射率（如用阿贝折光仪，可用白光光源），除另有规定外，供试品温度为 20℃。

测定用的折光仪需能读数至 0.0001，测量范围 1.3～1.7，如用阿贝折光仪或与其相当的仪器，测定时应调节温度至（20.0 ± 0.5）℃（或各品种项下规定的温度），测量后再重复读数 2 次，3 次读数的平均值即为供试品的折射率。

测定前，折光仪读数应使用校正用棱镜或水进行校正，水的折射率 20℃ 时为 1.3330，25℃ 时为 1.3325，40℃ 时为 1.3305。

实验 ㊸ 医用污水中化学需氧量的测定

一、实验目的与要求

1. 了解环境分析的重要性及化学需氧量（COD）与水体污染的关系。
2. 学习高锰酸钾法测定水中 COD 的原理和方法。

二、实验原理

化学需氧量（COD），是在一定条件下，采用一定的强氧化剂处理水样时所消耗的氧化剂的量。它是表示水中还原性物质多少的一个指标。水中的还原性物质有各种有机物、亚硝酸盐、硫化物、亚铁盐等，但主要是有机物。因此，化学需氧量（COD）又往往作为衡量水中有机物质含量多少的指标，能够反映出水体的污染程度。化学需氧量越大，说明水体受有机物污染越严重。目前应用最普遍的测定方法是高锰酸钾氧化法与重铬酸钾氧化法。高锰酸钾法，氧化率较低，但比较简单，在水样中有机物含量相对比较低时可以采用；重铬酸钾法，氧化率高，再现性好，适用于测定水样中有机物的总量。本实验采用高锰酸钾氧化法。

先用过量的 $KMnO_4$（V_1）与水样中的有机物反应：

$$4MnO_4^- + 5C + 12H^+ = 4Mn^{2+} + 5CO_2\uparrow + 6H_2O$$

反应完全后，加入比剩余的 $KMnO_4$ 过量的 $Na_2C_2O_4$ 标准液，发生如下反应：

$$2MnO_4^- + 5C_2O_4^{2-} + 16H^+ \rule[0.5ex]{1.5em}{0.08ex} 2Mn^{2+} + 10CO_2\uparrow + 8H_2O$$

剩余的 $Na_2C_2O_4$ 再用 $KMnO_4$（V_2）滴定。用蒸馏水代替水样，采用 $KMnO_4$ 进行滴定，消耗的体积为 V_3。水样中的 COD 应为：

$$\rho_{COD}(O_2/mg \cdot L^{-1}) = \frac{\left[\frac{5}{4}c_{KMnO_4} \cdot (V_1 + V_2 - V_3) - \frac{1}{2}C_{Na_2C_2O_4} \cdot V_{Na_2C_2O_4} \right] \times 32.00 \times 1000}{V_{水样}}$$

$$(3\text{-}13)$$

三、实验仪器与试剂

1. 仪器

水浴装置，250mL 锥形瓶，50mL 酸式滴定管，250mL 容量瓶。

2. 试剂

烘干的 $Na_2C_2O_4$ 粉末，$0.002mol \cdot L^{-1}$ $KMnO_4$ 标准溶液，$3mol \cdot L^{-1}$ H_2SO_4 溶液。

四、实验内容

1. $Na_2C_2O_4$ 标准溶液（约 $0.005\ mol \cdot L^{-1}$）的配制

准确称取 $0.16 \sim 0.18\ g$ 烘干后的 $Na_2C_2O_4$，置于小烧杯中，用适量水溶解后，定量转移至 250mL 容量瓶中，加水稀释至刻度，摇匀。按实际称取质量计算其准确浓度。

2. $KMnO_4$ 标准溶液（约 $0.002mol \cdot L^{-1}$）的配制

移取 25.00mL（约 $0.002mol \cdot L^{-1}$）$KMnO_4$ 标准溶液于 250mL 容量瓶中，加水稀释至刻度，摇匀即可。

3. 水样中化学耗氧量的测定（酸性高锰酸钾法）

在锥形瓶中加入 100.00mL 水样和 10.00mL $3mol \cdot L^{-1}$ H_2SO_4 溶液，再用滴定管加入 $V_1 = 10.00mL$（约 $0.002\ mol \cdot L^{-1}$）$KMnO_4$ 标准溶液，然后尽快加热溶液至沸，并准确煮沸 10min（紫红色不应褪去，否则应增加 $KMnO_4$ 标准溶液的体积），充分摇匀（此时溶液应为无色，否则应增加 $Na_2C_2O_4$ 的标准溶液的用量）。趁热用 $KMnO_4$ 标准溶液滴定至溶液呈微红色，记下 $KMnO_4$ 标准溶液的体积 V_2，平行测定 3 份。

另取 100.00mL 蒸馏水样代替水样进行实验（在锥形瓶中加入 100.00mL 蒸馏水样，加入 10.00mL $3\ mol \cdot L^{-1}$ H_2SO_4 溶液，加热至 $70 \sim 80℃$，$KMnO_4$ 标准溶液滴定至溶液呈微红色且 30 秒不褪色），记录消耗 $KMnO_4$ 体积 V_3。再根据公式计算水样的化学耗氧量。

五、思考与讨论

1. 水样加入 $KMnO_4$ 煮沸后，若红色消失说明什么？应采取什么措施？

2. 为什么 COD 是衡量水体污染程度的一项重要指标？影响化学需用量测定结果的因素有哪些？

参 考 文 献

[1]　宋粉云. 药物分析实验. 北京：中国医药科技出版社，2007.

［2］ 孙立新．药物分析实验．北京：中国医药科技出版社，2012.

［3］ 彭红，吴虹．药物分析实验．北京：中国医药科技出版社，2015

［4］ 谢云，倪开勤，徐天玲，徐菁．药物分析实验．武汉：华中科技大学出版社，2012.

［5］ 陈伟．药物分析实验指导．厦门：厦门大学出版社，2013.

［6］ 林丽，李校堃，叶发青．药物分析模块实验教程．北京：高等教育出版社，2014.

［7］ 慈微．药物分析实验，北京：军事医学科学出版社，2006.

［8］ 梁建英，段更利，郁韵秋．药物分析实验指导．上海：复旦大学出版社，2014.

［9］ 狄斌．药物分析实验与指导．第 2 版，北京：中国医药科技出版社，2010.

［10］ 周宏兵．药物分析实验．第 2 版，北京：中国医药科技出版社，2008.

［11］ 国家药典委员会．中国药典．北京：中国医药科技出版社，2015.

［12］ 武汉大学．分析化学实验．北京：高等教育出版社，2011.

第四部分
制药工程综合实验

合成类

实验 44 丙二酸亚异丙酯的合成

丙二酸亚异丙酯，亦称丙二酸环异丙酯，英文名称 2,2-Dimethyl-1,3-dioxane-4,6-dione、meldrum's acid，因其制备简便，含有活性亚甲基和在温和条件下易水解的酯基，在有机合成中是具有多种反应性能的中间体。

一、实验目的与要求

1. 学习一种丙二酸亚异丙酯的简单制备方法。
2. 掌握重结晶、熔点测定等操作。

二、实验原理

丙二酸亚异丙酯是由丙二酸和丙酮在冰乙酸、浓硫酸作用下，脱水而生成，其反应式为：

$$HOOC\diagup COOH + \underset{O}{\overset{Ac_2O}{\underset{98\% \ H_2SO_4}{\longrightarrow}}} \quad + H_2O$$

三、试剂及产物的物理常数

名称	分子量	性状	相对密度	熔点/℃	沸点/℃	溶解性		
						水	乙醇	乙醚
丙二酸	104.06	无色晶体	1.63	135.6		易溶	易溶	易溶
丙酮	58.08	无色液体	0.788	−94.9	56.5	易溶	易溶	易溶
丙二酸亚异丙酯	144.13	白色固体		94~95		易溶	微溶	微溶

四、实验仪器与试剂

1. 仪器

50mL 锥形瓶，50mL 烧杯，抽滤装置，冰箱，熔点仪，数控磁力搅拌加热器，定量加液器等。

2. 试剂

醋酸酐，丙二酸，浓 H_2SO_4，丙酮等。

五、实验流程图

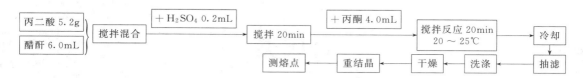

六、实验内容

1. 合成

（1）称取 5.2g（0.05mol）丙二酸，加入到 50mL 的锥形瓶中，再在锥形瓶中加入 6.0mL 醋酸酐[1]搅拌 3min，使混合均匀。

（2）将锥形瓶放入冰水浴中，搅拌下缓慢滴加 0.2mL H_2SO_4（约 4 滴）[1]，继续搅拌 20min。

（3）向锥形瓶中加入 4.0mL（0.055 mol）丙酮，继续在 20~25℃下反应 4h[2]。

（4）反应混合物放入冰箱中静置 30min，有大量固体析出，抽滤，并用 10mL 冷水分三次洗涤固体，所得固体即为丙二酸亚异丙酯的粗产品。称重，计算粗产品的产率。

2. 重结晶

丙二酸亚异丙酯可以用丙酮-水（丙酮的质量百分比为 30%）进行重结晶，收率约 70%。

3. 熔点测定

取适量样品置载玻片上，测熔点[3]，记录晶体初熔及终熔温度（文献值 94~95℃）。

[1] 浓 H_2SO_4、醋酸酐量取过程中要注意安全

[2] 此时固体先溶解，然后有大量白色粉状固体析出（约 3h），注意记录固体溶解的时间、溶液颜色变化的时间、开始出现固体的时间、产生大量固体的时间。

[3] 注意升温速度：初始阶段升温速度可以稍快，接近熔点附近时要缓慢升温。

七、实验结果与讨论

1. 分别计算粗产品和重结晶之后产品的收率。

2. 反应过程中浓硫酸及醋酸酐的作用分别是什么？

3. 丙二酸亚异丙酯在有机合成中有哪些应用？

实验 45 阿司匹林的合成

阿司匹林（aspirin）学名为乙酰水杨酸，是 19 世纪末合成的，是目前使用最多、使用时间最长的解热、镇痛和消炎药物，能抑制体温调节中枢的前列腺素合成酶，从而恢复体温中枢的正常反应性，使体温恢复正常。阿司匹林具抗炎、抗风湿作用，并促进人体内所合成的尿酸的排泄，对抗血小板的聚集也有促进作用。阿司匹林可用于解热，减轻中度疼痛如关节炎、神经痛、肌肉痛、头痛、偏头痛、痛经、牙痛、咽喉痛、感冒及流感症状，也可用于预防心脑血管疾病。

一、实验目的与要求

1. 通过本实验了解乙酰水杨酸（阿司匹林）的制备原理和方法。
2. 进一步熟悉重结晶、熔点测定、抽滤等基本操作。
3. 了解乙酰水杨酸的应用价值。

二、实验原理

阿司匹林是由水杨酸（邻羟基苯甲酸）与醋酸酐进行酯化反应而得的。水杨酸可由水杨酸甲酯，即冬青油（由冬青树提取而得）水解制得。本实验就是用邻羟基苯甲酸（水杨酸）与乙酸酐反应制备乙酰水杨酸。反应式为：

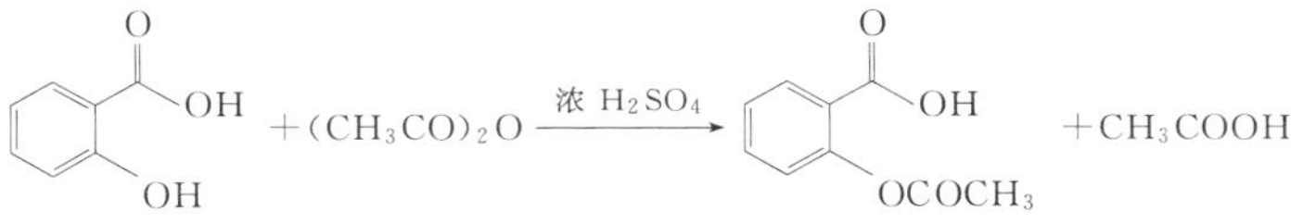

三、试剂及产物的物理常数

名称	分子量	性状	相对密度	熔点/℃	沸点/℃	溶解性		
						水	乙醇	乙醚
乙酸酐	102.09	无色液体	1.08	−73.1	139.35	溶	易溶	易溶
水杨酸	138.12	白色晶体	1.44	158	—	微溶	易溶	易溶
乙酰水杨酸	180.17	白色晶体	1.35	135	—	微溶	微溶	微溶

四、实验仪器与试剂

1. 仪器

50mL 三口圆底烧瓶，滴管，10mL 量筒，200mL 烧杯（2 只），数控磁力搅拌加热器，空心塞，温度计，温度计套管，布氏漏斗，50mL 量筒，冰箱，烘箱。

2. 试剂

水杨酸，乙酸酐，35%乙醇，浓硫酸，冰块，蒸馏水，10%FeCl$_3$乙醇溶液，乙酸乙酯。

五、实验装置及流程图

反应装置见图 4-1。

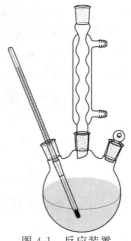

图 4-1　反应装置

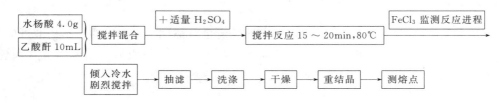

六、实验内容

1. 合成

（1）在 50mL 干燥的三口圆底烧瓶[1]中，加入水杨酸 4.0g、新蒸的乙酸酐 10mL、浓硫酸 7 滴[2]（$V < 0.4$mL），接上回流冷凝管。

（2）开启磁力搅拌，80℃[3]恒温水浴下搅拌反应约 15～20min，用 1％$FeCl_3$[4]的乙醇溶液监测反应进程。

（3）反应完全后，将三口圆底烧瓶从 80℃ 水浴中取出，在不断搅拌下将溶液倒入盛有 100mL 冷水的烧杯（200mL 烧杯）中，同时用玻璃棒剧烈搅拌[5]，有大量固体产生，抽滤，冰水洗涤三次，抽干得乙酰水杨酸粗产品。

2. 重结晶

在盛有粗产品的烧杯中加入适量 35％乙醇，水浴加热澄清。若产品不能完全澄清，可酌情补加 35％乙醇溶液。趁热抽滤，然后静置至室温，冰水冷却，待结晶完全析出后，进行抽滤、洗涤、干燥[6]，称重，计算产率。

3. 纯度检验

向盛有 5mL 乙醇的试管中加入 1～2 滴 10％三氯化铁澄液，然后取几粒固体加入试管中，观察有无颜色变化。水杨酸可以与三氯化铁形成深色络合物，而产物阿司匹林因酚羟基已被酰化，不再与三氯化铁发生显色反应，因此杂质很容易被检出。

4. 熔点测定

采用熔点仪测熔点，记录熔程[7]。

　　[1] 仪器要全部干燥，药品也要干燥处理，乙酸酐要使用新蒸馏的，收集139～140℃的馏分。

　　[2] 浓硫酸和乙酸酐均具有强腐蚀性，量取时一定要小心。浓硫酸要在加入乙酸酐之后立刻滴加，且不能滴加到水杨酸固体上。

　　[3] 本实验中要注意控制好温度，温度过高将增加副产物的生成。

　　[4] 注意$FeCl_3$浓度，如果给定浓度为10%，应用乙醇稀释。

　　[5] 搅拌一定要激烈，否则会析出块状黏稠状固体，影响后续实验。

　　[6] 将结晶转移至表面皿中，自然晒干后称量。

　　[7] 纯乙酰水杨酸为白色针状或片状晶体，m.p.135～136℃，但由于它受热易分解，因此熔点难测准。

七、实验结果与讨论

1. 水杨酸与乙酸酐的反应过程中，浓硫酸的作用是什么？
2. 本实验中可产生什么副产物？
3. 通过什么样的简便方法可以鉴定出阿司匹林是否变质？
4. 本实验是否可以使用乙酸代替乙酸酐？
5. 计算阿司匹林粗品和重结晶产品的收率。

实验 46 贝诺酯的制备

　　贝诺酯（化学名为2-乙酰氧基苯甲酸-4-乙酰氨基苯酯）是为一种新型非甾体类抗风湿、解热镇痛抗炎药，是由阿司匹林和扑热息痛经拼合原理制成，它既保留了原药的解热镇痛功能，又减小了原药的毒副作用，并有协同作用。适用于急慢性风湿性关节炎、风湿痛、感冒发烧、头疼及神经痛等。

一、实验目的与要求

1. 了解拼合原理和成酯修饰在药物设计中的应用。
2. 掌握由酰氯制备酯的反应原理及操作。
3. 掌握无水反应操作及反应中产生有害气体的常用吸收方法。
4. 掌握减压蒸馏的原理和方法。

二、实验原理

　　贝诺酯化学名为2-乙酰氧基苯甲酸-4-乙酰氨基苯酯。本品为白色结晶性粉末，无臭无味，不溶于水，微溶于乙醇，溶于氯仿，丙酮。

　　拼合原理主要是指将两种药物的结构拼合在一个分子内，或将两者的药效基团兼容在一个分子内，称之为杂交分子。新形成的杂交分子兼容两者的性质，强化了药理作用，减小了各自的毒副作用，或使两者取长补短，发挥了各自的药理活性，协同地完成治疗过程。合成路线如下：

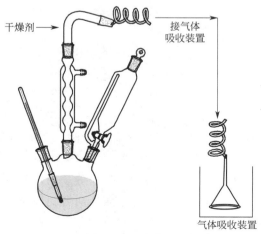

三、试剂及产物的物理常数

名称	分子量	性状	相对密度	熔点/℃	沸点/℃	溶解性		
						水	乙醇	乙醚
阿司匹林	180.17	白色晶体	1.35	135		微溶	微溶	微溶
氯化亚砜	118.97	淡黄色至红色、发烟液体,有强烈刺激气味	1.638	−105	78.8	溶		
扑热息痛	151.16	白色结晶粉末	1.293	169～171		难溶	溶	
吡啶	79.10	无色液体	0.9819	−41.6	115.2	溶	溶	溶
贝诺酯	313.31	白色结晶性粉末		175～176		不溶	微溶	

四、实验仪器与试剂

1. 仪器

三口圆底烧瓶,温度计,球形冷凝管,恒压滴液漏斗,真空泵,等。

2. 试剂

阿司匹林,氯化亚砜,吡啶,扑热息痛,氢氧化钠,乙酰水杨酰氯,乙醇,等。

五、实验装置及流程图

反应装置见图 4-2。

图 4-2　反应装置

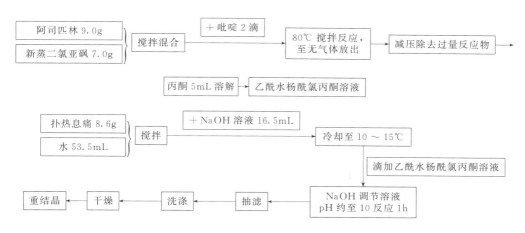

六、实验内容

1. 酰氯化反应

称取乙酰水杨酸 9.0g 置于干燥的 50mL 三口圆底烧瓶中，加入新蒸过的二氯亚砜[1] 7.0 g，滴入二滴吡啶，接上球形冷凝管及气体连续吸收装置。油浴 80℃ 加热[2]，搅拌反应至无气体放出。减压蒸馏除去过量反应物，产物用 5mL 丙酮溶解，置于滴液漏斗中备用。

2. 成酯反应

取扑热息痛[3] 8.6 g 于 250mL 三口圆底烧瓶中，加水 53.5mL，搅拌下加入 20％ 氢氧化钠溶液 16.5mL，冰水冷却，保持内温 10～15℃，慢慢滴加上步制备的乙酰水杨酰氯，加毕，用 20％ NaOH 溶液调至 pH 约为 10，继续搅拌反应 1h。过滤，水洗，低温干燥，乙醇重结晶，即得到贝诺酯。

干燥，称重，测熔点，计算收率。

［1］二氯亚砜能灼伤皮肤，对黏膜有刺激。操作时须穿戴好防护用品，若溅到皮肤上，立即用大量清水冲洗。

［2］酰氯化反应采用油浴，要注意锅内不能溅入水，油水混合过热会发生危险。

［3］扑热息痛碱化时要维持低温，防止苯环上的氨基氧化。

七、实验结果与讨论

1. 羧酸的活化方法还有哪些？
2. 重结晶时的溶剂用量如何控制？

实验 47 L-抗坏血酸棕榈酸酯的制备

L-抗坏血酸棕榈酸酯（维生素 C 棕榈酸酯）是一种国际上认可的新型食品添加剂。它能起到抗氧保鲜作用，又是一种较好的营养强化剂，近年来已有 50 多个国家大量用于食品中。L-抗坏血酸棕榈酸酯，其抗氧化能力明显优于其他抗氧化剂，只需微量加入，即可起到保鲜作用，延长食品贮存时间，并能增加食品的色、香味和营养，而且无毒、无害，安全可靠。它没有添加 Vc 等引起的物理不稳定性，用于食品后能阻止亚硝氨产生，可预防癌症，对于预防心脑血管病和抗衰老有效果。可添加于食品、药物、化妆品中增加其抗氧化性及稳定性。因此，L-抗坏血酸棕榈酸酯不但被广泛地应用于粮油、食品领域，还可应用于医疗卫生、化妆品、热敏纸等领域。

一、实验目的与要求

1. 了解热敏性物质反应的基本特点。
2. 了解 L-抗坏血酸的基本化学性质。
3. 巩固重结晶和熔点测定等操作。

二、实验原理

L-抗坏血酸与棕榈酸在浓硫酸为催化剂和溶剂的条件下，发生酯化反应得到棕榈酸酯。由于 L-抗坏血酸受热易氧化变形，因此反应不能加热。

三、试剂及产物的物理常数

名称	分子量	性状	折射率	相对密度	熔点/℃	沸点/℃	溶解性		
							水	乙醇	乙醚
L-抗坏血酸	176.13	无色晶体	—	1.95	190～192	1.65	易溶	微溶	不溶
棕榈酸	256.43	白色鳞片	1.4272	0.84	63	351	不溶	可溶	易溶
L-抗坏血酸棕榈酸酯	414.54	白色至浅黄色粉末	—	—	107～117	113～114	不溶	易溶	易溶

四、实验仪器与试剂

1. 仪器

50mL 锥形瓶，烧杯，温度计，空心塞，恒压滴液漏斗，抽滤装置等。

2. 试剂

L-抗坏血酸，98%硫酸，棕榈酸，饱和氯化钠溶液，正己烷，乙醇，水，乙酸乙酯等。

五、实验流程图

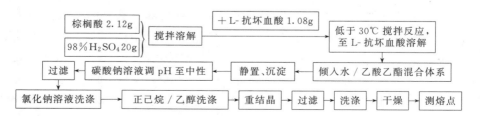

六、实验内容

1. 称取 2.12g 棕榈酸（0.008mol）粉末，通过锥形漏斗加入到圆底烧瓶中。

2. 加入适量的 98% 硫酸 20g（约 0.2mol，10mL），盖上空心塞，搅拌使其全部溶解。

3. 称取 1.08gL-抗坏血酸（0.006mol）粉末，通过锥形漏斗缓慢加入到圆底烧瓶中，控制反应体系温度不超过 30℃[1]。L-抗坏血酸溶解完全，即可认为反应结束。

4. 将反应液倒入 50mL 的水/乙酸乙酯[2]（$V:V = 10:3$）中稀释，静置，得到粗产品晶体。用饱和碳酸钠调节溶液 pH 至中性，过滤，滤饼先用饱和氯化钠溶液洗涤 3 次，然后用正己烷/乙醇[3]（$V:V = 2:1$）洗涤 3 次，即得粗产品。

5. 将上述粗产物在正己烷/乙醇（$V:V = 2:1$）中重结晶。过滤，烘干，称重，计算产率。

6. 测 L-抗坏血酸棕榈酸酯的熔点（文献值 113~114℃）。

[1] 由于 L-抗坏血酸加热容易分解，反应过程需要控制反应的温度不超过 30℃。

[2] 水/乙酸乙酯的体积比是实验成功的关键，如改变体积比，可能会出现膏状固体，难结晶。

[3] 正己烷/乙醇的体积比也很重要，如体积比变小，晶体很难析出

七、实验结果与讨论

1. 记录实验条件、过程，计算产率。
2. 记录产物形状、熔点范围。

实验 48 扑热息痛的制备

扑热息痛，化学名 N-(4-羟基苯基)-乙酰胺 [N-(4-hydroxyphenyl)-acetamide]，又称醋氨酚（Acetaminophen）。商品名称有百服宁、必理通、泰诺等。该品国际非专有药名为 Paracetamol。它是最常用的非抗炎解热镇痛药，解热作用与阿司匹林相似，镇痛作用较弱，无抗炎抗风湿作用，是乙酰苯胺类药物中最好的品种。特别适合于不能应用羧酸类药物的病人。常用于感冒、牙痛等症。

一、实验目的与要求

1. 了解选择性乙酰化对氨基酚的氨基而保留酚羟基的方法。
2. 掌握易被氧化产品的重结晶精制方法。
3. 巩固重结晶和熔点测定等操作。

二、实验原理

对氨基苯酚经过乙酰化反应，生成对乙酰氨基苯酚（扑热息痛）。常用的乙酰化试剂有冰醋酸、乙酸酐、乙酰氯等，本实验采用乙酸酐作为乙酰化试剂。

$$HO-\!\!\!\!\bigcirc\!\!\!\!-NH_2 + (CH_3CO)_2O \longrightarrow CH_3CONH-\!\!\!\!\bigcirc\!\!\!\!-OH + CH_3COOH$$

三、试剂及产物的物理常数

名称	分子量	性状	相对密度	熔点/℃	沸点/℃	溶解性		
						水	乙醇	乙醚
对氨基苯酚	109.13	白色片状晶体		189.6～190.2		溶	溶	溶
乙酸酐	102.09	无色液体	1.08	−73.1	139.35	溶	溶	溶
亚硫酸氢钠	104.06	白色结晶性粉末	1.48	—	—	溶	—	—
扑热息痛	151.16	白色结晶粉末	1.293	169～171		难溶	溶	溶

四、实验仪器与试剂

1. 仪器

250mL 三口瓶，烧杯，温度计，空心塞，恒压滴液漏斗，抽滤装置等。

2. 试剂

对氨基苯酚，水，乙酸酐，活性炭，亚硫酸氢钠，0.5％亚硫酸氢钠溶液等。

五、实验装置及流程图

反应装置见图 4-3。

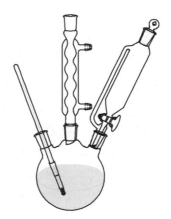

图 4-3　反应装置

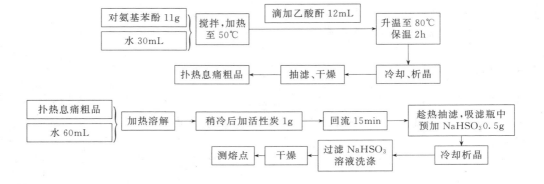

六、实验内容

1. 合成

（1）在集热式磁力搅拌器中，安装配有磁性搅拌子、温度计、回流冷凝管的 250mL 三颈瓶。

（2）在三颈瓶中加入 11g 对氨基苯酚和 30mL 水，开动搅拌，水浴加热到 50℃。

（3）自滴液漏斗逐滴加入 12mL 乙酸酐，控制滴加速度在 30min 完成[1]。

（4）升温到 80℃，保温 120min；冷却到室温，即有结晶析出。

（5）抽滤，冷水洗涤滤饼两次，抽干得粗品。

2. 重结晶

（1）将粗品移至 250mL 三颈瓶中，加入 60mL 水，电热套加热使溶解。

（2）稍冷后加入 1g 活性碳[2]，回流 15min。

（3）在吸滤瓶[3]中先加入 0.5g 亚硫酸氢钠，趁热抽滤，滤液趁热转移至 100mL 烧杯中。

（4）放冷析晶，抽滤，滤饼以 20mL 0.5％亚硫酸氢钠溶液分 2 次洗涤，抽干得产品；将产品转移至培养皿中，干燥后计算产量和产率。m.p.168～170℃。

［1］注意控制滴加速度，不能过快。

［2］活性炭应当在溶液稍冷后加入，以免引起暴沸。

［3］该步骤用的布氏漏斗和吸滤瓶要在干燥箱中预热后使用。

七、实验结果与讨论

1. 乙酸酐为什么要缓慢滴加？

2. 如果采用冰醋酸作酰化剂制备扑热息痛，其实验方案和反应装置如何？为什么？

3. 扑热息痛重结晶时加入亚硫酸氢钠的目的是什么？

4. 阿司匹林的制备和扑热息痛的制备这两个实验都是采用乙酸酐作酰化剂，但是乙酸酐的加入方法却不同，为什么？

5. 扑热息痛的精制方法和阿司匹林的精制方法在原理上有何不同？为什么？

天然产物提取类

实验 49 槐花米中芦丁的提取和鉴定

槐花米是槐系豆科植物的花蕾，自古作为止血药，具有清肝泻火、治疗肝热目赤、头痛眩晕的功效，治疗子宫出血、吐血、鼻出血。槐花米中主要含有黄酮类成分，其中芦丁的含量高达 12%~20%，另含有少量的皂苷。

芦丁（rutin）又称芸香苷，有调节毛细血管壁渗透性的作用，临床用作毛细血管止血药，也作为高血压症状的辅助治疗药物。芦丁广泛存在于植物界中，现已发现含芦丁的植物至少在 70 种以上，如烟叶、槐花、荞麦和蒲公英中均含有，尤以槐花米和荞麦中含量最高。

一、实验目的与要求

1. 通过芦丁的提取和精制，掌握碱溶酸沉法提取黄酮类化合物的原理及操作方法。
2. 掌握黄酮类化合物的一般鉴别原理及方法。

二、实验原理

芦丁为黄酮苷，分子中具有酚羟基，显酸性，溶于稀碱液中，可在酸液中沉淀析出，可利用此性质进行提取分离。除用碱溶酸沉法外，还可以利用芦丁在冷水及沸水中的溶解度不同，采用沸水提取法。也可利用芦丁易溶于热水、热乙醇，较难溶于冷水、冷乙醇的性质选择重结晶方法进行精制，并通过纸色谱及紫外光谱进行黄酮及糖的鉴定。

三、试剂及产物的物理常数

名称	分子量	性状	折射率	相对密度	熔点/℃	沸点/℃	溶解性		
							水	乙醇	乙醚
硼砂	381.37	白色粉末		1.73	880		易溶	微溶	
枸橼酸	192.14	白色结晶粉末		1.67	153		易溶	易溶	易溶
α-萘酚	144.17	无色或黄色菱形结晶或粉末	1.622	1.10	96		难溶	易溶	易溶
芦丁	664.57	浅黄色晶体	1.765	1.82	195	983.1	可溶	可溶	难溶

四、 实验仪器与试剂

1. 仪器

研钵，500mL 烧杯，200mL 烧杯，玻璃棒，载玻片，电热套，旋转蒸发仪，磁力加热搅拌器，布氏漏斗，吸滤瓶，回流装置，三用紫外分析仪，紫外分光光度计。

2. 试剂

槐花米，硼砂，饱和石灰水，15%盐酸，2% $ZrOCl_2$ 的甲醇溶液，2%枸橼酸的甲醇溶液，10％α-萘酚乙醇溶液，镁粉，浓 HCl，甲醇，80％乙醇，尼泊尔金，等。

五、实验流程图

1. 碱溶酸沉法

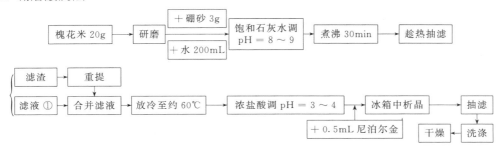

2. 水提法

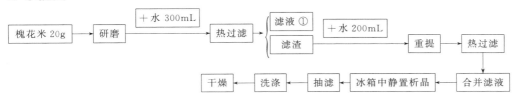

3. 精制

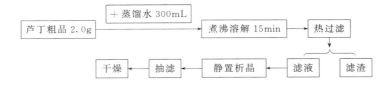

六、实验内容

1. 碱溶酸沉法

（1）称取 20g 槐花米于研钵中研碎，置于 500mL 烧杯中，加入硼砂[1]3g、水 200mL，用饱和石灰水调节溶液的 pH 值到 8～9[2]。补充水使总体积约为 300mL，加热微沸 30min。倾出上清液，用 400 目滤布趁热抽滤，滤液转入 500mL 烧杯中。滤渣重复提取一次，合并滤液。

（2）用 15％盐酸中和滤液（少量即可），调节 pH＝3～4[3]，加入 0.5mL 尼泊尔金，放置过夜，使沉淀完全，抽滤，沉淀用水洗涤 2～3 次，得到芦丁粗品。

2. 水提取法

称取 20g 槐花米于研钵中研碎，置于 500mL 烧杯中，加水 300mL，加热煮沸 30min，用 400 目滤布趁热过滤，残渣用 200mL 水重提一次，合并滤液，放置冰箱中使其析晶。待全部析出后，减压抽滤，用少量蒸馏水洗涤粗提物，得到芦丁的粗产品，烘干，称重。计算提取率。

3. 芦丁的精制

取芦丁粗产品 2g，加蒸馏水 400mL，加热至沸，并至芦丁全部溶解，趁热抽滤，放置冷却，析出晶体，抽滤得芦丁精制品。

4. 芦丁的鉴别

（1）芦丁的定性反应

取芦丁适量，加乙醇使溶解，分成三份供下述试验用。

① 盐酸镁粉试验：取样品液适量，加 2 滴浓 HCl，再酌加少许镁粉，即产生剧烈的反应，并逐渐出现红色至深红色。

② 锆-枸试验：取样品液适量，然后加 2% ZrOCl$_2$ 的甲醇溶液，注意观察颜色变化，再加入 2% 枸橼酸的甲醇溶液，并详细记录颜色变化。

③ α-萘酚-浓硫酸反应：取样品液适量，加等体积的 10% α-萘酚乙醇溶液，摇匀，沿管壁缓加浓硫酸，注意观察两液界面的颜色。

（2）芦丁的 UV 鉴定

精密称取芦丁纯品 0.001g，用甲醇溶解，于 50mL 容量瓶中定容至刻度，用紫外分光光度计对其紫外吸收进行扫描，扫描范围200～500nm。

［1］加入硼砂的目的是使其与芦丁分子中的邻二酚羟基发生络合，既保护酚羟基不被氧化破坏，又可以避免其与钙离子络合。

［2］用石灰水调节芦丁提取溶液的 pH，既可以达到碱提取芦丁的目的，还可以除去槐米中含有的大量黏液质。但钙离子浓度及 pH 值均不宜过高，否则多余的钙离子能与芦丁形成螯合物沉淀，同时黄酮母核在强碱性条件下易被破坏，使收率下降。

［3］用 HCl 调 pH 时，应注意 pH 不要过低，因为 pH 过低（pH＝2 以下）会使芦丁形成的盐沉淀重新溶解。

七、实验结果与讨论

1. 黄酮类化合物的提取方法有哪些？
2. 对比两种提取方法的优缺点。
3. 如果产品实际得率不高，试分析其可能原因？

实验 50 槲皮素的制备及鉴定

槲皮素（quercetin），又名栎精、槲皮黄素，溶于冰乙酸，其碱性水溶液呈黄色，几乎不溶于水，乙醇溶液味很苦。可作为药品，具有较好的祛痰、止咳作用，并有一定的平喘作用。此外，还有降低血压、增强毛细血管抵抗力、减少毛细血管脆性、降血脂、扩张冠状动脉、增加冠脉血流量等作用。常用于治疗慢性支气管炎，对冠心病及高血压患者也有辅助治疗作用。

一、实验目的与要求

1. 掌握槲皮素的制备原理及操作。
2. 巩固紫外吸收光谱在黄酮结构鉴定中的应用。

二、实验原理

芦丁可被稀酸水解生成槲皮素及葡萄糖、鼠李糖，本实验依此进行制备槲皮素。通过纸色谱及紫外吸收光谱进行黄酮及糖的鉴定。

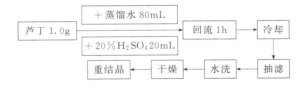

槲皮素

三、试剂及产物的物理常数

名称	分子量	性状	折射率	相对密度	熔点/℃	沸点/℃	溶解性		
							水	乙醇	乙醚
芦丁	664.57	浅黄色晶体	1.765	1.82	195	983.1	可溶	可溶	难溶
槲皮素	302	黄色结晶			314		难溶	可溶	难溶

四、实验仪器与试剂

1. 仪器

250mL 圆底烧瓶，回流冷凝管，200mL 烧杯，温度计，抽滤装置，烘箱等。

2. 试剂

精品芦丁，10％H_2SO_4，95％乙醇，甲醇等。

五、实验流程图

芦丁 1.0g
+ 蒸馏水 80mL
+ 20％H_2SO_4 20mL → 回流 1h → 冷却
重结晶 ← 干燥 ← 水洗 ← 抽滤

六、实验内容

1. 槲皮素的制备

（1）称取精品芦丁 1.0g 置于 250mL 圆底烧瓶中，加入水 80mL、10％H_2SO_4 20mL，加热回流 1h[1]，自然冷却至室温，抽滤，滤饼用 10mL 水分 3 次洗涤[2]滤饼，得槲皮素粗品。

（2）将槲皮素粗品用 95％乙醇/水[3]重结晶，称重，计算产率。

2. 槲皮素的 UV 鉴定

精密称取槲皮素纯品 0.01g，用甲醇溶解，定容至 50mL 容量瓶中，测其紫外吸收光谱，扫描范围 200～500nm。

[1] 反应至沉淀量不再增加即可。

[2] 除去余酸。

[3] 约需要 95％乙醇 15mL。

七、实验结果与讨论

1. 苷类水解有几种催化方法？

2. 酸水解常用什么酸？为什么用硫酸比用盐酸后处理更方便？

附

芦丁及槲皮素的检识

实验名称	实验试剂	现象	
		芦丁	槲皮素
Molish 反应	10％α-萘酚乙醇溶液-浓硫酸	紫色环	无现象
盐酸-镁粉反应	盐酸-镁粉	红色～紫红色	
醋酸镁反应	1％醋酸镁甲醇溶液（滤纸）	黄色荧光（紫外灯）	
三氯化铝反应	1％三氯化铝乙醇溶液（紫外灯）	黄色荧光	
锆-柠檬酸反应	2％二氯氧锆甲醇溶液 2％柠檬酸甲醇溶液 3～4 滴	黄色 并褪色	黄色 不褪色

实验 **51** 从茶叶中提取咖啡因

一、实验目的与要求

1. 通过从茶叶中提取咖啡因，掌握天然产物的一种提取方法。

2. 学习用索式提取器和升华法提取有机化合物的操作技术及原理。

二、实验原理

1. 萃取与升华

萃取是利用物质在两种不互溶（或微溶）溶剂中溶解度或分配比的不同来进行分离、提取或纯化的一种方法。固体物质的萃取，是通过用长期浸出法或采用索式提取器实现的。前者是靠溶剂长期的浸润溶解而将固体物质中的目标物质浸出来。这种方法不需要特殊器皿，但效率不高，而且溶剂的需求量较大。

升华是纯化固体有机物的方法之一。某些物质在固态时有相当高的蒸气压，当加热时不经过液态而直接气化，蒸气遇冷则凝结成固体，这个过程叫做升华。升华得到的产品有较高的纯度，这种方法特别适用于纯化易潮解或遇溶剂易分解的物质。本实验采用升华法从茶叶的乙醇提取液中提取咖啡因。

2. 咖啡因

茶叶中含有多种生物碱，其中以咖啡碱（又名咖啡因）为主，占 1%～5%。另外，还含有少量（11%～12%）的丹宁酸（又称鞣酸）、0.6% 的色素、纤维素蛋白质等。咖啡碱是弱碱性化合物，易溶于氯仿（12.5%）、水（2%）及乙醇（2%）等，在苯中的溶解度为 1%（在热苯中溶解度为 5%）。丹宁酸易溶于水和乙醇，但不溶于苯。为提取茶叶中的咖啡因，常用乙醇回流法，利用适当的溶剂（氯仿、乙醇、苯等）在索式（Soxhlet）提取器中提取，蒸去溶剂，即得粗咖啡因。然后通过升华法从粗咖啡因中得到较纯的咖啡因产物。

咖啡因是杂环化合物嘌呤的衍生物，是一种生物碱，其化学名称为 1,3,7-三甲基-2,6-二氧嘌呤。

咖啡因是具有绢丝光泽的无色针状结晶，含一个结晶水，无臭，味苦，能溶于水、乙醇、丙酮、氯仿等，难溶于石油醚，置于空气中易风化。在 100℃ 时，失去结晶水，开始升华，120℃ 时升华相当显著，178℃ 时迅速升华，利用这一性质可纯化咖啡因。无水咖啡因熔点为 235℃。

咖啡因

咖啡因可以通过测熔点及光谱法等加以鉴别。此外，还可以通过进一步制备咖啡因水杨酸盐衍生物得到确证。咖啡因作为碱，可与水杨酸作用生成咖啡因水杨酸盐，此盐的熔点为 137℃。

3. 咖啡因的用途

在医药工业上，咖啡因主要通过人工合成。它是一种温和的兴奋剂，具有刺激心脏、兴奋中枢神经、利尿等作用。故可以作为中枢神经兴奋药，它也是复方阿司匹林（APC）等药物的组分之一。

在美容方面，咖啡的抗氧化功能可以对抗自由基对人体的伤害。有研究显示，咖啡所含的抗氧化物质比茶多了四倍，还能预防心血管疾病。还有，咖啡本身也符合抗氧化物的原则，色深又具有苦味。而且，咖啡在加了奶精之后，也不会影其抗氧化作用。

此外，咖啡可以减肥，这很多女孩都知道。但是恐怕是只知其一不知其二，喝咖啡以后，需要同时积极运动起来，才能发挥真正的减肥功效。

三、试剂及产物的物理常数

化合物	分子量	m. p. /℃	b. p. /℃	n_D^{20}	相对密度	溶解度/(g/100mL 水)	溶解性
咖啡因	194	235	（升华）178		1.23	2.2	乙醇、氯仿
乙醇	46	-117	78.3	1.3614	0.7894	任意比例互溶	大多数有机溶剂

四、实验仪器与试剂

1. 仪器

索氏（Soxhlet）提取器，圆底烧瓶，电炉，蒸馏装置，蒸发皿，等。

2. 试剂

茶叶末、95% 乙醇、碳酸钙、氯仿，等。

五、实验装置及流程图

乙醇蒸馏装置见图 4-4，咖啡因提取装置见图 4-5。

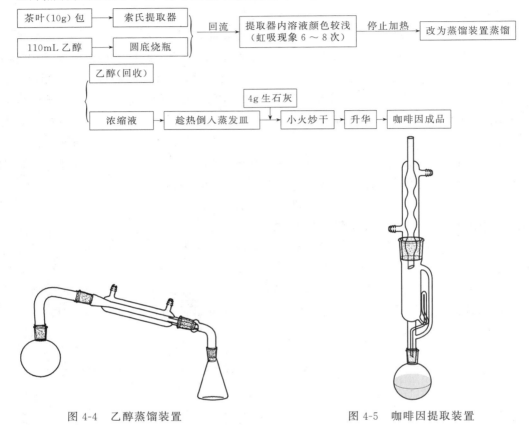

图 4-4　乙醇蒸馏装置

图 4-5　咖啡因提取装置

六、实验内容

1. 抽提方法

方法一：称取 10g 茶叶末[1]于纱布包好放入 150mL Soxhlet 提取器中[2]，在圆底烧瓶中加入 110mL 95％ 乙醇，加 2 粒沸石。电炉加热回流提取，直到提取颜色较浅为止，虹吸约 6～8 次[3]，待冷凝液刚刚虹吸下去时即可停止加热。

稍冷后，改成蒸馏装置，补加 2 粒沸石，把提取液中的大部分乙醇蒸出（回收）至蒸馏瓶中提取液为 5～7mL，趁热把瓶中剩余液倒入蒸发皿中，留作升华法提取咖啡因用。

方法二：在 250mL 烧杯中加入 100mL 水和粉末状碳酸钙[4]。称取 10g 茶叶，用纱布包好后放入烧杯中煮沸 30min，取出茶叶，压干，趁热抽滤，滤液冷却后用 15mL 氯仿分两次萃取，萃取液合并（萃取液如浑浊，色较浅，则加入少量蒸馏水洗涤至澄清），留作升华实验用。

2. 升华法提取咖啡因

准备 3 张左右滤纸，滤纸用针头刺孔且保证孔的分布范围合适。

往盛有方法一提取液的蒸发皿中加入 4g 生石灰粉[5]，搅成浆状，在电炉上加热搅拌，除去水分，继续搅拌，压碎块状物，焙炒片刻（颜色将变浅）除去水分[6]，直到为粉末状。当看到第一丝白烟，在蒸发皿上盖一张孔刺向上的滤纸（光面朝下），再在滤纸上罩一个大小合适的漏斗，在其颈部塞一团疏松的脱脂棉。小火加热，适当控制温度，尽可能使升华[7]速度放慢。当发现有棕色烟雾时，即升华完毕，停止加热。冷却后，取下漏斗，轻轻揭开滤纸，小心刮下滤纸上下两面的咖啡因[8]，并合并几次升华的咖啡因，称重约 0.1g。

[1] 红茶中含咖啡因约 3.2%，绿茶中含咖啡因约 2.5%，故选茶叶取红茶为宜。

[2] 回流提取咖啡因时将茶叶用纱布包裹成茶包，为防止茶叶末堵塞管道，应将茶包封口向下，茶包与索式提取器管内松紧适度且茶包放置的高度稍低于虹吸管管口，便于回流液均匀浸没被萃取物。索式提取器装置要放正放稳，不能夹虹吸管处。

[3] 第一次加热发生虹吸现象（乙醇液面高度达到虹吸管时，萃取液经虹吸管又流入烧瓶）时可适当提高温度，此后通过控制温度来控制乙醇蒸发速度。

[4] 茶叶中丹宁分两类，一类是没食子酸与葡萄糖分子中的羟基所形成的酯的混合物，能在热水中水解出没食子酸，一类是葡萄糖与儿茶素组成的聚合物，不能水解。丹宁水解生成的没食子酸易与咖啡碱生成难溶盐。碳酸钙的作用就是与茶叶中的丹宁生成不溶性的钙盐，使咖啡因作为可溶性的生物碱留在水溶液中。

[5] 生石灰起中和作用，以除去丹宁等酸性物质。

[6] 如水分未能除尽，将会在下一步加热升华开始时在漏斗内出现水珠。若遇此情况，则用滤纸迅速擦干漏斗内的水珠并继续升华。

[7] 升华操作是实验成败的关键。在升华过程中必须始终严格控制温度，温度过高会使被烘物冒烟炭化，导致产品不纯和损失。

[8] 收集的咖啡因为白色晶状体，易被风吹走，应用表面皿盖住。

七、思考题

1. 在茶叶中提取咖啡因的"方法二"中碳酸钙与茶叶提取液中的什么成分之间发生了什么反应？

2. 索式提取器的原理是什么？与直接用溶剂回流提取比较，有何优点？

3. 升华操作的原理是什么？为什么在升华操作中加热温度一定要控制在被升华物熔点以下？

4. 升华前加入生石灰起什么作用？为什么升华前要将水分除尽？

实验 52 茶多酚的提取、精制及质量检测

茶多酚是茶叶中 30 多种多酚类物质的总称，是一类富含于茶叶中，主要由表儿茶素、表没食子儿茶素及没食子酸酯类等组成的多羟基化合物，含量约占茶叶干物质总量的 20%～30%。茶多酚分子中带有多个活性羟基（—OH），可终止人体中自由基链式反应，清除超氧离子，类似 SOD（超氧化物歧化酶）之功效。茶多酚对超氧阴离子与过氧化氢自由基的消除率达 98% 以上，呈显著的量效关系，其效果优于维生素 E 和维生素 C。茶多酚有抑菌、杀菌作用，能有效降低大肠对胆固醇的吸收，防止动脉粥样硬化，是艾滋病毒（人类免疫缺陷病毒，HIV）逆转录酶的强抑制物，有增强机体免疫能力，并具抗肿瘤、抗辐射、抗氧化、防衰老机理。茶多酚安全、无毒，是食品、饮料、药品及化妆品的天然添加成

分。目前，茶多酚已在医药、饮料、食品、保健等行业中广泛应用。

一、实验目的与要求

1. 了解茶多酚的性质及用途。

2. 了解天然产物的常规提取及精制方法。

3. 通过本实验的具体操作，掌握并熟悉茶多酚的提取与精制的方法及其操作原理和步骤。

4. 掌握提取精制过程中茶多酚的分析检测方法及产品中茶多酚、儿茶素和咖啡碱含量的分析检测方法。

二、实验原理

茶多酚有多种提取方法，如溶剂浸提法、沉淀法、超声法、微波法、超临界流体萃取等，其中溶剂浸提法（水作溶剂）和沉淀法是最常用的方法。

1. 水提法的原理

茶多酚易溶于热水，首先用热水在一定温度下将茶多酚从茶叶中提取出来；然后对茶叶浸提液用对茶多酚具有很好选择性的有机溶剂对其进行萃取分离；最后将茶多酚萃取液通过浓缩、干燥得到茶多酚精品。

2. 沉淀法的原理

首先用热水在一定温度下将茶多酚从茶叶中提取出来；然后对茶叶浸提液盐析处理除去部分杂质；再利用某些金属离子与茶多酚形成的络合物在一定 pH 值下溶解度最低的特性，将茶多酚从浸提液中沉淀出来，并高效地与咖啡碱等杂质分离；经过稀酸转溶，将茶多酚游离出来后，用对茶多酚具有很好选择性的有机溶剂再次对其进行萃取分离；最后将茶多酚萃取液通过真空浓缩、真空干燥得到茶多酚精品。

三、 试剂及产物的物理常数

名称	分子量	性状	相对密度	m. p. /℃	b. p. /℃	溶解性		
						水	乙醇	乙醚
亚硫酸氢钠	104.06	白色结晶性粉末	1.48	—	—	溶	—	—
无水硫酸钠	142.06	白色透明晶体	2.68	884	—	溶	溶	
乙酸乙酯	88.11	无色透明液体	0.902	—83	77	溶	混溶	混溶
酒石酸亚铁	203.92					溶	溶	溶
硫酸铝	342.15	白色斜方晶系结晶粉末	1.69			溶	不溶	—
碳酸氢钠	84.01	白色粉末或单斜晶结晶性粉末	2.159	270		可溶	微溶	
乙酸乙酯	88.11	无色透明液体	0.902	—83	77	溶	混溶	混溶
维生素C	176.12	无色无臭的片状晶体	—	191	无	易溶	不溶	不溶
茶多酚		白色晶体				溶	溶	溶

四、实验仪器与试剂

1. 仪器

恒温磁力搅拌水浴，抽滤瓶，旋转蒸发仪，水循环式真空泵，电子天平，水浴锅，紫外分光光度计，电热恒温干燥箱，分液漏斗，微量吸管器，离心机。

2. 试剂

亚硫酸氢钠，无水硫酸钠，乙酸乙酯，磷酸氢二钠，磷酸二氢钠，酒石酸亚铁，蒸馏水，维生素 C，乙酸乙酯、碳酸氢钠，茶多酚标准品。

五、实验流程图

1. 水提法

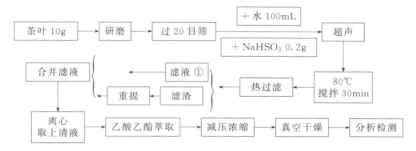

2. 沉淀法

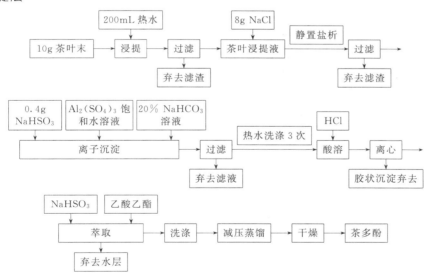

六、实验内容

1. 水提法

（1）浸提

称取 10g 过 20 目的茶叶[1]置于 250mL 烧杯中，加水 100mL、NaHSO₃ 0.2g，先超声 10min，然后 80℃水浴加热搅拌 30min，过滤，滤渣加水 150mL，重复提取一次，合并两次滤液。

（2）萃取

① 将滤液分装入 4 支 50mL 离心管中，转速 5000r·min^{-1}，离心 10min。

② 将离心管中上清液倾出收集，用乙酸乙酯进行萃取（萃取两次，每次 50mL），合并萃取液。

③ 将乙酸乙酯萃取液置于锥形瓶中，加入一定量的无水硫酸钠干燥 30min。

（3）浓缩[2]

将干燥好的乙酸乙酯溶液用普通漏斗过滤。液体转移入茄形瓶中，采用旋转蒸发仪减压浓缩，回收乙酸乙酯，得到黄色粉末状茶多酚粗品，真空干燥，称重。置于棕色玻璃干燥器中于室温下避光保存。

（4）分析检测

① 称取茶多酚样品约 0.1g（精确至 0.0001g），加水 30mL 溶解，注入 100mL 容量瓶中，定容、摇匀、过滤，弃去初滤液约 20mL，续滤液为供试液。

② 取供试液 1mL 于 25mL 容量瓶中，加酒石酸亚铁 5mL 摇匀，用 pH＝7.5 磷酸盐缓冲液定容，除以水代替供试液外，其余以相同试剂定容至 25mL 作为空白对照，于 540nm 处用 1cm 比色皿测定吸光度 A 值。

③ 结果计算

茶叶中茶多酚的含量，以干态质量百分率表示，按下式计算：

$$茶多酚（\%）=(A \times 1.957 \times 2)/100 \times L_1/(L_2 \times M \times m) \tag{4-1}$$

式中，L_1 为试液的总量，mL；L_2 为测定时的用液量，mL；M 为试样的质量，g；m 为试样干物质含量百分率，%；A 为试样的吸光度；1.957 为用 10mm 比色杯，当吸光度等于 0.50 时，每毫升茶汤中含茶多酚相当于 1.957mg。

[1] 茶多酚对酸、碱、热、光等敏感，因此在提取静置过程中温度不能太高，时间不能过长，整个提取静置过程最好连续进行。

[2] 蒸发浓缩时需用水浴锅加热，切要控制好水浴温度，以避免加热温度过高造成茶多酚的氧化。

2. 沉淀法

（1）浸提[1]

称取 10g 茶叶末在烧杯中，加入 200mL 的 70～95℃ 的热水，搅拌下恒温浸提 40min，过滤得茶叶浸提液。取样分析浸提液中茶多酚的含量，计算浸提液中茶多酚的总量、茶多酚的浸提率[2]。

（2）盐析

加 8g 氯化钠于茶叶浸提液中，使其质量分数为 4%，静置盐析 1h 后过滤。

（3）沉淀

在上述滤液中加入 0.4g NaHSO$_3$，然后加入 2g 硫酸铝饱和水溶液，加热至 70～80℃，用 20% NaHCO$_3$ 溶液在快速搅拌下调节 pH 值至 5～6，此时有大量沉淀析出，沉淀自然沉降一段时间后过滤，最后用等体积 70℃ 热水洗涤沉淀 3 次。

（4）酸溶

将沉淀在快速搅拌下放入到 20g 左右的 pH＝2.5～4.5 的盐酸水溶液中溶解沉淀[3]，控制酸转溶液的 pH＝2.5～4.5，酸溶时间 40min 左右，少量胶状沉淀经离心分离除去。取样分析计算酸转溶液中茶多酚的含量和总量，计算茶多酚经过盐析、沉淀及酸溶后的回收率[4]。

（5）萃取

加入 0.4g NaHSO₃ 至酸转溶液中，然后用 40mL 的乙酸乙酯萃取 4 次，每次 10mL，合并萃取液。取样分析计算萃取相中茶多酚的总量，计算茶多酚的萃取率[5]。

（6）洗涤

加入 0.2g 维生素 C 至 16mL 水中，用柠檬酸调节水溶液的 pH＝2.5～3.0，等分成两份，将乙酸乙酯萃取液洗涤两次。

（7）蒸发浓缩[6]

将洗涤后的乙酸乙酯相在 50～70℃ 下真空蒸发回收乙酸乙酯，待浓缩成膏状物时，加入膏状物 2 倍体积的无水乙醇洗涤挂在壁上的物料，继续浓缩成稠的膏状物。

（8）干燥

将膏状物放入真空干燥箱中，在 60～90℃ 下进行真空干燥，在前 1～2h 内，将物料搅动几次，当物料干燥成粉状或干的块状时，结束干燥。干燥时间一般 6h。

（9）包装保存

将干燥好的茶多酚产品转移至自封塑料袋中，称重、取样后立即密封，置入棕色玻璃干燥器中于低（室）温下避光保存。产品取样用于分析产品中茶多酚和咖啡碱含量，计算出茶多酚的最终得率[7]。

[1] 茶多酚对酸、碱、热、光等敏感。因此在提取精制过程中应尽量避免局部过酸或过碱，温度不能太高，时间不能过长，整个提取精制过程最好连续进行。

[2] 浸提液中茶多酚的总量(g)＝浸提液中茶多酚的含量(g·mL⁻¹)×浸提液体积(mL)

$$茶多酚的浸提率(\%)＝\frac{浸提液中茶多酚的总量(g)}{原料茶叶末中茶多酚的总量(g)}×100\%　　　　(4-2)$$

[3] 加酸或加碱时一定要缓慢，pH 值调节要准确。茶多酚在 pH 值为 3～5 范围内比较稳定，因此在提取精制过程中应注意茶多酚溶液的 pH 值。

[4] 经过盐析、沉淀及酸溶后茶多酚的总量和回收率计算

酸转溶液中茶多酚的总量(g)＝酸转溶液中茶多酚的含量(g·mL⁻¹)×酸转溶液的体积(mL)

$$酸转溶液中茶多酚的回收率(\%)＝\frac{酸转溶液中茶多酚的总量(g)}{浸提液中茶多酚的总量(g)}×100\%　　　(4-3)$$

[5] 萃取相中茶多酚的总量和茶多酚的萃取率计算

萃取相中茶多酚的总量(g)＝萃余相中茶多酚的含量(g·mL⁻¹)×萃余相溶液的体积(mL)

$$茶多酚的萃取率(\%)＝\frac{酸转溶液中茶多酚的总量(g)-萃余相中茶多酚的总量(g)}{酸转溶液中茶多酚的总量(g)}×100\%$$

$$(4-4)$$

[6] 真空蒸发浓缩时，须用水浴锅加热且要控制好水浴温度，以避免加热温度过高造成茶多酚的氧化。

[7] 茶多酚的最终得率计算

以纯品计为：

$$茶多酚的最终得率（\%）= \frac{产品质量 \times 产品中茶多酚的含量}{原料茶叶的质量} \times 100\% \qquad (4\text{-}5)$$

以获得的产品（非纯品）计为：

$$茶多酚的最终得率（\%）= \frac{产品质量}{原料茶叶的质量} \times 100\% \qquad (4\text{-}6)$$

七、实验数据处理

1. 茶多酚浸提实验

将茶多酚浸提实验条件及实验结果数据填入表 4-1 中。

表 4-1　茶多酚浸提实验条件及实验结果

实验编号	实验条件				实验结果		
	茶叶用量/g	提取温度/℃	提取时间/min	液固比/mL·g⁻¹	浸提液中茶多酚含量/mg·mL⁻¹	浸提液中茶多酚总量/g	茶多酚浸提率/%
1	10	70	40	20			
2	10	75	40	20			
3	10	80	40	20			
4	10	85	40	20			
5	10	90	40	20			
6	10	95	40	20			

根据上述数据，作出一定条件下不同提取温度与茶多酚浸提率的关系曲线图。

2. 酸溶实验

将酸溶实验条件及实验结果数据填入表 4-2 中。

表 4-2　酸溶实验条件及实验结果

实验编号	实验条件			实验结果		
	溶液倍数	溶液 pH 值	酸溶时间/min	酸转溶液中茶多酚含量/mg·mL⁻¹	酸转溶液中茶多酚的总量/g	酸转溶液中茶多酚的回收率/%
1	2.0	2.5	40			
2	2.0	3.0	40			
3	2.0	3.5	40			
4	2.0	4.0	40			
5	2.0	4.5	40			

根据上述数据，作出一定条件下酸溶液的不同 pH 值与茶多酚回收率的关系曲线图。

3. 茶多酚萃取实验

将茶多酚萃取实验条件及实验结果数据填入表 4-3 中。

表 4-3　茶多酚萃取实验条件及实验结果

实验编号	实验条件			实验结果		
	溶剂体积/mL	萃取次数	萃余相溶液体积/mL	萃余相中茶多酚含量/mg·mL⁻¹	萃余相中茶多酚的总量/g	茶多酚萃取率/%
1	40	4				

八、思考题

1. 水提法中影响最终收率的关键步骤有哪些？应该怎么操作？

2. 分析检测过程中如何进行标准曲线的绘制？

3. 通过实验数据的处理，试分析沉淀法中哪些因素影响茶多酚产品的产率及纯度？是怎样影响的？应该怎样控制？

4. 要提高产品产率和产品中茶多酚或儿茶素的含量，降低产品中咖啡碱的含量，你认为可以采取哪些方法或措施？

5. 茶多酚的提取与精制还有哪些工艺？各有何特点？

附

A. 茶多酚、儿茶素、咖啡因的分析检测方法

1. 提取精制过程中茶多酚的分析检测方法

（1）原理

在一定 pH 值条件下，酒石酸亚铁能与多酚类物质反应形成蓝紫色络合物，该络合物在 540nm 波长下具有最大吸光度。在适当的浓度范围内，茶多酚的含量与络合物的吸光度成正比，符合朗伯-比尔定律，因此可用分光光度法对茶多酚定量分析。

（2）试剂配制

① 酒石酸亚铁溶液

称取 1g（准确至 0.0001g）硫酸亚铁和 5g（准确至 0.0001g）酒石酸钾钠，用水溶解并定容至 1L（此液放置过夜后使用，可稳定存放 1 星期）。

② pH＝7.5 磷酸盐缓冲溶液

a 液（$\frac{1}{15}$ mol·L^{-1} 的磷酸氢二钠溶液）：称取磷酸氢二钠 23.877g，加水溶解并稀释至 1L。

b 液（$\frac{1}{15}$ mol·L^{-1} 的磷酸二氢钾溶液）：称取经 110℃烘干 2h 的磷酸二氢钾 9.078g，加水溶解并稀释至 1L。

取 a 液 85mL 和 b 液 15mL 混匀，即得 pH＝7.5 磷酸盐缓冲溶液。

（3）供试液的制备与测定

准确吸取待测溶液 1mL，将其稀释 1～25 倍，再从稀释液中准确吸取 1mL，注入 25mL 的容量瓶中，加水 4mL 和酒石酸亚铁溶液 5mL，充分混合，再加 pH＝7.5 磷酸盐缓冲溶液至刻度，用 1cm 比色杯，在波长 540nm 处，以试剂空白溶液作参比，测定吸光度。

（4）结果计算

待测溶液中茶多酚的含量用式（4-7）计算：

$$茶多酚含量 = \frac{1.957AX}{500}(g \cdot mL^{-1}) \tag{4-7}$$

式中，1.957 为用 1cm 比色杯，当吸光度等于 0.50 时，每毫升茶汤中含茶多酚相当于 1.957mg；A 为试样的吸光度；X 为待测溶液的稀释倍数。

2. 产品中茶多酚含量的分析检测方法

产品中茶多酚的分析检测方法有酒石酸亚铁分光光度法、高锰酸钾滴定法和紫外分光光度法，其中酒石酸亚铁分光光度法被定为国家标准，测定的方法简单，可操作性强。

（1）原理

同"提取精制过程中茶多酚的分析检测方法"。

（2）试剂配制

同"提取精制过程中茶多酚的分析检测方法"。

（3）供试液的制备与测定

① 供试液的制备：称取茶多酚样品约 0.1g（精确至 0.0001g），置小烧杯中，加温水 30mL 溶解，冷却，注入 100mL 容量瓶中，定容、摇匀、过滤，弃去初滤液约 20mL，续滤液为供试液。

② 供试液的测定：取供试液 1mL 于 25mL 容量瓶中，加酒石酸亚铁 5mL，摇匀，用 pH＝7.5 磷酸盐缓冲液定容，除以蒸馏水代替供试液外，其余以相同试剂定容至 25mL 作为空白对照，于 540nm 处用 1cm 比色杯测定吸光度 A 值。

（4）结果计算

① 根据标准曲线进行计算

对照溶液的配制：精确称取没食子酸乙酯（GE）（105℃干燥 1h）250mg，溶于 100mL 水中作母液，分别吸取母液 1.0mL、2.0mL、3.0mL、6.0mL 于一组 10mL 容量瓶中，用水定容配制成 100mL 中含没食子酸乙酯（GE）25mg、50mg、75mg、150mg 四种不同浓度的对照液。

标准曲线的制作：精确吸取不同浓度的对照液 1mL 和酒石酸亚铁试剂 5mL，置于一组 25mL 容量瓶中，用 pH＝7.5 磷酸盐缓冲溶液定容，摇匀，同时以试剂作空白，于 540nm 处用 1cm 比色杯测定吸光度，以吸光度为纵坐标，GE 浓度（mg/100mL）为横坐标绘制标准曲线。

依据标准曲线按式(4-8)计算茶多酚总量：

$$茶多酚总量 = \frac{1.5E}{m(1-G)} \times 100\% \tag{4-8}$$

式中，E 为据试样测得的吸光度（A）从标准曲线上查得的 GE 相应含量（mg/100mL），如果采用标准曲线的回归方程，则 E＝曲线斜率$\times A$；1.5 为用 GE 作对照，1cm 比色杯，$1.0 \text{mg} \cdot \text{mL}^{-1}$ GE 的吸光度相当于 $1.5 \text{mg} \cdot \text{mL}^{-1}$ 的茶多酚的吸光度；m 为试样重量，mg；G 为试样水分，%。

② 根据经验换算系数进行计算

$$茶多酚总量 = \frac{2.78A \times 100}{m(1-G)} \times 100\% \tag{4-9}$$

式中，2.78 为经验换算系数，即用 1cm 比色杯，当吸光度 A 为 1.000 时，每毫升供试液含 2.78mg 茶多酚；m 为试样重量，mg；G 为试样水分，％。

3. 产品中儿茶素含量的分析检测方法

(1) 原理

儿茶素是多酚类物质的主体成分。儿茶素和香荚兰素在强酸性条件下，生成橘红色到紫红色的产物，红色的深浅和儿茶素的含量呈一定的正相关关系，该反应不受花青苷和黄酮苷的干扰。实验证明香荚兰素是儿茶素的特异显色剂且显色灵敏度高，最低检出量可达 0.5μg。

(2) 试剂配制

① 95％乙醇（G. R.）、盐酸（优级纯）。

② 1％香荚兰素溶液：1g 香荚兰素溶于 100mL 浓盐酸中，配制好的溶液应显淡黄色，如发现变红、变蓝绿色就都不能用。配制好的溶液应置于冰箱中保存，可用一天，不耐储藏，宜随配随用。

(3) 供试液的制备与测定

① 供试液的制备：称取 0.2～0.25g 茶多酚产品置于 25mL 容量瓶中，用 95％乙醇定容至 25mL 为供试液。

② 供试液的测定：吸取 10μL 供试液，加入装有 1mL 95％乙醇的带刻度试管中，摇匀，再加入 1％香荚兰素盐酸溶液 5mL，加塞后摇匀呈红色，放置 40min 后，立即进行比色测定吸光度（A），另以 1mL 95％乙醇加 5mL 1％香荚兰素盐酸溶液作空白对照。在波长 500nm 处，用 0.5cm 比色杯进行比色测定（注：如用 1cm 比色杯测定，须将测得的吸光度值除以 2）。根据实验得知，当测得吸光度值等于 1.00 时，被测液的儿茶素含量为 145.68μg。因此，测得的任意吸光度只要乘以 145.68 即可得被测液中儿茶素的量（μg）。

(4) 结果计算

按式 (4-10) 计算儿茶素的总含量：

$$儿茶素总量(mg \cdot g^{-1}) = 0.14568A \times 总溶液量(mL) \div 吸取液量 \div 样品质量(g)$$

$$(4-10)$$

4. 产品中咖啡碱含量的分析检测方法

(1) 原理

茶叶中的咖啡碱易溶于水，除去茶多酚等干扰物质后，用特定波长测定其含量。

(2) 试剂配制

本标准溶液所用试剂，除另有规定外，均为分析纯（A. R.）；水为蒸馏水。

① 饱和碱性醋酸铅溶液：称取 50g 碱性醋酸铅，加水 100mL，静置过夜。

② 盐酸：0.01mol·L^{-1} 溶液，取 0.9mL 盐酸，用水稀释至 1L，摇匀。

③ 硫酸：3mol·L^{-1} 溶液，取浓硫酸 150mL，用水稀释至 1L，摇匀。

④ 咖啡碱标准溶液：称取 100mg 咖啡碱（纯度不低于 99％）溶于 100mL 水中，作为母液，准确吸取 5mL 加水至 100mL 作为咖啡碱标准溶液（1mL 含咖啡碱 0.05mg）。

（3）供试液的制备与测定

① 供试液的制备：同"产品中茶多酚含量的分析检测方法"中供试液的制备。

② 供试液的测定：准确吸取供试液 20mL，置于 100mL 容量瓶中，加入 $0.01mol \cdot L^{-1}$ 盐酸溶液 10mL 和饱和碱性醋酸铅溶液 1mL，用水稀释至刻度，充分混匀，静置澄清过滤。准确吸取滤液 25mL 置于 50mL 容量瓶中，加入 $3mol \cdot L^{-1}$ 硫酸溶液 8 滴，加水定容，混匀，静置澄清过滤，弃去最初滤液，用 1cm 石英比色杯，以空白试剂作参比，在波长 274nm 处测定其吸光度 (A)。

（4）咖啡碱标准曲线制作

分别吸取 0、0.5mL、1.0mL、2.5mL、5.0 mL、7.5mL、10.0 mL、15.0mL 咖啡碱标准溶液于一组 100mL 容量瓶中，各加入 $0.01mol \cdot L^{-1}$ 盐酸溶液 4 mL，用水稀释至刻度，混匀，用 1cm 石英比色杯，以空白试剂作参比，在波长 274nm 处，分别测定其吸光度，将所测的吸光度与对应的咖啡碱浓度绘制成标准曲线。

（5）结果计算

茶多酚中咖啡碱含量用式（4-11）计算：

$$咖啡碱含量 = \frac{cL \times 10}{m(1-G)} \times 100\% \tag{4-11}$$

式中，c 为根据试样测得的吸光度 (A)，从咖啡碱标准曲线上查得的咖啡碱的相应含量，$mg \cdot mL^{-1}$；L 为供试液总量，mL；m 为试样质量，mg；G 为试样水分，%。

B. 不同 pH 值磷酸盐缓冲溶液的配制

1. A 液（$0.2mol \cdot L^{-1}$ 磷酸二氢钠水溶液）：$NaH_2PO_4 \cdot H_2O$ 27.6g，溶于蒸馏水中，稀释至 1000mL。

2. B 液（$0.2mol \cdot L^{-1}$ 磷酸氢二钠水溶液）：$Na_2HPO_4 \cdot 7H_2O$ 53.6g（或 $Na_2HPO_4 \cdot 12H_2O$ 71.6g 或 $Na_2HPO_4 \cdot 2H_2O$ 35.6g）加蒸馏水溶解，加水至 1000mL。

3. 不同 pH 值磷酸盐缓冲液（PB）缓冲液的配制

A 液 X/mL（参照下表）中，加入 B 液 Y/mL，为 0.2mol PB。若再加蒸馏水至 200mL 则成 0.1mol PB。

pH	X/mL	Y/mL	pH	X/mL	Y/mL
5.7	93.5	6.5	6.9	45.0	55.0
5.8	92.0	8.0	7.0	39.0	61.0
5.9	90.0	10.0	7.1	33.0	67.0
6.0	87.7	12.3	7.2	28.0	72.0
6.1	85.0	15.0	7.3	23.0	77.0
6.2	81.5	18.5	7.4	19.0	81.0
6.3	77.5	22.5	7.5	16.0	84.0
6.4	73.5	26.5	7.6	13.0	87.0
6.5	68.5	31.5	7.7	10.0	90.0
6.6	62.5	37.5	7.8	8.5	91.5
6.7	56.5	43.5	7.9	7.0	93.0
6.8	51.0	49.0	8.0	5.3	94.7

四、实验仪器与试剂

1. 仪器

恒温磁力搅拌水浴，抽滤瓶，旋转蒸发仪，水循环式真空泵，电子天平，水浴锅，紫外分光光度计，电热恒温干燥箱，分液漏斗，微量吸管器，离心机。

2. 试剂

亚硫酸氢钠，无水硫酸钠，乙酸乙酯，磷酸氢二钠，磷酸二氢钠，酒石酸亚铁，蒸馏水，维生素C，乙酸乙酯、碳酸氢钠，茶多酚标准品。

五、实验流程图

1. 水提法

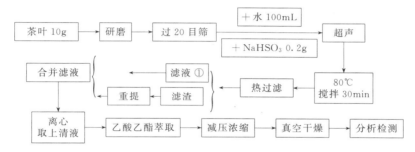

2. 沉淀法

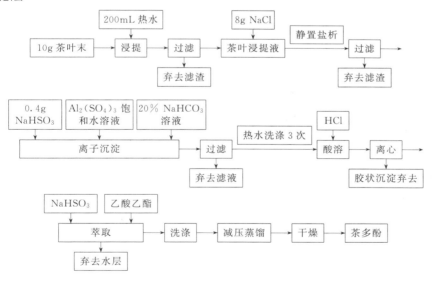

六、实验内容

1. 水提法

（1）浸提

称取10g过20目的茶叶[1]置于250mL烧杯中，加水100mL、NaHSO₃ 0.2g，先超声10min，然后80℃水浴加热搅拌30min，过滤，滤渣加水150mL，重复提取一次，合并两次滤液。

（2）萃取

① 将滤液分装入 4 支 50mL 离心管中，转速 5000r·min^{-1}，离心 10min。

② 将离心管中上清液倾出收集，用乙酸乙酯进行萃取（萃取两次，每次 50mL），合并萃取液。

③ 将乙酸乙酯萃取液置于锥形瓶中，加入一定量的无水硫酸钠干燥 30min。

（3）浓缩[2]

将干燥好的乙酸乙酯溶液用普通漏斗过滤。液体转移入茄形瓶中，采用旋转蒸发仪减压浓缩，回收乙酸乙酯，得到黄色粉末状茶多酚粗品，真空干燥，称重。置于棕色玻璃干燥器中于室温下避光保存。

（4）分析检测

① 称取茶多酚样品约 0.1g（精确至 0.0001g），加水 30mL 溶解，注入 100mL 容量瓶中，定容、摇匀、过滤，弃去初滤液约 20mL，续滤液为供试液。

② 取供试液 1mL 于 25mL 容量瓶中，加酒石酸亚铁 5mL 摇匀，用 pH=7.5 磷酸盐缓冲液定容，除以水代替供试液外，其余以相同试剂定容至 25mL 作为空白对照，于 540nm 处用 1cm 比色皿测定吸光度 A 值。

③ 结果计算

茶叶中茶多酚的含量，以干态质量百分率表示，按下式计算：

$$茶多酚(\%) = (A \times 1.957 \times 2)/100 \times L_1/(L_2 \times M \times m) \tag{4-1}$$

式中，L_1 为试液的总量，mL；L_2 为测定时的用液量，mL；M 为试样的质量，g；m 为试样干物质含量百分率，%；A 为试样的吸光度；1.957 为用 10mm 比色杯，当吸光度等于 0.50 时，每毫升茶汤中含茶多酚相当于 1.957mg。

[1] 茶多酚对酸、碱、热、光等敏感，因此在提取静置过程中温度不能太高，时间不能过长，整个提取静置过程最好连续进行。

[2] 蒸发浓缩时需用水浴锅加热，切要控制好水浴温度，以避免加热温度过高造成茶多酚的氧化。

2. 沉淀法

（1）浸提[1]

称取 10g 茶叶末在烧杯中，加入 200mL 的 70～95℃的热水，搅拌下恒温浸提 40min，过滤得茶叶浸提液。取样分析浸提液中茶多酚的含量，计算浸提液中茶多酚的总量、茶多酚的浸提率[2]。

（2）盐析

加 8g 氯化钠于茶叶浸提液中，使其质量分数为 4%，静置盐析 1h 后过滤。

（3）沉淀

在上述滤液中加入 0.4g NaHSO₃，然后加入 2g 硫酸铝饱和水溶液，加热至 70～80℃，用 20% NaHCO₃ 溶液在快速搅拌下调节 pH 值至 5～6，此时有大量沉淀析出，沉淀自然沉降一段时间后过滤，最后用等体积 70℃热水洗涤沉淀 3 次。

（4）酸溶

将沉淀在快速搅拌下放入到20g左右的pH＝2.5～4.5的盐酸水溶液中溶解沉淀[3]，控制酸转溶液的pH＝2.5～4.5，酸溶时间40min左右，少量胶状沉淀经离心分离除去。取样分析计算酸转溶液中茶多酚的含量和总量，计算茶多酚经过盐析、沉淀及酸溶后的回收率[4]。

（5）萃取

加入0.4g NaHSO₃至酸转溶液中，然后用40mL的乙酸乙酯萃取4次，每次10mL，合并萃取液。取样分析计算萃取相中茶多酚的总量，计算茶多酚的萃取率[5]。

（6）洗涤

加入0.2g维生素C至16mL水中，用柠檬酸调节水溶液的pH＝2.5～3.0，等分成两份，将乙酸乙酯萃取液洗涤两次。

（7）蒸发浓缩[6]

将洗涤后的乙酸乙酯相在50～70℃下真空蒸发回收乙酸乙酯，待浓缩成膏状物时，加入膏状物2倍体积的无水乙醇洗涤挂在壁上的物料，继续浓缩成稠的膏状物。

（8）干燥

将膏状物放入真空干燥箱中，在60～90℃下进行真空干燥，在前1～2h内，将物料搅动几次，当物料干燥成粉状或干的块状时，结束干燥。干燥时间一般6h。

（9）包装保存

将干燥好的茶多酚产品转移至自封塑料袋中，称重、取样后立即密封，置入棕色玻璃干燥器中于低（室）温下避光保存。产品取样用于分析产品中茶多酚和咖啡碱含量，计算出茶多酚的最终得率[7]。

[1] 茶多酚对酸、碱、热、光等敏感。因此在提取精制过程中应尽量避免局部过酸或过碱，温度不能太高，时间不能过长，整个提取精制过程最好连续进行。

[2] 浸提液中茶多酚的总量(g)＝浸提液中茶多酚的含量(g·mL⁻¹)×浸提液体积(mL)

$$茶多酚的浸提率(\%)＝\frac{浸提液中茶多酚的总量(g)}{原料茶叶末中茶多酚的总量(g)}×100\% \tag{4-2}$$

[3] 加酸或加碱时一定要缓慢，pH值调节要准确。茶多酚在pH值为3～5范围内比较稳定，因此在提取精制过程中应注意茶多酚溶液的pH值。

[4] 经过盐析、沉淀及酸溶后茶多酚的总量和回收率计算

酸转溶液中茶多酚的总量(g)＝酸转溶液中茶多酚的含量(g·mL⁻¹)×酸转溶液的体积(mL)

$$酸转溶液中茶多酚的回收率(\%)＝\frac{酸转溶液中茶多酚的总量(g)}{浸提液中茶多酚的总量(g)}×100\% \tag{4-3}$$

[5] 萃取相中茶多酚的总量和茶多酚的萃取率计算

萃取相中茶多酚的总量(g)＝萃余相中茶多酚的含量(g·mL⁻¹)×萃余相溶液的体积(mL)

$$茶多酚的萃取率(\%)＝\frac{酸转溶液中茶多酚的总量(g)－萃余相中茶多酚的总量(g)}{酸转溶液中茶多酚的总量(g)}×100\%$$

$$\tag{4-4}$$

[6] 真空蒸发浓缩时，须用水浴锅加热且要控制好水浴温度，以避免加热温度过高造成茶多酚的氧化。

[7] 茶多酚的最终得率计算

以纯品计为：

$$茶多酚的最终得率(\%)=\frac{产品质量×产品中茶多酚的含量}{原料茶叶的质量}×100\% \tag{4-5}$$

以获得的产品（非纯品）计为：

$$茶多酚的最终得率(\%)=\frac{产品质量}{原料茶叶的质量}×100\% \tag{4-6}$$

七、实验数据处理

1. 茶多酚浸提实验

将茶多酚浸提实验条件及实验结果数据填入表 4-1 中。

表 4-1　茶多酚浸提实验条件及实验结果

实验编号	实验条件				实验结果		
	茶叶用量/g	提取温度/℃	提取时间/min	液固比/mL·g^{-1}	浸提液中茶多酚含量/mg·mL^{-1}	浸提液中茶多酚总量/g	茶多酚浸提率/%
1	10	70	40	20			
2	10	75	40	20			
3	10	80	40	20			
4	10	85	40	20			
5	10	90	40	20			
6	10	95	40	20			

根据上述数据，作出一定条件下不同提取温度与茶多酚浸提率的关系曲线图。

2. 酸溶实验

将酸溶实验条件及实验结果数据填入表 4-2 中。

表 4-2　酸溶实验条件及实验结果

实验编号	实验条件			实验结果		
	溶液倍数	溶液 pH 值	酸溶时间/min	酸转溶液中茶多酚含量/mg·mL^{-1}	酸转溶液中茶多酚的总量/g	酸转溶液中茶多酚的回收率/%
1	2.0	2.5	40			
2	2.0	3.0	40			
3	2.0	3.5	40			
4	2.0	4.0	40			
5	2.0	4.5	40			

根据上述数据，作出一定条件下酸溶液的不同 pH 值与茶多酚回收率的关系曲线图。

3. 茶多酚萃取实验

将茶多酚萃取实验条件及实验结果数据填入表 4-3 中。

表 4-3　茶多酚萃取实验条件及实验结果

实验编号	实验条件			实验结果		
	溶剂体积/mL	萃取次数	萃余相溶液体积/mL	萃余相中茶多酚含量/mg·mL^{-1}	萃余相中茶多酚的总量/g	茶多酚萃取率/%
1	40	4				

八、思考题

1. 水提法中影响最终收率的关键步骤有哪些？应该怎么操作？

2. 分析检测过程中如何进行标准曲线的绘制？

3. 通过实验数据的处理，试分析沉淀法中哪些因素影响茶多酚产品的产率及纯度？是怎样影响的？应该怎样控制？

4. 要提高产品产率和产品中茶多酚或儿茶素的含量，降低产品中咖啡碱的含量，你认为可以采取哪些方法或措施？

5. 茶多酚的提取与精制还有哪些工艺？各有何特点？

附

A. 茶多酚、儿茶素、咖啡因的分析检测方法

1. 提取精制过程中茶多酚的分析检测方法

(1) 原理

在一定 pH 值条件下，酒石酸亚铁能与多酚类物质反应形成蓝紫色络合物，该络合物在 540nm 波长下具有最大吸光度。在适当的浓度范围内，茶多酚的含量与络合物的吸光度成正比，符合朗伯-比尔定律，因此可用分光光度法对茶多酚定量分析。

(2) 试剂配制

① 酒石酸亚铁溶液

称取 1g（准确至 0.0001g）硫酸亚铁和 5g（准确至 0.0001g）酒石酸钾钠，用水溶解并定容至 1L（此液放置过夜后使用，可稳定存放 1 星期）。

② pH＝7.5 磷酸盐缓冲溶液

a 液（$\frac{1}{15}$ mol·L^{-1} 的磷酸氢二钠溶液）：称取磷酸氢二钠 23.877g，加水溶解并稀释至 1L。

b 液（$\frac{1}{15}$ mol·L^{-1} 的磷酸二氢钾溶液）：称取经 110℃ 烘干 2h 的磷酸二氢钾 9.078g，加水溶解并稀释至 1L。

取 a 液 85mL 和 b 液 15mL 混匀，即得 pH＝7.5 磷酸盐缓冲溶液。

(3) 供试液的制备与测定

准确吸取待测溶液 1mL，将其稀释 1~25 倍，再从稀释液中准确吸取 1mL，注入 25mL 的容量瓶中，加水 4mL 和酒石酸亚铁溶液 5mL，充分混合，再加 pH＝7.5 磷酸盐缓冲溶液至刻度，用 1cm 比色杯，在波长 540nm 处，以试剂空白溶液作参比，测定吸光度。

(4) 结果计算

待测溶液中茶多酚的含量用式 (4-7) 计算：

$$茶多酚含量 = \frac{1.957AX}{500}(g \cdot mL^{-1}) \tag{4-7}$$

式中，1.957 为用 1cm 比色杯，当吸光度等于 0.50 时，每毫升茶汤中含茶多酚相当于 1.957mg；A 为试样的吸光度；X 为待测溶液的稀释倍数。

2. 产品中茶多酚含量的分析检测方法

产品中茶多酚的分析检测方法有酒石酸亚铁分光光度法、高锰酸钾滴定法和紫外分光光度法，其中酒石酸亚铁分光光度法被定为国家标准，测定的方法简单，可操作性强。

(1) 原理

同 "提取精制过程中茶多酚的分析检测方法"。

(2) 试剂配制

同 "提取精制过程中茶多酚的分析检测方法"。

(3) 供试液的制备与测定

① 供试液的制备：称取茶多酚样品约 0.1g（精确至 0.0001g），置小烧杯中，加温水 30mL 溶解，冷却，注入 100mL 容量瓶中，定容、摇匀、过滤，弃去初滤液约 20mL，续滤液为供试液。

② 供试液的测定：取供试液 1mL 于 25mL 容量瓶中，加酒石酸亚铁 5mL，摇匀，用 pH＝7.5 磷酸盐缓冲液定容，除以蒸馏水代替供试液外，其余以相同试剂定容至 25mL 作为空白对照，于 540nm 处用 1cm 比色杯测定吸光度 A 值。

(4) 结果计算

① 根据标准曲线进行计算

对照溶液的配制：精确称取没食子酸乙酯（GE）（105℃ 干燥 1h）250mg，溶于 100mL 水中作母液，分别吸取母液 1.0mL、2.0mL、3.0mL、6.0mL 于一组 10mL 容量瓶中，用水定容配制成 100mL 中含没食子酸乙酯（GE）25mg、50mg、75mg、150mg 四种不同浓度的对照液。

标准曲线的制作：精确吸取不同浓度的对照液 1mL 和酒石酸亚铁试剂 5mL，置于一组 25mL 容量瓶中，用 pH＝7.5 磷酸盐缓冲溶液定容，摇匀，同时以试剂作空白，于 540nm 处用 1cm 比色杯测定吸光度，以吸光度为纵坐标，GE 浓度（mg/100mL）为横坐标绘制标准曲线。

依据标准曲线按式(4-8)计算茶多酚总量：

$$茶多酚总量 = \frac{1.5E}{m(1-G)} \times 100\% \tag{4-8}$$

式中，E 为据试样测得的吸光度（A）从标准曲线上查得的 GE 相应含量（mg/100mL），如果采用标准曲线的回归方程，则 $E＝$曲线斜率$\times A$；1.5 为用 GE 作对照，1cm 比色杯，1.0mg·mL^{-1} GE 的吸光度相当于 1.5mg·mL^{-1} 的茶多酚的吸光度；m 为试样重量，mg；G 为试样水分，%。

② 根据经验换算系数进行计算

$$茶多酚总量 = \frac{2.78A \times 100}{m(1-G)} \times 100\% \tag{4-9}$$

式中，2.78 为经验换算系数，即用 1cm 比色杯，当吸光度 A 为 1.000 时，每毫升供试液含 2.78mg 茶多酚；m 为试样重量，mg；G 为试样水分，%。

3. 产品中儿茶素含量的分析检测方法

(1) 原理

儿茶素是多酚类物质的主体成分。儿茶素和香荚兰素在强酸性条件下，生成橘红色到紫红色的产物，红色的深浅和儿茶素的含量呈一定的正相关关系，该反应不受花青苷和黄酮苷的干扰。实验证明香荚兰素是儿茶素的特异显色剂且显色灵敏度高，最低检出量可达 $0.5\mu g$。

(2) 试剂配制

① 95% 乙醇 (G. R.)、盐酸 (优级纯)。

② 1% 香荚兰素溶液：1g 香荚兰素溶于 100mL 浓盐酸中，配制好的溶液应显淡黄色，如发现变红、变蓝绿色就都不能用。配制好的溶液应置于冰箱中保存，可用一天，不耐储藏，宜随配随用。

(3) 供试液的制备与测定

① 供试液的制备：称取 0.2～0.25g 茶多酚产品置于 25mL 容量瓶中，用 95% 乙醇定容至 25mL 为供试液。

② 供试液的测定：吸取 $10\mu L$ 供试液，加入装有 1mL 95% 乙醇的带刻度试管中，摇匀，再加入 1% 香荚兰素盐酸溶液 5mL，加塞后摇匀呈红色，放置 40min 后，立即进行比色测定吸光度 (A)，另以 1mL 95% 乙醇加 5mL 1% 香荚兰素盐酸溶液作空白对照。在波长 500nm 处，用 0.5cm 比色杯进行比色测定 (注：如用 1cm 比色杯测定，须将测得的吸光度值除以 2)。根据实验得知，当测得吸光度值等于 1.00 时，被测液的儿茶素含量为 $145.68\mu g$。因此，测得的任意吸光度只要乘以 145.68 即可得被测液中儿茶素的量 (μg)。

(4) 结果计算

按式 (4-10) 计算儿茶素的总含量：

$$儿茶素总量(mg \cdot g^{-1}) = 0.14568A \times 总溶液量(mL) \div 吸取液量 \div 样品质量(g)$$

$$(4-10)$$

4. 产品中咖啡碱含量的分析检测方法

(1) 原理

茶叶中的咖啡碱易溶于水，除去茶多酚等干扰物质后，用特定波长测定其含量。

(2) 试剂配制

本标准溶液所用试剂，除另有规定外，均为分析纯 (A. R.)；水为蒸馏水。

① 饱和碱性醋酸铅溶液：称取 50g 碱性醋酸铅，加水 100mL，静置过夜。

② 盐酸：$0.01mol \cdot L^{-1}$ 溶液，取 0.9mL 盐酸，用水稀释至 1L，摇匀。

③ 硫酸：$3mol \cdot L^{-1}$ 溶液，取浓硫酸 150mL，用水稀释至 1L，摇匀。

④ 咖啡碱标准溶液：称取 100mg 咖啡碱 (纯度不低于 99%) 溶于 100mL 水中，作为母液，准确吸取 5mL 加水至 100mL 作为咖啡碱标准溶液 (1mL 含咖啡碱 0.05mg)。

（3）供试液的制备与测定

① 供试液的制备：同"产品中茶多酚含量的分析检测方法"中供试液的制备。

② 供试液的测定：准确吸取供试液 20mL，置于 100mL 容量瓶中，加入 $0.01mol \cdot L^{-1}$ 盐酸溶液 10mL 和饱和碱性醋酸铅溶液 1mL，用水稀释至刻度，充分混匀，静置澄清过滤。准确吸取滤液 25mL 置于 50mL 容量瓶中，加入 $3mol \cdot L^{-1}$ 硫酸溶液 8 滴，加水定容，混匀，静置澄清过滤，弃去最初滤液，用 1cm 石英比色杯，以空白试剂作参比，在波长 274nm 处测定其吸光度 (A)。

（4）咖啡碱标准曲线制作

分别吸取 0、0.5mL、1.0mL、2.5mL、5.0 mL、7.5mL、10.0 mL、15.0mL 咖啡碱标准溶液于一组 100mL 容量瓶中，各加入 $0.01mol \cdot L^{-1}$ 盐酸溶液 4 mL，用水稀释至刻度，混匀，用 1cm 石英比色杯，以空白试剂作参比，在波长 274nm 处，分别测定其吸光度，将所测的吸光度与对应的咖啡碱浓度绘制成标准曲线。

（5）结果计算

茶多酚中咖啡碱含量用式（4-11）计算：

$$咖啡碱含量 = \frac{cL \times 10}{m(1-G)} \times 100\% \tag{4-11}$$

式中，c 为根据试样测得的吸光度 (A)，从咖啡碱标准曲线上查得的咖啡碱的相应含量，$mg \cdot mL^{-1}$；L 为供试液总量，mL；m 为试样质量，mg；G 为试样水分，%。

B. 不同 pH 值磷酸盐缓冲溶液的配制

1. A 液（$0.2mol \cdot L^{-1}$ 磷酸二氢钠水溶液）：$NaH_2PO_4 \cdot H_2O$ 27.6g，溶于蒸馏水中，稀释至 1000mL。

2. B 液（$0.2mol \cdot L^{-1}$ 磷酸氢二钠水溶液）：$Na_2HPO_4 \cdot 7H_2O$ 53.6g（或 $Na_2HPO_4 \cdot 12H_2O$ 71.6g 或 $Na_2HPO_4 \cdot 2H_2O$ 35.6g）加蒸馏水溶解，加水至 1000mL。

3. 不同 pH 值磷酸盐缓冲液（PB）缓冲液的配制

A 液 X/mL（参照下表）中，加入 B 液 Y/mL，为 0.2mol PB。若再加蒸馏水至 200mL 则成 0.1mol PB。

pH	X/mL	Y/mL	pH	X/mL	Y/mL
5.7	93.5	6.5	6.9	45.0	55.0
5.8	92.0	8.0	7.0	39.0	61.0
5.9	90.0	10.0	7.1	33.0	67.0
6.0	87.7	12.3	7.2	28.0	72.0
6.1	85.0	15.0	7.3	23.0	77.0
6.2	81.5	18.5	7.4	19.0	81.0
6.3	77.5	22.5	7.5	16.0	84.0
6.4	73.5	26.5	7.6	13.0	87.0
6.5	68.5	31.5	7.7	10.0	90.0
6.6	62.5	37.5	7.8	8.5	91.5
6.7	56.5	43.5	7.9	7.0	93.0
6.8	51.0	49.0	8.0	5.3	94.7

C. 茶多酚的其他提取方法及特点

1. 溶剂提取法

溶剂提取法利用茶叶中多酚物质和咖啡碱等有机物质在不同溶剂中溶解度的差异进行分离，利用能与溶剂不互溶的茶多酚萃取剂将茶多酚萃取提纯。

特点：整个过程需使用多种有机溶剂，且有机溶剂用量大；工序多，工艺繁琐复杂，萃取工序一般需经三级错流萃取；需多次蒸馏，加热时间长，茶多酚易氧化；使用氯仿等有毒有机溶剂，使产品和操作都不够安全；生产成本偏高。因此，溶剂提取法主要在简化工艺、降低成本、提高有效成分含量和提取率等方面需要进行改进。

2. 微波浸提法

微波浸提法的基本原理是利用分子在微波场中发生高频的运动，扩散速率增大，从而将茶多酚等浸提物在微波的辐射作用下快速浸取出来。

特点：具有短时、高效、节能等优点，微波结合水浴提取，不仅使茶多酚浸出率高，优于乙醇、水提取，而且降低了成本和减少了污染，但是受微波工业化设备少的影响。

3. 超声波浸提法

超声提取法是利用超声波的空化作用、机械效应和热效应等加速胞内有效物质的释放、扩散和溶解，显著提高提取效率的提取方法。

特点：浸提所需时间短，因此避免了茶多酚长时间处于高温下而发生氧化，从而使产率和产品质量都得以提高。

4. 超临界流体萃取法

超临界流体萃取是一种正处于积极开发阶段的新型分离技术。它是利用温度和压力略超过或靠近临界的介于气体和液体之间的流体作为萃取剂，从固体或液体中萃取某种高沸点和热敏性成分，以达到分离和提纯的目的。

特点：获得的茶多酚纯度高，但产率较低，在技术上也有一定的困难，因此目前使用的也比较少。

5. 树脂吸附分离法

树脂吸附法分离原理是根据吸附树脂对多酚类有选择性吸附、解吸作用的特性来实现茶多酚与其他浸提物组分之间的分离。

优点：工艺简单，操作方便，能耗少；操作条件温和，避免了有效成分失活，尤其在整个过程中使用的有机溶剂主要是乙醇，易回收，而且无毒、无污染。

缺点：树脂用量大，且由于茶多酚被氧化，茶叶中蛋白质、多糖等堵塞树脂空隙，造成树脂失活，树脂活化和再生较麻烦，因此，只适合小量的生产，不适合大批的生产操作。

综合实验类

实验 53 麻城福白菊黄酮类化合物的提取及含量分析

福白菊（拉丁学名：*Chrysanthemum 'fubaiju'*），别名：福田白菊、湖北菊、甘菊。中华医学研究表明，白菊具有养肝明目、清心、补肾、健脾和胃、润喉、生津以及调节血脂等功效。川菊、杭菊、福白菊，被誉为全国三大白菊，其中福白菊就产于湖北省麻城市。正是由于福白菊产于湖北省麻城市福田河镇，所以它又被称为"福田白菊"。福白菊味甘苦、性微寒，具有"朵大肥厚、花瓣玉白、花蕊深黄、汤液清澈、金黄带绿、气清香、味甘醇美"等品质特征，为药食兼用型中药材。2008年，麻城福白菊被农业部登记为全国首批28个"地理标志农产品"之一。

福白菊的化学成分比较复杂，其中黄酮类化合物、三萜类化合物和挥发油是其主要有效成分。福田河等地区出产的福白菊其质量经湖北中医学院等科研机构反复测定，并与杭白菊、黄山贡菊、滁菊等进行比较表明：福白菊品质更优，口感更好，在总体品质上尤其是总黄酮和绿原酸的含量远远超过其他菊花。

一、实验目的与要求

1. 掌握黄酮类化合物的提取原理及含量测定方法。
2. 熟悉紫外分光光度计的使用。
3. 学会制作标准曲线的原理和方法。

二、实验原理

黄酮类化合物是一类广泛存在于植物界中的低分子天然植物成分。大量的药理实验研究表明，黄酮类化合物有降脂、抗癌、抗血栓、抗氧化、抗衰老、抗心率失常等作用。此外，黄酮类化合物也是重要的功能食品添加剂、天然抗氧化剂、天然色素、天然甜味剂等。同时还具有保鲜和护肤美容等作用。随着研究的不断深入，黄酮类化合物对微生物的抑制和杀灭作用也逐渐引起了人们的关注。因而广泛用于医药、食品等行业。本实验以芦丁为标准品，采用紫外分光光度法对福白菊提取物中的主要成分黄酮类化合物的含量进行测定。

三、试剂及产物的物理常数

名称	分子量	性状	相对密度	熔点/℃	沸点/℃	溶解性		
						水	乙醇	乙醚
芦丁	664.57	浅黄色晶体	1.82	195	983.1	可溶	可溶	难溶
亚硝酸钠	69.00	白色或微带淡黄色结晶或粉末	2.2	270	320分解	溶	溶	
硝酸铝	212.996	无色或白色易潮解的单斜晶体		73.5		易溶	易溶	易溶
氢氧化钠	39.997	片状或颗粒	2.13	318.4		易溶	易溶	易溶
乙醇	46.07	无色液体	0.79		78.4	溶		互溶

四、实验仪器与试剂

1. 试剂

福白菊，芦丁标准品，亚硝酸钠，硝酸铝，氢氧化钠，75％乙醇等。

2. 仪器

紫外分光光度计，恒温水浴锅，抽滤装置，天平，烧杯，容量瓶等。

五、实验流程图

（1）

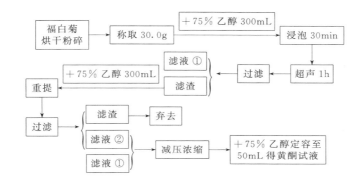

（2）

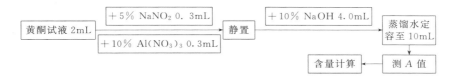

六、实验内容

1. 标准曲线的绘制

取 0.20 mg·mL^{-1}芦丁对照品溶液 0mL、1.0mL、2.0mL、3.0mL、4.0mL、5.0mL，分别加入 5％亚硝酸钠溶液 0.3 mL，摇匀，放置 6 min；再加入 10％硝酸铝溶液 0.3mL。摇匀，放置 6min；最后加入 10％氢氧化钠溶液 4.0 mL，用蒸馏水定容至 10mL，摇匀，放置 15 min；以不加对照品溶液为空白。用紫外分光光度计在 510 nm 处测定其吸光值，以吸光度为纵坐标，绘制标准曲线[1]。

2. 黄酮的提取及含量测定

将福白菊置于烘箱内烘干、粉碎，分别称取粉末 30.0g，按液料比 10：1 分别加入 75％乙醇 300mL 浸泡 30min，超声提取 1h[2]，过滤后得滤液和滤渣。滤渣再按上述方法提取 2 次，合并滤液。旋转蒸发浓缩，再加入 75％乙醇定容至 50 mL 容量瓶中，作为黄酮试液。

取黄酮试液 2 mL 于 10 mL 容量瓶中，加入 5％亚硝酸钠溶液 0.3 mL，摇匀。放置 6 min；再加入 10％硝酸铝溶液 0.3 mL，摇匀，放置 6 min；最后加入 10％氢氧化钠溶液 4.0 mL，用蒸馏水定容至 10 mL，摇匀，放置 15 min；用紫外分光光度计在 510 nm 处测定其吸光度值，根据标准曲线计算黄酮的浓度。

[1] 线性回归方程（文献）为：$y = 9.735x - 0.011, R^2 = 0.9999$。

[2] 可以采用不同提取方法进行实验，如回流法。

七、实验结果与讨论

1. 绘制标准曲线和计算黄酮类化合物提取率。

2. 在标准曲线的绘制中，亚硝酸钠、硝酸铝、氢氧化钠各有什么作用？

3. 在标准曲线的绘制中为什么要做空白实验？

实验 54 罗田金银花露的制备及质量稳定性研究

中药露剂是指含挥发性的药材用水蒸气蒸馏法制得的芳香水剂，又称药露，属真溶液型液体制剂。一般在夏季制备，作为清凉、解暑的饮料，亦作为清热、解毒、凉血的辅助治疗剂而用于治疗疾病。

金银花（拉丁学名：*Lonicera japonica*），别名忍冬、双花、二宝花。明代著名医药学家李时珍，籍贯湖北黄冈蕲春，在《本草纲目》中记载："忍冬茎叶及花功用皆同。昔人称其治风、除胀、解痢为要药……，后世称其消肿、散毒、治疮为要药。"它详细论述了金银花具有久服轻身、延年益寿的功效。20世纪80年代，国家卫生部对金银花先后进行了化学分析，结果表明：金银花中含有多种人体必需的微量元素和化学成分，同时含有多种对人体有利的活性酶物质，具有抗衰老、防癌变、轻身健体的良好功效。

国家标准委2011年下达了第七批中国农业标准化示范项目通知，湖北省有16个项目被批准为国家级示范区，罗田的金银花就位列其中。罗田县位于大别山南麓，具有典型的山地气候特征，气候温和，雨量充沛，拥有丰富的野生金银花资源。根据《地理标志产品保护规定》，国家质检总局组织专家对罗田金银花地理标志产品的保护申请进行了审查，批准罗田金银花为黄冈"地理标志保护产品"。

一、实验目的与要求

1. 学习金银花露的制备方法。
2. 研究影响金银花露质量稳定性的因素。
3. 学习设计正交实验的方法。

二、实验原理

金银花露是忍冬科植物忍冬的干燥花蕾——金银花经水蒸气蒸馏而得的芳香露液，具有清热解毒、凉散风热的功效，是治疗风热感冒、暑热口渴、咽喉肿痛、痈肿疮疖、小儿胎毒的良药。本实验采用罗田金银花制备金银花露，并通过正交实验法研究防腐剂及其用量、溶液的pH值、抗氧化剂等对金银花露质量稳定性的影响。

三、试剂及产物的物理常数

名称	分子量	性状	相对密度	熔点/℃	沸点/℃	溶解性		
						水	乙醇	乙醚
苯甲酸	122.12	鳞片状或针状结晶	1.27	122.13		微溶	微溶	微溶
山梨酸	112.13	白色针状或粉末状晶体	1.204	132~135		微溶	溶	溶
亚硫酸氢钠	104.06	白色结晶性粉末	1.48	—		溶	—	—
对羟基苯甲酸乙酯	166.17	白色、晶状、几乎无臭的粉末	1.17	116~118		微溶	溶	溶
抗坏血酸	176.12	呈无色无臭的片状晶体	1.95	190~192		易溶	不溶	不溶
亚硫酸钠	126.04	白色、单斜晶体或粉末	2.63	150		易溶	不溶	不溶
硫代硫酸钠	158	白色粉末	1.69			溶	不溶	不溶
盐酸	36.46	无色至淡黄色清澈液体	1.18					
氢氧化钠	39.997	片状或颗粒	2.13	318.4		易溶	易溶	易溶

四、实验仪器与试剂

1. 仪器

电热套，蒸馏装置，电热恒温干燥箱，pH计，手提式压力蒸汽消毒器，灌装瓶，等。

2. 试剂

金银花，苯甲酸（苯甲酸钠、对羟基苯甲酸乙酯、山梨酸），0.1mol·L^{-1}盐酸，0.1mol·L^{-1}氢氧化钠，亚硫酸氢钠（抗坏血酸、无水亚硫酸钠、硫代硫酸钠），脱脂棉，等。

五、实验流程图

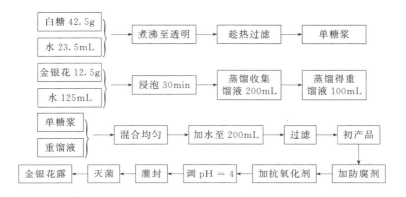

六、实验内容

1. 单糖浆的配制

用电子天平称取白糖42.5g，加水23.5mL，置于烧杯中，煮沸至透明，趁热用布氏漏斗（脱脂棉和滤纸）过滤即得[1]。

2. 金银花露的配制

取金银花 12.5g，加约 10 倍水浸泡 30min，蒸馏，收集馏液 200mL，馏液重蒸馏得 100mL 重蒸馏液，备用。

取单糖浆 50mL 加入重蒸馏液中，搅匀，加水至 200mL，用布氏漏斗过滤，即得金银花露初产品[2]。

加入防腐剂苯甲酸 0.05%、抗氧化剂 $NaHSO_3$ 0.1%，调节 pH = 4，灌封，高温（121℃）灭菌。

3. 金银花露质量稳定性研究

（1）稳定剂的筛选

防腐剂对稳定性的影响：在金银花露初产品中加入一定量不同的防腐剂［苯甲酸、苯甲酸钠、对羟基苯甲酸乙酯（尼泊金乙酯）、山梨酸］，观察实验现象，并确定最适稳定剂。

（2）pH 值对成品稳定性的影响

将金银花露初产品以苯甲酸为防腐剂，用 $0.1mol \cdot L^{-1}$ HCl 溶液和 $0.1mol \cdot L^{-1}$ NaOH 溶液调节溶液的 pH 值，调节 pH 范围为 3.0~10.0，观察其稳定性，并确定最适 pH 值。

（3）抗氧剂对成品稳定性的影响

在金银花露初产品中加入一定量不同的抗氧剂［抗坏血酸（V_C）、硫代硫酸钠、亚硫酸氢钠、亚硫酸钠］，高温灭菌，观察产品稳定性[3]，确定抗氧剂的使用。

4. 正交实验确定金银花露最佳制备工艺

以稳定剂、pH 值、抗氧剂为考察因素，设计正交实验，确定金银花露的最佳制备条件。

[1] 约得 50mL 单糖浆。

[2] 为提高金银花露产品的稳定性、口感、色泽等，需要添加附加剂。

[3] 注意观察每种抗氧化剂在高温下的颜色变化。

七、实验结果与讨论

1. 对金银花露稳定性影响最大的因素是什么？最合适的条件分别是多少？

2. 制备金银花露过程中会有少量沉淀产生，试分析原因？

实验 55 手性 Salen（Co）催化剂的制备及其在手性环氧氯丙烷制备上的应用

一、实验目的与要求

1. 熟悉消旋化合物的手性拆分方法和操作。

2. 掌握手性金属有机催化剂——Salen（Co）催化剂的制备方法。

3. 学习较为复杂的手性化合物制备方法。

二、实验原理

1. Salen（Co）催化剂的制备及手性拆分原理

动力学拆分是实现对映体拆分的一种方法，它指在手性试剂的存在下，一对对映体和手性试剂作用，生成非对映异构体，由于生成此非对映异构体的活化能不同，反应速率就不同。利用不足量的手性试剂与外消旋体作用，反应速率快的对映体优先完成反应，而剩下反应速率慢的对映体，从而达到拆分的目的。

1997 年，Jacobsen 小组首次成功地把水解动力学拆分技术运用于外消旋末端环氧化合物的拆分，取得了令人鼓舞的结果。外消旋末端环氧化合物在 Salen(Co)(Ⅲ)(OAc) 的条件下，用外消旋环氧氯丙烷和一定量的水在室温下反应 8h，蒸馏后得到手性环氧氯丙烷，ee 值（对映体过量值）为 98％，产率也达到了 44％。此后，对其不断改进，采用 Salen(Co)(Ⅱ) 在醋酸中，原位氧化生成 Salen(Co)(Ⅲ)(OAc)，应用于环氧氯丙烷的手性拆分，而本实验就是采用此种方法。

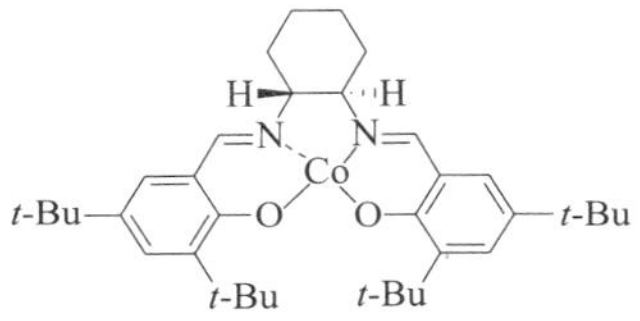

Salen(Co)(Ⅱ) 催化剂 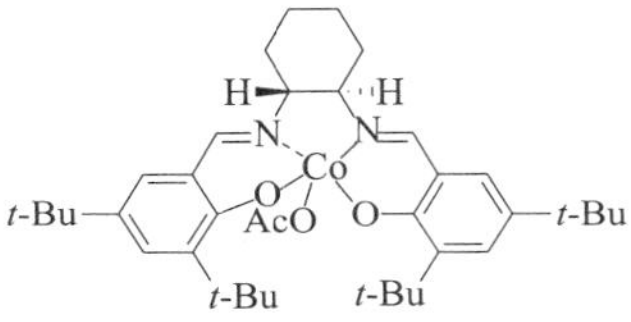　　　　Salen(Co)(Ⅲ)(OAc) 催化剂

手性催化剂 Salen(Co)(Ⅱ) 的制备方法及其应用于环氧氯丙烷手性拆分的反应步骤如下所示。

（1）（R,R）-环己二胺酒石酸盐的合成

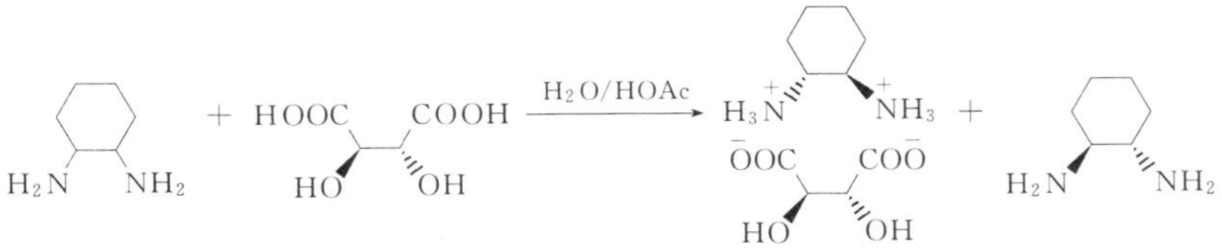

（2）手性 Salen 配体的合成

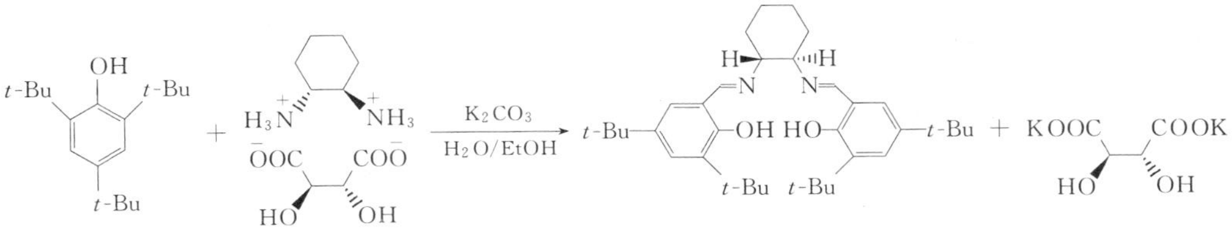

（3）Salen(Co)(Ⅱ) 的合成

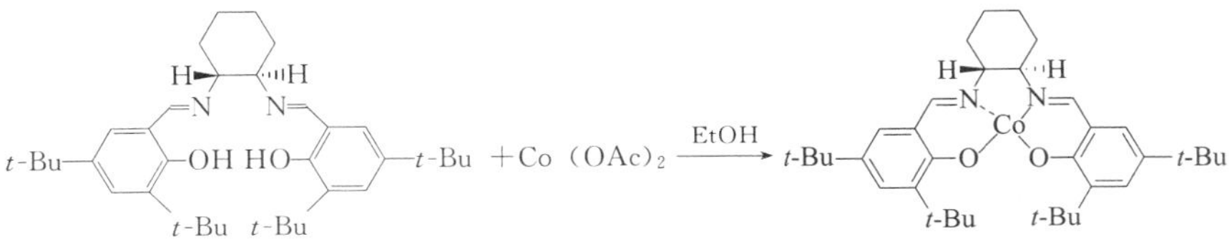

（4）环氧氯丙烷的手性拆分

2. 手性环氧氯丙烷的用途

手性环氧氯丙烷是一种重要的三碳手性合成子，在医药、农药、化工、材料等领域应用非常广泛。特别是近年来手性药物行业发展迅猛，使得手性环氧氯丙烷作为一种重要医药中间体的地位更加突出。

（1）用于药物前体 4-氯-3-羟基丁酸酯的合成

手性环氧氯丙烷通过氰基开环或与一氧化碳以羰基钴为催化剂在醇溶液中开环，可得到4-氯-3-羟基丁酸酯。目前销量最大的降血脂类药物阿伐他汀，其侧链有两个羟基，是与HMG-CoA 还原酶识别的药效团，合成该侧链涉及的关键中间体主要有（S）-4-氯-3-羟基丁酸乙酯、（R）-4-氰基-3-羟基丁酸乙酯和（3R,5S）-6-氯二羟基己酸叔丁酯。

（2）用于 β-肾上腺素阻断剂的合成

手性环氧氯丙烷作为一种重要原料，能合成许多 β-肾上腺素阻断药物，如已知作用最强的噻吗洛尔、特异性最高比索洛尔、超短效作用的艾司洛尔、心脏选择性作用的阿替洛尔以及仅左旋体有效的普萘洛尔和莫普洛尔等一些芳氧丙胺醇类 β-肾上腺素阻断剂。

（3）用于左旋肉碱的合成

手性环氧氯丙烷还常应用于流行减肥药左旋肉碱的合成。以（S）-环氧氯丙烷为原料经季胺化、氰化、水解后离子交换制得左旋肉碱。

（4）用于反射致敏剂类药物的合成

以手性环氧氯丙烷为原料药能合成一些高效的缺氧细胞放射致敏剂及血管发生抑制剂。

（5）其他药物应用

以手性环氧氯丙烷作为原料药还能用于麻醉剂（巴氯芳、丁氧普鲁卡因）、抗肿瘤剂（谷田霉素）、抗生素（海藻唑啉）、营养剂（松茸醇）以及一些杀虫剂（间氯苯氨甲酸异丙酯、米尔倍霉素）等药物的合成。

三、试剂及产物的物理常数

名称	分子量	性状	相对密度	折射率	m. p. /℃	b. p. /℃	比旋度	溶解性	
								水	甲醇
外消旋环氧氯丙烷	92.5	无色透明油状液体	1.18	1.4359	−25.6	118	0	不溶	溶
1,2-环己二胺	114	无色液体	0.95	1.4901	14	80	0	溶	溶
L-酒石酸	150	白色结晶粉末	1.76		168～170		+11.8～+12.8	溶	溶
冰醋酸	60	无色透明液体	1.05	1.3716	16.7	118.1	0	溶	溶
四水醋酸钴	249	深红色单斜棱形结晶	1.70		140（失水）		0	溶	溶

续表

名称	分子量	性状	相对密度	折射率	m.p./℃	b.p./℃	比旋度	溶解性	
								水	甲醇
3,5-二叔丁基水杨醛	234	淡黄色至黄色结晶粉末			58～60		0	不溶	溶
甲醇	32	无色液体	0.79	1.3292	-97.8	65	0	溶	
碳酸钾	138	白色结晶粉末	2.43			891	0	溶	溶

四、实验仪器与试剂

1. 仪器

250mL 三口烧瓶，搅拌装置，抽滤装置，回流冷凝管，恒压滴液漏斗，50mL 三口烧瓶，等。

2. 试剂

l-酒石酸，环己二胺，碳酸钾，甲醇，3,5-二叔丁基水杨醛，四水醋酸钴，外消旋环氧氯丙烷，等。

五、实验流程图

1. (R,R)-环己二胺酒石酸盐的合成

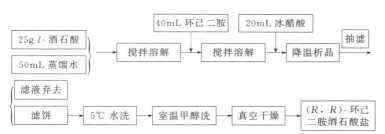

2. 手性 Salen 配体的合成

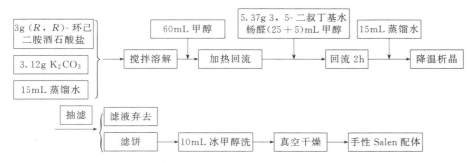

3. Salen(Co)(Ⅱ)的合成

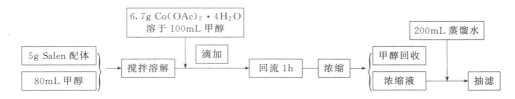

4. 环氧氯丙烷的手性拆分

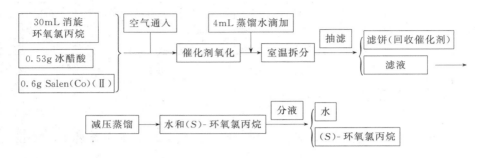

六、实验内容

1. (R,R)-环己二胺酒石酸盐的合成

取 250mL 三口烧瓶，加入 50mL 蒸馏水，25g l-酒石酸，搅拌至溶解后，一次性加入 40mL 消旋环己二胺，乳白色稀浆立刻形成，并有白色固体，温度上升[1]，搅拌到白色固体完全溶解。加入 20mL 冰醋酸[2]，开始有产品沉淀出来，继续搅拌，温度下降至 5℃ 为止，此过程需 3h。接着保持 5℃，搅拌 1h。

抽滤，滤饼用 20mL 5℃ 水洗涤，再用室温甲醇洗涤四次，每次 20mL，产品在 40～45℃ 下真空干燥，得到白色固体粉末 35g，收率 79.5%，ee 值＞98%[3]。

［1］环己二胺的加成反应是放热反应，加成反应结束时，反应液的温度大约是 70℃，不应超过 90℃。

［2］醋酸的加成也是放热反应，反应液的温度也会上升，但不能超过 90℃。

［3］ee 值如果没有达到 98% 以上，可以用甲醇对产品再次进行多次洗涤，以期除去另外构型的对映异构体。如果还是达不到理想的 ee 值，可以使用水对产品进行重结晶，溶解比例为 1∶10（W/V）。

2. 手性 Salen 配体的合成

250mL 三口烧瓶，配有磁力搅拌、回流冷凝管和恒压滴液漏斗，加入 3g(R,R)-环己二胺酒石酸盐、3.12g 碳酸钾和 15mL 的蒸馏水，开启搅拌，直至固体物质全溶，再加入 60mL 甲醇。混合物加热回流[1]。3,5-二叔丁基水杨醛 5.37g 溶于 25mL 甲醇中，放入恒压滴液漏斗中，在 30min 内滴加入上述回流溶液中[2]。用 5mL 甲醇洗涤恒压滴液漏斗，洗涤液也加入反应液中。反应液再搅拌回流 2h，加入 15mL 蒸馏水，搅拌降温到 5℃ 以下，并在此温度下搅拌 1h，过滤，用 10mL 冰甲醇洗涤滤饼，真空干燥，得到 6g 明黄色固体产品，收率为 99%。

［1］此时溶液中有云雾状沉淀物质。

［2］醛溶解时可以进行加热。当醛溶液滴入溶液中时，溶液立即变为明黄色，且随着滴加进行，配体的沉淀也在产生。

3. Salen(Co)(Ⅱ)的合成

250mL三口烧瓶，配有磁力搅拌、回流冷凝管和恒压滴液漏斗，取5g配体溶解于80mL甲醇中，缓慢升温回流。将6.7g四水醋酸钴溶于100mL甲醇中[1]，通过恒压滴液漏斗滴入到配体溶液中，立刻生成砖红色固体产物。滴加完毕后，继续回流1h。浓缩近干[2]，加入200mL蒸馏水，充分混匀，过滤，用100mL蒸馏水对滤饼再进行洗涤[3]，滤饼真空干燥得到深红色固体粉末产品，收率为85%。

[1] 四水醋酸钴在甲醇中不易溶解，可采用超声溶解、升温溶解或适量增加甲醇的量。

[2] 回流反应及浓缩过程中，也可以采用氮气保护，产品的催化效果会更好些。

[3] 目的是除去未反应的醋酸钴。

4. 环氧氯丙烷的手性拆分

在50mL三口烧瓶中，加入30mL外消旋环氧氯丙烷、0.6g Salen Co(Ⅱ) 催化剂和0.53g冰醋酸，搅拌下通入空气，在10℃下反应30min[1]，溶液逐渐变黑。30min后，在10℃下滴加入4mL蒸馏水，滴完后，室温反应8h左右即到达终点[2]。

将反应液过滤[3]，得到深褐色液体。对滤液进行水泵减压蒸馏[4]，收集的产物为(S)-环氧氯丙烷和水的混合物，对混合物进行分液[5]，得到目标产物 (S)-环氧氯丙烷。称重、计算收率，通过气相色谱法，测定其ee值。(S)-环氧氯丙烷可以得到14g，为无色油状液体，收率为40%，ee值为97%以上。

[1] 此时，反应液的颜色由鲜红色颜色逐渐变深直至深红色，说明Co的化合价由2价被氧化为3价。

[2] 终点的判断可以通过气相色谱法测定反应液中环氧氯丙烷的ee值，当ee值达到97%以上，就可以判断达到终点。

[3] 目的是除去多余的固体催化剂。

[4] 真空度为0.09MPa时，馏出液温度为50℃左右。蒸馏后的残液的主要组分为 (R)-氯甘油。

[5] (S)-环氧氯丙烷分液时为下层。

七、思考题

1. 如何判断产品的手性大小？定性的方法和定量的方法分别是什么？

2. 通过查阅文献，利用手性Salen (Co) 催化剂制备手性环氧氯丙烷的原理是什么？

附

 手性环氧氯丙烷的其他制法及特点

生物法由于其具有高度的立体选择性、来源广泛、生产成本低及绿色环保等优点，是当前不对称合成手性环氧氯丙烷的主要方法之一，手性环氧氯丙烷的生物合成主要分成如下几类。

(1) 通过制备手性的2，3-二氯丙醇来制备手性环氧氯丙烷

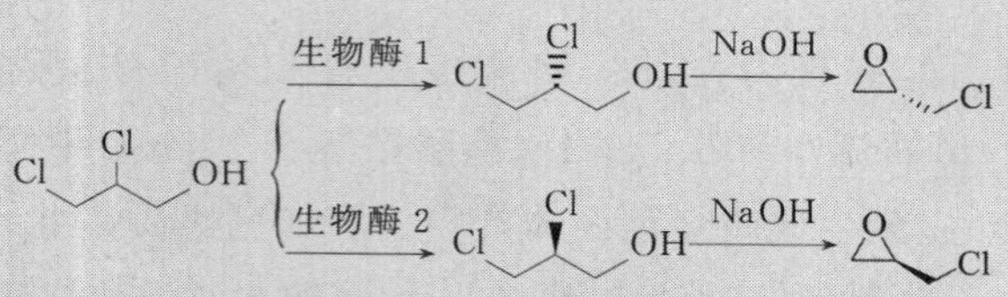

（2）利用脱卤酶催化 1，3-二氯丙醇制备手性环氧氯丙烷

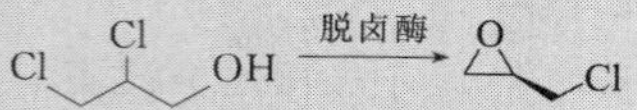

（3）利用环氧水解酶手性拆分外消旋的环氧氯丙烷

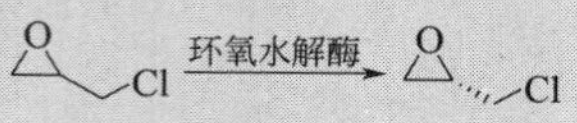

附录

附录 ① 常用有机试剂的纯化方法

1. 丙酮

沸点 56.2℃，折射率 1.3588，相对密度 0.7899。

普通丙酮常含有少量的水及甲醇、乙醛等还原性杂质。其纯化方法有：

（1）于 250mL 丙酮中加入 2.5g 高锰酸钾回流，若高锰酸钾紫色很快消失，再加入少量高锰酸钾继续回流，至紫色不褪去为止。然后将丙酮蒸出，用无水碳酸钾或无水硫酸钙干燥，过滤后蒸馏，收集 55～56.5℃ 的馏分。用此法纯化丙酮时，需注意丙酮中含还原性物质不能太多，否则会过多消耗高锰酸钾和丙酮，使处理时间增长。

（2）将 100mL 丙酮装入分液漏斗中，先加入 4mL 10% 硝酸银溶液，再加入 3.6mL 1mol·L^{-1}氢氧化钠溶液，振摇 10min，分出丙酮层，再加入无水碳酸钾或无水硫酸钙进行干燥。最后蒸馏收集 55～56.5℃ 的馏分。此法比方法(1)要快，但硝酸银较贵，只宜做小量纯化使用。

2. 四氢呋喃

沸点 67℃（64.5℃），折射率 1.4050，相对密度 0.8892。

四氢呋喃与水能混溶，并常含有少量水分及过氧化物。如要制得无水四氢呋喃，可用氢化铝锂在隔绝潮气下回流（通常 1000mL 约需 2～4g 氢化铝锂）除去其中的水和过氧化物，然后蒸馏，收集 66℃ 的馏分。蒸馏时不要蒸干。精制后的液体加入钠丝并应在氮气氛中保存。处理四氢呋喃时，应先用小量进行试验，在确定其中只有少量水和过氧化物，且作用不致过于激烈时，方可进行纯化。四氢呋喃中的过氧化物可用酸化的碘化钾溶液来检验。若过氧化物较多，应另行处理为宜。

3. 二氧六环

沸点 101.5℃，熔点 12℃，折射率 1.4424，相对密度 1.0336。

二氧六环能与水以任意比例混合，常含有少量二乙醇缩醛与水，久贮的二氧六环可能含有过氧化物（鉴定和除去参阅乙醚）。二氧六环的纯化方法：在 500mL 二氧六环中加入 8mL 浓盐酸和 50mL 水，回流 6～10h，在回流过程中，慢慢通入氮气以除去生成的乙醛；冷却后，加入固体氢氧化钾，直到不能再溶解为止，分去水层，再用固体氢氧化钾干燥 24h；然后过滤，在金属钠存在下加热回流 8～12h，最后在金属钠存在下蒸馏，压入钠丝密封保存。精制过的二氧六环应当避免与空气接触。

4. 吡啶

沸点 115.5℃，折射率 1.5095，相对密度 0.9819。

分析纯的吡啶含有少量水分，可供一般实验用。如要制得无水吡啶，可将吡啶与几粒氢氧化钾（钠）一同回流，然后隔绝潮气蒸出备用。干燥的吡啶吸水性很强，保存时应将容器口用石蜡封好。

5. 石油醚

石油醚为轻质石油产品，是低分子量烷烃类的混合物。其沸程为 30～150℃，收集的温度区间一般为 30℃ 左右。有 30～60℃、60～90℃、90～120℃ 等沸程规格的石油醚。其中含有少量不饱和烃，沸点与烷烃相近，用蒸馏法无法分离。石油醚的精制通常将石油醚用其同体积的浓硫酸洗涤 2～3 次，再用 10% 硫酸加入高锰酸钾配成的饱和溶液洗涤，直至水层中的紫色不再消失为止。然后再用水洗，经无水氯化钙干燥后蒸馏。若需绝对干燥的石油醚，可加入钠丝（与纯化无水乙醚相同）。

6. 甲醇

沸点 64.96℃，折射率 1.3288，相对密度 0.7914。

普通未精制的甲醇含有 0.02% 丙酮和 0.1% 水。而工业甲醇中这些杂质的含量达 0.5%～1%。为了制得纯度达 99.9% 以上的甲醇，可将甲醇用分馏柱分馏，收集 64℃ 的馏分，再用镁去水（与制备无水乙醇相同）。甲醇有毒，处理时应防止吸入其蒸气。

7. 乙酸乙酯

沸点 77.06℃，折射率 1.3723，相对密度 0.9003。

乙酸乙酯一般含量为 95%～98%，含有少量水、乙醇和乙酸。其纯化方法为：于 1000mL 乙酸乙酯中加入 100mL 乙酸酐、10 滴浓硫酸，加热回流 4h，除去乙醇和水等杂质，然后进行蒸馏。馏液用 20～30g 无水碳酸钾振荡，再蒸馏。产物沸点为 77℃，纯度可达 99% 以上。

8. 乙醚

沸点 34.51℃，折射率 1.3526，相对密度 0.7138。

普通乙醚常含有 2% 乙醇和 0.5% 水。久藏的乙醚常含有少量过氧化物。过氧化物的检验和除去：在干净和试管中放入 2～3 滴浓硫酸、1mL 2% 碘化钾溶液（若碘化钾溶液已被空气氧化，可用稀亚硫酸钠溶液滴到黄色消失）和 1～2 滴淀粉溶液，混合均匀后加入乙醚，出现蓝色即表示有过氧化物存在；除去过氧化物可用新配制的硫酸亚铁稀溶液（配制方法是 $FeSO_4 \cdot 4H_2O$ 60g、100mL 水和 6mL 浓硫酸），将 100mL 乙醚和 10mL 新配制的硫酸亚铁溶液放在分液漏斗中洗数次，至无过氧化物为止。

醇和水的检验：乙醚中放入少许高锰酸钾粉末和一粒氢氧化钠，放置后，氢氧化钠表面附有棕色树脂，即证明有醇存在，水的存在用无水硫酸铜检验。醇和水的除去：先用无水氯化钙除去大部分水，再经金属钠干燥，其具体方法是：将 100mL 乙醚放在干燥锥形瓶中，加入 20～25g 无水氯化钙，瓶口用软木塞塞紧，放置一天以上，并间断摇动，然后蒸馏，收集 33～37℃ 的馏分；用压钠机将 1g 金属钠直接压成钠丝放于盛乙醚的瓶中，用带有氯化钙干燥管的软木塞塞住，或在木塞中插一末端拉成毛细管的玻璃管，这样，既可防止潮气浸入，又可使产生的气体逸出，放置至无气泡发生即可使用，放置后，若钠丝表面已变黄变粗时，须再蒸一次，然后再压入钠丝。

9. 乙醇

沸点 78.5℃，折射率 1.3616，相对密度 0.7893。

制备无水乙醇的方法很多，根据对无水乙醇质量的要求不同而选择不同的方法。

若要求 98%～99% 的乙醇，可采用下列方法：①利用苯、水和乙醇形成低共沸混合物的性质，将苯加入乙醇中，进行分馏，在 64.9℃ 时蒸出苯、水、乙醇的三元恒沸混合物，多余的苯在 68.3℃ 与乙醇形成二元恒沸混合物被蒸出，最后蒸出乙醇（工业多采用此法）；②用生石灰脱水，于 100mL 95% 乙醇中加入新鲜的块状生石灰 20g，回流 3～5h，然后进行蒸馏。

若要 99% 以上的乙醇，可采用下列方法。

（1）在 100mL 99% 乙醇中，加入 7g 金属钠，待反应完毕，再加入 27.5g 邻苯二甲酸二乙酯或 25g 草酸二乙酯，回流 2～3h，然后进行蒸馏。金属钠虽能与乙醇中的水作用，产生氢气和氢氧化钠，但所生成的氢氧化钠又与乙醇发生平衡反应，因此单独使用金属钠不能完全除去乙醇中的水，需加入过量的高沸点酯，如邻苯二甲酸二乙酯与生成的氢氧化钠作用，抑制上述反应，从而达到进一步脱水的目的。

（2）在 60mL 99% 乙醇中，加入 5g 镁和 0.5g 碘，待镁溶解生成醇镁后，再加入 900mL 99% 乙醇，回流 5h 后，蒸馏，可得到 99.9% 乙醇。由于乙醇具有非常强的吸湿性，所以在操作时，动作要迅速，尽量减少转移次数以防止空气中的水分进入，同时所用仪器必须事前干燥好。

10. 二甲基亚砜（DMSO）

沸点 189℃，熔点 18.5℃，折射率 1.4783，相对密度 1.100。

二甲基亚砜能与水混合，可用分子筛长期放置加以干燥，然后减压蒸馏，收集 76℃/1600Pa（12mmHg）的馏分。蒸馏时，温度不可高于 90℃，否则会发生歧化反应生成二甲砜和二甲硫醚。也可用氧化钙、氢化钙、氧化钡或无水硫酸钡来干燥，然后减压蒸馏。也可用部分结晶的方法纯化。二甲基亚砜与某些物质混合时可能发生爆炸，例如氢化钠、高碘酸或高氯酸镁等，应予注意。

11. N,N-二甲基甲酰胺（DMF）

沸点 149～156℃，折射率 1.4305，相对密度 0.9487。

无色液体，与多数有机溶剂和水可以任意比例混合，对有机和无机化合物的溶解性能较好。N,N-二甲基甲酰胺含有少量水分。常压蒸馏时有些分解，产生二甲胺和一氧化碳。在有酸或碱存在时，分解加快。所以加入固体氢氧化钾（钠）在室温放置数小时后，即有部分分解。因此，最常用硫酸钙、硫酸镁、氧化钡、硅胶或分子筛干燥，然后减压蒸馏，收集 76℃/4800Pa（36mmHg）的馏分。其中若含水较多时，可加入其 1/10 体积的苯，在常压及 80℃ 以下蒸去水和苯，然后再用无水硫酸镁或氧化钡干燥，最后进行减压蒸馏。纯化后的 N,N-二甲基甲酰胺要避光贮存。N,N-二甲基甲酰胺中若有游离胺存在，可用 2,4-二硝基氟苯产生颜色来检查。

12. 二氯甲烷

沸点40℃，折射率1.4242，相对密度1.3266。

使用二氯甲烷比氯仿安全，因此常常用它来代替氯仿作为比水重的萃取剂。普通的二氯甲烷一般都能直接作萃取剂用。如需纯化，可用5%碳酸钠溶液洗涤，再用水洗涤，然后用无水氯化钙干燥，蒸馏收集40～41℃的馏分，保存在棕色瓶中。

13. 二硫化碳

沸点46.25℃，折射率1.6319，相对密度1.2632。

二硫化碳为有毒化合物，能使血液神经组织中毒。二硫化碳具有高度的挥发性和易燃性，因此，使用时应避免与其蒸气接触。对二硫化碳纯度要求不高的实验，在二硫化碳中加入少量无水氯化钙干燥几小时，在水浴55℃～65℃下加热蒸馏、收集，即可。如需要制备较纯的二硫化碳，在试剂级的二硫化碳中加入0.5%高锰酸钾水溶液洗涤三次除去硫化氢，再用汞不断振摇以除去硫，最后用2.5%硫酸汞溶液洗涤除去所有的硫化氢（洗至没有恶臭为止），最后经氯化钙干燥，蒸馏收集。

14. 氯仿

沸点61.7℃，折射率1.4459，相对密度1.4832。

氯仿在日光下易氧化成氯气、氯化氢和光气（剧毒），故氯仿应贮于棕色瓶中。市场上供应的氯仿多用1%酒精作稳定剂，以消除产生的光气。氯仿中乙醇的检验可用碘仿反应；游离氯化氢的检验可用硝酸银的醇溶液。除去乙醇可将氯仿用相当于其二分之一体积的水振摇数次分离下层的氯仿，用氯化钙干燥24h，然后蒸馏。另一种纯化方法是将氯仿与少量浓硫酸一起振摇两三次，每200mL氯仿用10mL浓硫酸，分去酸层以后的氯仿用水洗。除去乙醇后的无水氯仿应保存在棕色瓶中并避光存放，以免光化作用产生光气。

15. 苯

沸点80.1℃，折射率1.5011，相对密度0.8787。

普通苯常含有少量水和噻吩，噻吩的沸点84℃，与苯接近，不能用蒸馏的方法除去。噻吩的检验：取1mL苯加入2mL溶有2mg吲哚醌的浓硫酸，振荡片刻，若酸层显蓝绿色，即表示有噻吩存在。噻吩和水的除去：将苯装入分液漏斗中，加入相当于苯体积七分之一的浓硫酸，振摇使噻吩磺化，弃去酸液，再加入新的浓硫酸，重复操作几次，直到酸层呈现无色或淡黄色并检验无噻吩为止。将上述无噻吩的苯依次用10%碳酸钠溶液和水洗至中性，再用氯化钙干燥，进行蒸馏，收集80℃的馏分，最后用金属钠脱去微量的水得无水苯。

附录 ② 各种指示剂和指示液的配制

1. 二甲基黄-亚甲蓝混合指示液

取二甲基黄与亚甲蓝各15mg，加氯仿100mL，振摇使溶解（必要时微温），滤过，即得。

2. 二甲酚橙指示液

取二甲酚橙0.2g，加水100mL使溶解，即得。

3. 二苯碳酰肼指示液

取二苯碳酰肼 1g，加乙醇 100mL 使溶解，即得。

4. 儿茶酚紫指示液

取儿茶酚紫 0.1g，加水 100mL 使溶解，即得。变色范围：pH 6.0～7.0～9.0（黄→紫→紫红）。

5. 中性红指示液

取中性红 0.5g，加水使溶解成 100mL，滤过，即得。变色范围：pH 6.8～8.0（红→黄）。

6. 孔雀绿指示液

取孔雀绿 0.3g，加冰醋酸 100mL 使溶解，即得。变色范围：pH 0.0～2.0（黄→绿）；11.0～13.5（绿→无色）。

7. 石蕊指示液

取石蕊粉末 10g，加乙醇 40mL，回流煮沸 1h，静置，倾去上层清液，再用同一方法处理 2 次，每次用乙醇 30mL，残渣用水 10mL 洗涤，倾去洗液，再加水 50mL 煮沸，放冷，滤过，即得。变色范围：pH 4.5～8.0（红→蓝）。

8. 甲基红指示液

取甲基红 0.1g，加 0.05mol·L⁻¹氢氧化钠溶液 7.4mL 使溶解，再加水稀释至 200mL，即得。变色范围：pH 4.2～6.3（红→黄）。

9. 甲基红-亚甲蓝混合指示液

取 0.1% 甲基红的乙醇溶液 20mL，加 0.2% 亚甲蓝溶液 8mL，摇匀，即得。

10. 甲基红-溴甲酚绿混合指示液

取 0.1% 甲基红的乙醇溶液 20mL，加 0.2% 溴甲酚绿的乙醇溶液 30mL，摇匀，即得。

11. 甲基橙指示液

取甲基橙 0.1g，加水 100mL 使溶解，即得。变色范围：pH 3.2～4.4（红→黄）。

12. 甲酚红指示液

取甲酚红 0.1g，加 0.05mol·L⁻¹氢氧化钠溶液 5.3mL 使溶解，再加水稀释至 100mL，即得。变色范围：pH 7.2～8.8（黄→红）。

13. 刚果红指示液

取刚果红 0.5g，加 10% 乙醇 100mL 使溶解，即得。变色范围：pH 3.0～5.0（蓝→红）。

14. 邻二氮菲指示液

取硫酸亚铁 0.5g，加水 100mL 使溶解，加硫酸 2 滴与邻二氮菲 0.5g，摇匀，即得。本液应临用新制。

15. 间甲酚紫指示液

取间甲酚紫 0.1g，加 0.01mol·L⁻¹氢氧化钠溶液 10mL 使溶解，再加水稀释至 100mL，即得。变色范围：pH 7.5～9.2（黄→紫）。

16. 茜素磺酸钠指示液

取茜素磺酸钠 0.1g，加水 100mL 使溶解，即得。变色范围：pH 3.7～5.2（黄→紫）。

17. 荧光黄指示液

取荧光黄 0.1g，加乙醇 100mL 使溶解，即得。

18. 耐尔蓝指示液

取耐尔蓝 1g，加冰醋酸 100mL 使溶解，即得。变色范围：pH 10.1～11.1（蓝→红）。

19. 钙黄绿素指示剂

取钙黄绿素 0.1g，加氯化钾 10g，研磨均匀，即得。

20. 钙紫红素指示剂

取钙紫红素 0.1g，加无水硫酸钠 10g，研磨均匀，即得。

21. 亮绿指示液

取亮绿 0.5g，加冰醋酸 100mL 使溶解，即得。变色范围：pH 0.0～2.6（黄→绿）。

22. 姜黄指示液

取姜黄粉末 20g，用冷水浸渍 4 次，每次 100mL，除去水溶性物质后，残渣在 100℃干燥，加乙醇 100mL，浸渍数日，滤过，即得。

23. 结晶紫指示液

取结晶紫 0.5g，加冰醋酸 100mL 使溶解，即得。

24. 萘酚-苯甲醇指示液

取 α-萘酚苯甲醇 0.5g，加冰醋酸 100mL 使溶解，即得。变色范围：pH 8.5～9.8（黄→绿）。

25. 酚酞指示液

取酚酞 1g，加乙醇 100mL 使溶解，即得。变色范围：pH 8.3～10.0（无色→红）。

26. 酚磺酞指示液

取酚磺酞 0.1g，加 0.05mol·L^{-1} 氢氧化钠溶液 5.7mL 使溶解，再加水稀释至 200mL，即得。变色范围：pH 6.8～8.4（黄→红）。

27. 铬黑 T 指示剂

取铬黑 T 0.1g，加氯化钠 10g，研磨均匀，即得。

28. 铬酸钾指示液

取铬酸钾 10g，加水 100mL 使溶解，即得。

29. 偶氮紫指示液

取偶氮紫 0.1g，加 N,N-二甲基甲酰胺 100mL 使溶解，即得。

30. 淀粉指示液

取可溶性淀粉 0.5g，加水 5mL 搅匀后，缓缓倾入 100mL 沸水中，随加随搅拌，继续煮沸 2min，放冷，倾取上层清液，即得。本液应临用新制。

31. 硫酸铁铵指示液

取硫酸铁铵 8g，加水 100mL 使溶解，即得。

32. 淀粉碘化钾指示液

取碘化钾 0.2g，加新制的淀粉指示液 100mL 使溶解，即得。

33. 溴甲酚紫指示液

取溴甲酚紫 0.1g，加 0.02mol·L^{-1} 氢氧化钠溶液 20mL 使溶解，再加水稀释至

100mL，即得。变色范围：pH 5.2～6.8（黄→紫）。

34. 溴甲酚绿指示液

取溴甲酚绿 0.1g，加 0.05mol·L^{-1}氢氧化钠溶液 2.8mL 使溶解，再加水稀释至 200mL，即得。变色范围：pH 3.6～5.2（黄→蓝）。

35. 溴酚蓝指示液

取溴酚蓝 0.1g，加 0.05mol·L^{-1}氢氧化钠溶液 3.0mL 使溶解，再加水稀释至 200mL，即得。变色范围：pH 2.8～4.6（黄→蓝绿）。

36. 曙红钠指示液

取曙红钠 0.5g，加水 100mL 使溶解，即得。

参 考 文 献

［1］ 宋航．制药工程专业实验．第 2 版，北京：化学工业出版社，2010.

［2］ 阿有梅，张红岭．药学实验与指导．郑州：郑州大学出版社，2015.

［3］ 包小妹，关海滨，石瑞文．制药工程实验．北京：化学工业出版社，2013.

［4］ 常宏宏．制药工程专业实验．北京：化学工业出版社，2014.

［5］ 孟江平，张平，徐强．制药工程专业实验．北京：化学工业出版社，2015.

［6］ 蔡照胜，刘红霞．制药工程专业实验．上海：华东理工大学出版社，2015.

［7］ 沈齐英，王腾．制药工程专业实验．北京：化学工业出版社，2013.

［8］ 沈永嘉，卓超．制药工程专业实验．北京：高等教育出版社，2007.

［9］ 程弘夏．制药工程专业实验．武汉：武汉理工大学出版社，2012.

［10］ 吴洁．制药工程基础与专业实验．南京：南京大学出版社，2014.

［11］ 天津大学．制药工程专业实验指导．北京：化学工业出版社，2005.

［12］ 郭梦萍．制药工程与药学专业实验．北京：北京理工大学出版社，2011.